Angelika Erhardt

Einführung in die Digitale Bildverarbeitung

Angelika Erhardt

Einführung in die Digitale Bildverarbeitung

Grundlagen, Systeme und Anwendungen

Mit 193 Abbildungen, 35 Beispielen und 44 Aufgaben

STUDIUM

VIEWEG+ TEUBNER

Bibliografische Information der Deutschen Nationalbibliothek
Die Deutsche Nationalbibliothek verzeichnet diese Publikation in der
Deutschen Nationalbibliografie; detaillierte bibliografische Daten sind im Internet über
<http://dnb.d-nb.de> abrufbar.

Prof. Dr. rer nat. Angelika Erhardt, Studium der Mathematik und Physik an der Universität Heidelberg, Diplom Mathematik 1978, Zweites Staatsexamen für das Lehramt an Gymnasien 1979, Promotion in Physik 1982 anschließend Wissenschaftliche Mitarbeiterin and der Universität Heidelberg und am Krebsforschungszentrum Heidelberg. 1984-1987 Wissenschaftliche Mitarbeiterin in der Forschungsabteilung der Firma Heidelberg Instruments, davon ein Jahr im Firmenauftrag an der Augenklinik San Diego, CA, USA. Seit 1987 Professorin für Mathematik und Digitale Bildverarbeitung an der Fakultät für Elektrotechnik und Informationstechnik der Hochschule Offenburg. 2005 Forschungssemester an der University of Capetown, ZA, Forschungsarbeiten über Wavelets und Methoden der Bildkompression.

1. Auflage 2008

Alle Rechte vorbehalten
© Vieweg+Teubner | GWV Fachverlage GmbH, Wiesbaden 2008

Lektorat: Harald Wollstadt

Vieweg+Teubner ist Teil der Fachverlagsgruppe Springer Science+Business Media.
www.viewegteubner.de

Umschlaggestaltung: KünkelLopka Medienentwicklung, Heidelberg
Druck und buchbinderische Verarbeitung: Strauss Offsetdruck, Mörlenbach
Gedruckt auf säurefreiem und chlorfrei gebleichtem Papier.

ISBN 978-3-519-00478-3

Vorwort

Dieser Band, der aus Vorlesungsmanuskripten entstanden ist, richtet sich vor allem an Studierende der Bachelor-Studiengänge der Fachrichtungen Elektrotechnik, Informationstechnik sowie der Informatik an Hochschulen. Es soll einen Einstieg ermöglichen in das umfangreiche Gebiet der digitalen Bildverarbeitung und die Grundlagen bereitstellen, die den Studierenden einen guten Start ermöglicht, wenn sie sich später, sei es in ihrer Abschlussarbeit oder im Berufsleben, weiter in Teilgebiete der Bildverarbeitung vorarbeiten möchten.

Aus diesem Grund wurde das Spektrum sehr breit gewählt. Es reicht von den mathematischen Grundlagen und Algorithmen der Bildverarbeitung bis zu den neuesten Kameraentwicklungen. Da die Breite des abgedeckten Spektrums jedoch nicht auf Kosten der Tiefe gehen kann, und da der Umfang eines Buches von Natur aus schon begrenzt ist, wurde eine Gratwanderung versucht, die hoffentlich geglückt ist. Es ist kein Buch über die Mathematik der digitalen Bildverarbeitung, aber die mathematischen Grundlagen wurden, soweit dies möglich war, anschaulich erklärt und mit zahlreichen Abbildungen und Beispielen untermauert. Übungsaufgaben sollen das Arbeiten zudem erleichtern. Die angegebene Literatur beschränkt sich auf Bücher und Veröffentlichungen, die für Bachelor-Studierende lesbar sind. Aus diesem Grund wurden theoretische Einführungen in die Bildverarbeitung und Literatur über mathematische Grundlagen der Bildverarbeitung nur begrenzt in die Literaturliste aufgenommen.

Dieses Buch wäre nicht entstanden ohne die Unterstützung, die Beiträge und die konstruktive Kritik von Studierenden und Kollegen. Besonders möchte ich mich bei Herrn Dr. Haasdonk von der *Universität Freiburg* bedanken, der Ideen und Denkanstöße geteilt hat, bei den Kollegen und Studierenden der *Hochschule Offenburg* und der *University of Cape Town*, Südafrika, wo ich die Gelegenheit hatte, mich in einem Forschungssemester ausschließlich und intensiv der Bildverarbeitung zu widmen.

Nicht zuletzt möchte ich mich bei den Redakteuren der Wissenschaftsredaktion im Vieweg+Teubner Verlag bedanken für die unendliche Geduld, die sie bei dieser Arbeit aufgebracht haben. Auch wenn es manchmal schien, als hätte ich sie vergessen, kann ich heute sagen: "Nein, es war nicht wirklich so!"

Offenburg, im April 2008

A. Erhardt

Inhaltsverzeichnis

1 Einführung

Das bekannte Sprichwort: *Ein Bild ist tausend Worte wert* bekommt im Multimedia-Zeitalter eine weitaus größere Bedeutung als die, welche es ursprünglich beinhaltete: Bilder sind aus dem Alltag nicht mehr wegzudenken. Kein anderes Medium kommt einem Bild oder einer Videosequenz in der Aussagekraft gleich, denn Bilder enthalten eine enorme Informationsfülle. Jeder, der jemals versucht hat, eine komplexe technische Apparatur zu beschreiben, weiß, dass der Inhalt einer Zeichnung oder eines Fotos schneller zu verstehen ist als der eines Textes. Mit einem Blick erfassen wir viel mehr Information von einem Bild, als durch das Lesen einer Beschreibung. Offensichtlich enthalten Bilder den Informationsgehalt in einer Weise, die für uns Menschen leichter verständlich ist. Mit unserem visuellen System sind wir in der Lage, in kürzester Zeit eine Fülle von Daten zu verarbeiten.

Andererseits können Bilder beliebig verändert, kombiniert und retuschiert werden. Hatten sie zu früheren Zeiten noch eine gewisse Beweiskraft, so ist es heute möglich, beliebige Personen und Dinge auf einem Bild zu vereinigen oder daraus zu entfernen. Mit den inzwischen zu einem erschwinglichen Preis erhältlichen digitalen Kameras und mit Programmen aus dem Shareware-Bereich und aufwärts ist es jedermann möglich, seine privaten Bilder zu bearbeiten.

Die industrielle Bildverarbeitung erfährt seit Jahren, nicht zuletzt wegen der mittlerweile vorhandenen kompakten Systemlösungen zu einem akzeptablen Preis, eine stetig zunehmende Nachfrage. Die Anbieter von Bildverarbeitungssystemen drängen mit ihren Anwendungen auf branchenbezogene Märkte.

Anwender der Bildverarbeitung gehören einer Vielzahl von Wirtschaftszweigen an. Von der Automobil- bis zur Elektronikindustrie, von der Nahrungs- und Genußmittelindustrie bis hin zur pharmazeutischen Industrie-Qualitätssicherung durch Sichtinspektion und dreidimensionale Meßtechnik gehören heute zum festen Bestandteil eines jeden industriellen Fertigungsprozesses. Hohe Stückzahlen, kombiniert mit immer geringeren Taktzeiten, verbunden mit der Forderung nach höchster Qualität überfordern das bisher zur Prüfung eingesetzte menschliche Überwachungspersonal. Ermüdung und subjektive Beurteilungen sowie unzuverlässige Reproduzierbarkeit machen den Einsatz automatischer Kontrollsysteme in der Fertigung notwendig.

Das Internet, welches in den letzten Jahren einen beispiellosen Aufschwung erfahren hat, erfordert eine schnelle Übermittelung von Bildern über Computernetze. Das führte dazu, dass die Forschung auf dem Gebiet der Kompression von Bildern und Videodaten bemerkenswerte Erfolge verbuchen konnte.

Trotz des großen Interesses an der Bildverarbeitung existieren auf diesem Gebiet jedoch noch beträchtliche Informationsdefizite.

- Was ist mit Begriffen wie Computergrafik, Desktop-Publishing, Multimedia, Bildbearbeitung, Bildverarbeitung, Computer-Sehen, CAD usw. genau gemeint und wo liegen die Unterschiede?
- Welche Möglichkeiten gibt es in der Bildverarbeitung und wo liegen die Grenzen?
- Wie sieht die Umsetzung und die technische Realisierung eines Bildverarbeitungsprojektes aus?

Dieses Kapitel soll in die Thematik der Bildverarbeitung einführen. Wir wollen versuchen, den Begriff *Bildverarbeitung* in Relation zu setzen zu verwandten Begriffen wie *Computergrafik, Computer Aided*

Design (CAD) usw. Es werden Anwendungsgebiete und -möglichkeiten, aber auch die Grenzen der Bildverarbeitung aufgezeigt.

1.1 Versuch einer Begriffsdefinition

Eine begriffliche Definition von Bildverarbeitung stellt keine so einfache Aufgabe dar, wie sich zunächst vermuten ließe, denn für einige ist z.B. bereits der Einsatz einer Lichtschranke ein Verfahren im Rahmen der Bildverarbeitung, für andere stellt der Umgang mit Grafiken im Rahmen von Desk-Top-Publishing eine andere Form der Bildverarbeitung dar. Ebenso verhält es sich mit Bildverarbeitung in der Unterscheidung zwischen Multimedia-Anwendung und industrieller Bildverarbeitung. Für viele steht der durch Kommerzialisierung der Unterhaltungsindustrie bekannte Begriff Multimedia als der Inbegriff für Bildverarbeitung. Zunächst allgemein formuliert, dient die Bildverarbeitung im Rahmen von Desktop Publishing und Multimedia zur Aufbereitung von Bildern mit dem Zweck einer verbesserten Darstellung, Erzielung von speziellen Effekten, Farbgestaltung und Trickeinblendungen, während in der industriellen Bildverarbeitung Bilder zum Zwecke von Qualitätskontrolle, Montagehilfen, Identifizierung von Teilen usw. ausgewertet werden.

Die weitgreifende Bezeichnung "Bildverarbeitung" bedarf infolge der unscharfen Abgrenzung der vielfach darunter verstandenen Begriffe einer weitergehenden Differenzierung und Erläuterung:

- **Digitale Bildverarbeitung:**
  Dieser Begriff umfasst eine Vielzahl von Prozessen, deren gemeinsames Ziel es ist, die Gewinnung nützlicher Parameter aus einem Bild oder einer Folge von Bildern zu ermöglichen.

  - Bildbearbeitung (engl. *Image Enhancement*)
    Synonyme sind: Bildverbesserung, Bildaufbereitung, Bildvorverarbeitung . In der Regel liegt ein Bild nach der Bildaufnahme nicht in einer für die Rechnerauswertung optimalen Form vor, sondern es ist beispielsweise verrauscht, verzerrt (z.B. Satellitendaten), der Kontrast ist nicht optimal (z.B. Röntgenbilder), die Konturen der Objekte sind unscharf usw. Vor der Auswertung muss ein Bild also verbessert und für die Aufgabenstellung optimiert werden. Dazu gibt es eine Vielzahl von Bildbearbeitungsalgorithmen wie beispielsweise Filter, Punktoperationen, arithmetische und logische Bildoperationen usw. Das Ergebnis einer Bildbearbeitung ist in der Regel wieder ein Bild.
  - Bildtransformation (engl. *Image Transform*)
    Für das visuelle System des Menschen ist die Darstellung eines Bildes, wie es von der Kamera kommt (d.h. *im Ortsraum*), meist optimal. Dies ist jedoch für den Rechner nicht notwendigerweise der Fall. Oft "sieht" der Rechner "mehr" wenn das Bild in einen anderen Raum (beispielsweise durch eine Fouriertransformation in den Ortsfrequenzraum) transformiert wird. Das Ergebnis einer Bildtransformation ist ein Bild in einem anderen Raum, jedoch mit demselben Informationsgehalt wie das Ursprungsbild.
  - Bildauswertung (engl. *Image Analysis*)
    Die Bildauswertung umfasst das Erstellen von Histogrammen und Kennlinien, aber auch das Extrahieren von Parametern wie beispielsweise die Länge von Objekten. Das Ergebnis einer Bildauswertung ist in der Regel kein Bild, sondern eine Beschreibung des Bildes,

einen bestimmten Aspekt betreffend. Beispielsweise kann ein Histogramm die Ausleuchtung eines Bildes beschreiben (siehe Abschnitt 5.1).
  – Bildkompression (engl. *Image Compression, Image Coding*
    Bilddaten haben einen wesentlich größeren Platzbedarf als beispielsweise Texte. Kompression ist die Verkleinerung des Datenmaterials durch Weglassen redundander Information, damit Bilder effizient gespeichert oder über Datennetze verschickt werden können.

- **Computer Vision:**
  Aus dem Amerikanischen kommt ein wesentlich spezifischerer Begriff als Bildverarbeitung, nämlich *Computer Vision*, der im Deutschen mit *Bildverstehen* oder *Bilderkennen* umschrieben wird. Computer Vision beinhaltet das Verstehen eines Objektes oder einer Szene aus einem Bild oder aus einer Sequenz von Bildern. Computer Vision erstellt aus Bildern oder Bildsequenzen abstrakte Beschreibungen oder Handlungsanleitungen. Das Fernziel von Computer Vision ist der *sehende Roboter* mit einem visuellen System, das ebenso gut wie oder besser als das menschliche ist.

- **Mustererkennung** (engl. *Pattern Recognition*)
  Ein mit Computer Vision verwandtes Gebiet ist die *Mustererkennung*. Sie ist im Gegensatz zur digitalen Bildverarbeitung nicht auf bildhafte Informationen beschränkt. Die Verarbeitung von akustischen Sprachsignalen mit der Zielsetzung der Sprach- oder Sprechererkennung ist z.B. ein wichtiger Anwendungsbereich der Mustererkennung. Im Bereich bildhafter Informationen wird mit den Verfahren der Mustererkennung versucht, logisch zusammengehörige Bildinhalte zu entdecken, zu gruppieren und so letztlich abgebildete Objekte (beispielsweise Buchstaben) zu erkennen.

- **Computer-Grafik**
  Im Zusammenhang mit *Computer-Grafik* geht es um die Generierung von Bildern in Bereichen wie Desktop-Publishing, elektronischen Medien und Videospielen. Außerdem dient Computergrafik der Darstellung von Ergebnissen. Hier verschwimmen jedoch die Grenzen zwischen Computer-Grafik und Bildverarbeitung: es werden beispielsweise dreidimensionale Bilder in der Medizin, die bereits einige Stufen von Bildverarbeitungsalgorithmen durchlaufen haben, durch das grafische Verfahren *Ray Tracing* räumlich dargestellt, umgekehrt macht sich die Computer-Grafik natürlich die Algorithmen der Bildverarbeitung zunutze.

Ein Blick in die Literatur zeigt jedoch, dass die obengenannten Begriffe von verschiedenen Autoren und Entwicklern mit unterschiedlichen Schwerpunkten belegt werden. Zudem ist die Aufzählung der definierten Begriffe sicher nicht vollständig. Der Grund ist die rasante Entwicklung, die die Bildverarbeitung durchläuft. Eine zu frühe und starre Festlegung der Schlüsselbegriffe auf bestimmte Inhalte würde sicher dieser Entwicklung nicht gerecht. Desweiteren breiten andere Gebiete ihren Einfluss auf die Bildverarbeitung aus, wie die Statistik, Neuronale Netze und Fuzzy Logic.

Nicht zuletzt werden die Inhalte des Begriffes Bildverarbeitung auch definiert durch die Institutionen, an denen sie entwickelt werden. So haben die Termini *Wissenschaftliche Bildverarbeitung*, *Industrielle Bildverarbeitung* und *Bildverarbeitung der Medien* verschiedene Schwerpunkte.

- **Wissenschaftliche Bildverarbeitung**
  Die Wissenschaftliche Bildverarbeitung liefert die Grundlagenforschung auf diesem Gebiet. Sie findet hauptsächlich in Hochschulen und Forschungseinrichtungen statt. Meist sind es die Fachbereiche Physik, Mathematik, Medizin, Biologie, aber auch Linguistik, die sich mit diesen The-

men beschäftigen. Grundlagenforschung betreiben aber auch Firmen, die sich mit der Entwicklung von Bildverarbeitungssystemen und branchenbezogenen Softwarelösungen beschäftigen. Ihr gemeinsames Ziel ist die theoretische Fundierung dieses Gebietes sowie die Entwicklung neuer Algorithmen für bestimmte Themenstellungen.

- **Industrielle Bildverarbeitung**
  Unter der industriellen Bildverarbeitung ist die berührungslose Erfassung, visuelle Darstellung und automatische Auswertung einer realen Szene aus einer industriellen Umgebung zu verstehen. Die Auswertung beinhaltet dabei die Gewinnung qualitativer und/oder quantitativer Aussagen über den Bildinhalt. Als signifikantes Merkmal der industriellen Bildverarbeitung stehen am Ende des Bildverarbeitungsprozesses aufgrund der gewonnenen Ergebnisse oder Meßwerte automatische Entscheidungen an, die als Steuerparameter den Verlauf ganzer Fertigungprozesse oder einzelner Teilprozesse bestimmen sowie zur Kontrolle einer einzelnen Fertigungseinrichtung, beispielsweise einer Maschine, herangezogen werden.

- **Bildverarbeitung der Medien**
  Die Presse, die Filmindustrie, sowie alle, die sich im Umfeld von Multimedia (Werbeagenturen, Hersteller von Computerspielen, Ersteller von Internetseiten usw.) und Virtual Reality mit der Bildverarbeitung beschäftigen, verstehen darunter hauptsächlich die Manipulation von Bildern unter Integration von Computergrafik. Beispielsweise entstand der bekannte Film *Toy Story* durch das Übertragen menschlicher Bewegungsabläufe auf künstliche, mit Methoden der Computergrafik erstellte Figuren. Der Film *Forrest Gump* enthält Szenen, in welchen neues und historisches Bildmaterial bildweise integriert ist, beispielsweise spricht Forrest Gump (dargestellt durch den Schauspieler Tom Hanks) mit Präsident Kennedy aus dem historischen Bildmaterial; und im Film *Jurassic Parc* sind Computeranimationen und menschliche Darsteller bildweise integriert. Der Film *Stuart Little* enthält einige beeindruckende Beispiele für Bildverarbeitung: Die Sprechmimik einer Maus und deren Feinde, die verschiedenen bösen Katzen der Nachbarschaft, wird durch *Morphing* imitiert, so dass sämtliche Tiere ein absolut glaubhaftes American English sprechen!

1.2   Einsatzgebiete der digitalen Bildverarbeitung

Die Aufgaben der digitalen Bildverarbeitung waren schon immer außerordentlich vielfältig. Traditionelle Einsatzgebiete sind unter anderem die Medizin, die Meteorologie und die Kartographie.

Inzwischen hat sich jedoch ein weites Entwicklungs- und Betätigungsfeld aufgetan. Bildverarbeitung wird überall dort eingesetzt, wo

- die Aufgabe für Menschen zu gefährlich ist, beispielsweise bei Tunnelrobotern, bei Robotern die Planeten erforschen,

- die Aufgabe ermüdend ist für Menschen, beispielsweise bei der Qualitätsüberprüfung am Fließband, der Überwachung von Video-Sicherheitsanlagen,

- menschliche Arbeitskraft zu teuer ist, wie bei der Auswertung medizinischer Bilder und von Satellitenbildern

- minimale Unterschiede festgestgestellt werden müssen, wie beim Verlauf einer Tumorerkrankung, Vergrößerung von Rissen in Materialien,
- sehr viele Daten anfallen, wie bei der Auswertung von Blutzellpräparaten.

Hierzu einige Beispiele:

- **Medizin:**
  Computertomographie, Thermographie, Mikroskopie (Auswertung histologischer Gewebeschnitte, Zell- und Chromosomenbildanalyse)
- **Astronomie:**
  Auswertung von optischen und radioastronomischen Bilddaten
- **Metallurgie:**
  Beurteilung von Werkstoffen
- **Archäologie:**
  Luftbildauswertung zur Entdeckung von historischen und prähistorischen Zivilisationsstätten
- **Kartographie:**
  Identifikation natürlicher Erdformationen, Wasserläufe, Küstenformen etc.
- **Ökologie:**
  Erfassen von Umwelt- und Katastrophenschäden aus Satellitendaten, Messen des Ozonlochs
- **Meteorologie:**
  Auswertung von Bildfolgen geostationärer Wettersatelliten
- **Industrielle Qualitäts- und Produktionskontrolle:**
  automatische Sichtprüfungen, Vollständigkeitsprüfungen, Identifikation von Werkstücken, Form- und Konturüberwachung, Lage- und Positionsüberwachung, Erkennung von Aufdrucken, Oberflächeninspektion und -kontrolle
- **Industrielle Robotik:**
  Positionsüberprüfung, Identifikation von Werkzeugen, Navigation von autonomen Robotern
- **Bankgewerbe:**
  Automatisches Lesen von Eurocard-Belegen, digitales Bildjournal bei Geldausgabeautomaten
- **Verkehr:**
  Gebührenerfassung auf Autobahnen, Kennzeichenerfassung von Fahrzeugen, Sicherheitskontrollen auf Flughäfen, Vermessung des Verschleißes an Fahrdrähten von Schienenfahrzeugen
- **Telekommunikation und Fernsehen:**
  Digitale Bildübertragung, Bildtelefon, Adreßerkennung auf postalischen Sendungen
- **Kriminologie:**
  Identifikation von Fingerabdrücken, Zuordnung von Schriftproben, Erstellung und Vergleich von Fahndungsportraits, Überwachungsaufgaben.

1.3   Zusammenfassung

Die sehr alte Faszination des Menschen für lebende, menschenähnliche Maschinen scheint mit den Erfolgen auf dem Gebiet der Bildverarbeitung ihren Zielen so nah zu sein wie nie zuvor. Diese Vision

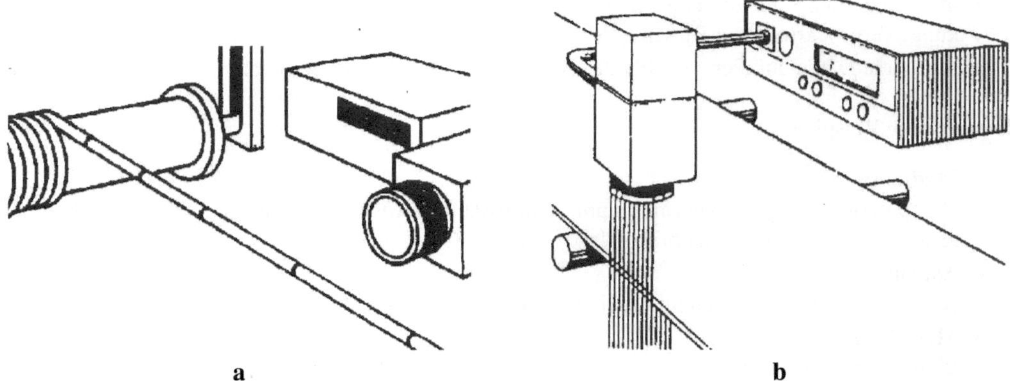

Abbildung 1.1: Anwendungen der Bildverarbeitung
a) Sichtprüfung: konstante Seildicke, b) Positionierung von Textilrändern bei der Autoreifenproduktion.

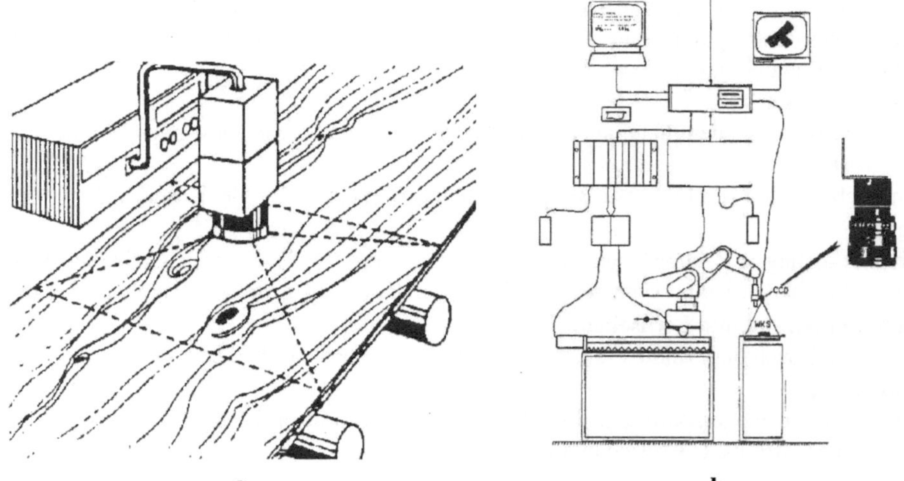

Abbildung 1.2: Anwendungen der Bildverarbeitung
a) Oberflächengüte von Holz, b) Sehender Roboter.

Abbildung 1.3: Ein unlesbares Nummernschild wird durch Bildverarbeitung sichtbar

Abbildung 1.4: Fingerabdruck
Undeutliche Linien werden durch Bildverarbeitung sichtbar.

trübt ab und zu den Blick von kommerziellen Anwendern auf die leider noch ganz real vorhandenen Grenzen. Auch davon wird in diesem Buch jedoch die Rede sein müssen.

In diesem Kapitel wurde eine Definition des komplexen Begriffes *Bildverarbeitung* versucht. Eine Reihe von Anwendungen wurde aufgeführt, in denen die Bildverarbeitung mit großem Erfolg eingesetzt wird.

2 Menschliches Sehen

Die Psychologie definiert das Sehen als einen Prozess, der von den Szenen der externen Welt ein Modell anfertigt, so dass das Individuum in der Lage ist, sich darin zurechtzufinden. Die Modellbeschreibung findet allerdings nicht in einer Sprache statt, sondern in Verknüpfungen im Gehirn [31]. Wir können aus diesen Verknüpfungen heraus Gesehenes mit Neuem vergleichen, es in unserer Sprache wiedergeben, es aber auch manipulieren oder in Frage stellen. Wir bezeichnen beispielsweise die Form eines Papierblattes als "rechteckig", obwohl es als Trapez auf der Retina abgebildet wird. Wir legen es auf ein "rechteckiges" Bücherbrett, das uns in Wirklichkeit als Parallelepiped auf der Retina erscheint. Irgendwo im Gehirn muss also der Begriff "Rechteck" in abstrakter Form abgespeichert sein, und zwar so, dass wir es aus jeder Lage wiedererkennen. Durch diese Modellbildung ist das menschliche visuelle System in der Lage, in Bruchteilen von Sekunden eine wahre Informationsflut aufzunehmen und zu verarbeiten.

Andererseits hat diese Fähigkeit auch Nachteile. Werden beispielsweise Zeugen zu einem bestimmten Vorgang befragt, so werden oft verschiedene, ja sogar widersprüchliche Aussagen über dessen Ablauf wiedergegeben. Ein Arbeiter, der in der Produktionskontrolle eingesetzt wird, um produzierte Teile visuell zu kontrollieren, ermüdet bald. Wenn es also darauf ankommt, Details über längere Zeit fotografisch genau festzuhalten, ist das menschliche Informationssystem nahezu ungeeignet.

In diesem Abschnitt wollen wir uns mit den anatomischen und psychologischen Fähigkeiten der menschlichen visuellen Wahrnehmung beschäftigen und die Frage stellen, wie sie bei einem Bildverarbeitungssystem umgesetzt werden können.

2.1 Ist das Auge eine Kamera?

Johannes Kepler war der erste, der das Auge mit einer Kamera verglich. Er schrieb im Jahre 1604: *"Das Sehen entsteht durch Bilder des Objekts, die sich auf der weißen konkaven Oberfläche der Retina abbilden"* [22]. René Descartes versuchte, dies durch Experimente zu belegen. In einem davon schabte er die der Linse gegenüberliegende Fläche eines Ochsenauges an, so dass diese durchsichtig wurde und sah auf der Retina das umgekehrte, verkleinerte Bild seines Objekts (Abb. 2.1). Seit dem 17. Jahrhundert wurde von verschiedenen Autoren immer wieder die Analogie von Auge und Kamera betont.

Abb. 2.2 zeigt einen Querschnitt durch das Auge. Zwischen vorderer Hornhautfläche und Netzhaut (Empfängerfläche) sind als abbildende Elemente *Hornhaut*, *Kammerwasser*, *Linse* und *Glaskörper* eingeschaltet. Am meisten unterscheiden sich die Brechzahlen an der Grenzfläche zwischen Luft und Hornhaut ($n_L/n_H = 1.00/1.376$). Diese Grenzfläche liefert also den größten Beitrag zur Gesamtbrechkraft und bewirkt die Abbildung eines anvisierten Objektes auf der Netzhaut.

Die Linse besteht aus einzelnen Schichten, deren Brechzahl n von außen nach innen zunimmt. Sie hat jedoch nur einen Korrektureinfluß auf die Abbildung, da sie in Medien mit wenig abweichender Brechzahl eingebettet ist. Ihre Brennweite kann sich durch Änderung der Flächenkrümmung etwa zwischen 70 mm und 40 mm einstellen.

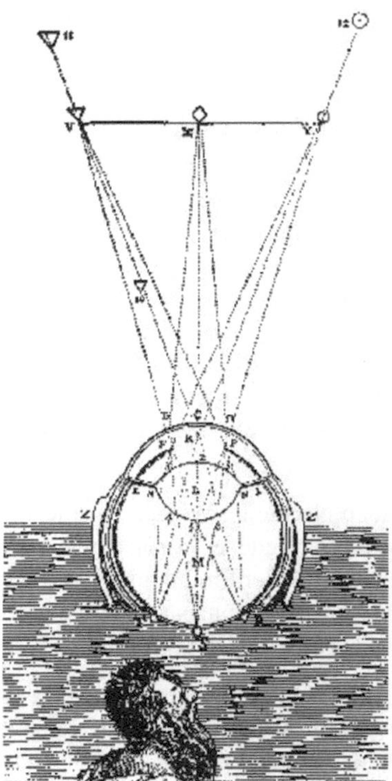

Abbildung 2.1: René Descartes: Analyse des Auges (aus *La Dioptique*[33])

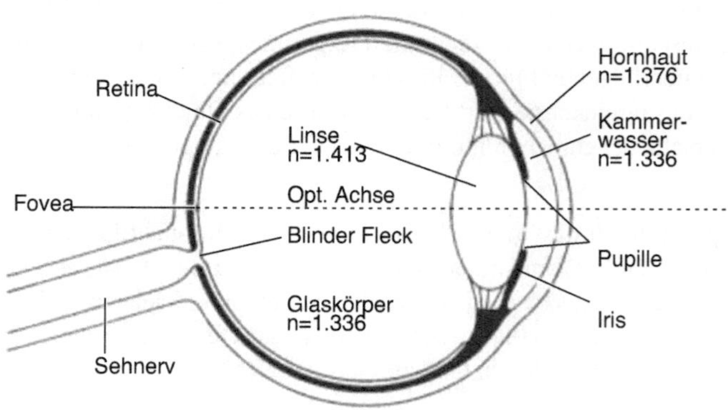

Abbildung 2.2: Querschnitt durch das Auge

Als *Aperturblende* (Pupille) wirkt die Öffnung der vor der Linse liegenden Regenbogenhaut (Iris). Sie stellt sich in Anpassung an die Helligkeit auf ca. 2 mm bis 8 mm Durchmesser ein. Durch diese Veränderung kann die einfallende Lichtmenge bis auf das 16-fache vergrößert werden.

Das Auge kann sein Abbildungssystem an die jeweilige Objektentfernung anpassen. Dies wird *Akkommodationsfähigkeit* genannt. Dazu wird der Durchmesser der Augenlinse durch den Ziliarmuskel verkleinert, was zu einer stärkeren Krümmung der Linsenfläche und damit zu einer Verkleinerung der Brennweite führt.

Für Betrachtungen über das Zusammenwirken von optischen Instrumenten mit dem Auge wurde als Normsehweite die sog. *Bezugssehweite* von 250 mm festgelegt. Dies ist für einen Menschen mit gesunden Augen die optimale Sehweite um einen Text bzw. ein Bild zu betrachten.

Auf der Netzhaut entsteht ein umgekehrtes, reelles Bild, das durch den Sehnerv und die Sehbahnen zum Sehzentrum des Großhirns geleitet wird. Die Eintrittstelle des Sehnervs in den Augapfel ist nicht lichtempfindlich (*blinder Fleck*). Die Netzhaut ist eine mit zwei Empfängerarten besetzte Rezeptorfläche. Sie enthält ca. 75-150 Millionen *Stäbchen* mit einem Durchmesser von ca. 2 μm und ca. 6-7 Millionen *Zapfen* mit einem Durchmesser von etwa 4 μm. Nur in einem kleinen Bereich in der Mitte, der *Netzhautgrube* (*Fovea*), innerhalb eines Raumwinkels von etwa 1° bis 4°, ist das Auge zu hoher Sehschärfe (d.h. einem Auflösungsvermögen von ca. 1 Bogenminute) fähig. Hier wird das unmittelbar beobachtete Objekt mit den geringsten Bildfehlern abgebildet. Tab. 2.1 zeigt die unterschiedlichen Eigenschaften von Stäbchen und Zapfen.

Zapfen	**Stäbchen**
Anzahl: 6 - 7 Millionen	Anzahl: 75 - 150 Millionen
vor allem in der Netzhautgrube	größere Dichte außerhalb der Netzhautgrube
kleines Gesichtsfeld mit großer Sehschärfe	großes Gesichtsfeld mit geringer Sehschärfe
wirken beim Tagessehen	wirken beim Nachtsehen
Farbensehen möglich	keine Farbunterscheidung möglich
geringe Helligkeitsempfindlichkeit	große Helligkeitsempfindlichkeit

Tabelle 2.1: Vergleich von Zapfen und Stäbchen im menschlichen Auge

Die beiden Empfängerarten sind ungleichmäßig über die Netzhautfläche verteilt: Die Fovea enthält dicht gepackt fast nur Zapfen. Mit zunehmendem Abstand von der Netzhautgrube nimmt die Zapfendichte ab und die Stäbchendichte zu.

Stäbchen und Zapfen reagieren auf Licht mit Spannungs- und Stromänderungen. Die Spannung kann dabei um bis zu 25 mV pro Sinneszelle, der Strom um bis zu 30 pA schwanken. Chemisch sind daran Membrane beteiligt, die ihre Durchlässigkeit für Natrium- und Kaliumionen in Abhängigkeit des Lichtes ändern. Die Stäbchen haben beim Menschen eine Ansprechzeit von ca. 300 ms. Zapfen hingegen reagieren auf einen Lichtimpuls schon nach 80-90 ms. Durch Änderung der Empfindlichkeit der Rezeptoren und des Pupillendurchmessers kann sich das Auge einem Helligkeitsbereich von $1 : 10^{10}$ anpassen. Die subjektive Helligkeitsempfindung ist dabei eine logarithmische Funktion der Lichtintensität.

Die Zapfen und Stäbchen sind mit Nervenfasern verbunden, die zum Sehnerv zusammengefasst sind. Er leitet die Reizempfindung an das Gehirn weiter. Sowohl die Beschreibung dieses Vorgang als auch die anschließende Weiterverarbeitung der visuellen Information im Gehirn, übersteigt allerdings den Rahmen dieses Kapitels. Es sei an dieser Stelle an andere Literatur verwiesen, beispielsweise [35]. Experimente haben jedoch gezeigt, dass das Auge hauptsächlich Informationen über Lichtänderungen an Grenzlinien an das Gehirn weiterleitet. Bereiche für die keine Änderungen gemeldet werden, ergänzt das Gehirn als gleichförmig. Um solche Änderungen an Grenzlinien entdecken zu können und um eine Ermüdung der Lichtrezeptoren zu verhindern, führen die Augen ständig kleine Zitterbewegungen (*Sakkaden*) aus und lassen somit das Bild des Gegenstandes auf der Netzhaut hin und her wandern. Sie dauern etwa 1/20 Sekunde an und finden einige Male in der Sekunde statt.

Das Auge ist ein ziemlich kompliziertes optischen System mit fünf verschiedenen Brechungsindices n: jeweils einen für Luft, Hornhaut, Kammerwasser, Linse und Glaskörper. Für optische Berechnungen arbeitet man aus diesem Grund mit verschiedenen Augenmodellen. Mehr dazu finden Sie in Anhang A.1.

2.2 Das Verarbeiten der visuellen Information

Die Ähnlichkeit von Auge und Kamera läßt sehr leicht den falschen Schluß zu, dass ein Beobachter eines Objekts das Gesehene als Einzelbilder wie Fotos in einem Album abspeichert und sie bei Bedarf wieder hervorholt und sich an sie *erinnert*. Tatsache ist jedoch, dass das auf der Retina entstandene Bild durch Änderungen der Position des Beobachters und durch Kopf- und Augenbewegungen ständig variiert. Zudem führen die Augen selbst noch Eigenbewegungen aus, die einem Beobachter einer Szene unbewußt sind, die in vorigen Abschnitt erwähnten Sakkaden. Offensichtlich nehmen wir eine ganze Menge verschiedener Bilder in ganz kurzer Zeit mit unserem optischen System auf. Trotzdem erkennen wir einen Gegenstand, beispielsweise einen Tisch, aus verschiedenen Positionen als solchen wieder, und er erscheint uns stabil und fest in seiner Position im dreidimensionalen Raum. Diese Information in Echtzeit aus einer Bildsequenz herauszulesen, die mit photografischer Genauigkeit abgelegt ist, ist unmöglich. Läßt man bekanntlich verschiedene Zeugen einen bestimmten Gegenstand (beispielsweise ein Auto), eine Szene (beispielsweise die Einrichtung, die Tapete, Vorhänge etc. eines Raumes) oder den Hergang eines Vorganges (beispielsweise eines Verbrechens) beschreiben, so erhält man verschiedene, oft sich widersprechende Aussagen. In der Regel haben Menschen, bis auf ganz wenige Ausnahmen, kein fotografisches Gedächtnis. Es gibt einige Ansätze in der Gehirnforschung, die davon ausgehen, dass wir aus früheren Erinnerungen und Erlerntem ein Modell eines Gegenstandes oder einer Szene abgespeichert haben und aus dem Retinabild nur die Information wei-

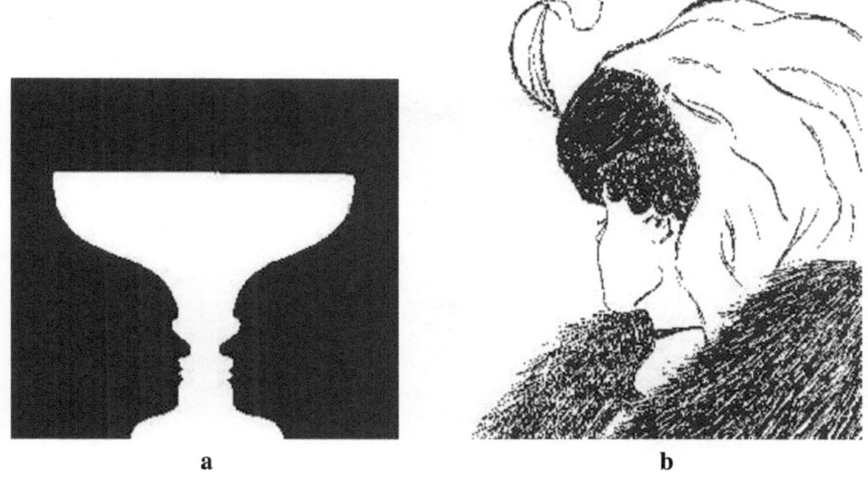

Abbildung 2.3: Bistable Bilder [1]
a) Schale oder zwei Gesichter? b) Alte Dame oder junges Mädchen?

Abbildung 2.4: Die Entstehung eines bistabilen Bildes [1]

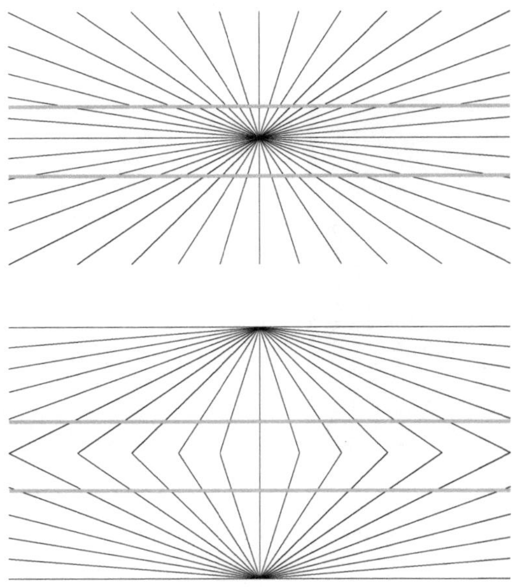

Abbildung 2.5: Die Hering Illusion
Die nachweisbar horizontalen Linien erscheinen gebogen [11]

terverarbeiten, die auf das abgespeicherte Modell paßt [25] [16] [7] [53] [45]. Dabei ist es durchaus möglich, dass das Modell mit jedem visuellen Eindruck noch verfeinert wird, beispielsweise wissen wir, dass eine Tür statt eines Griff auch einen Türknopf haben kann.

Wie diese Entstehung eines Modells zustandekommt, ist noch immer Gegenstand der Gehirnforschung. In diesem Rahmen können nur einige Hinweise angedeutet werden. Die Existenz sogenannter optischer Täuschungen belegt jedoch die Modelltheorie. Die Abbildungen 2.3a) und 2.3b) weisen auf die Existenz sogenannter *bistabiler Bilder* hin, die darauf beruhen, dass das Gesehene auf zwei in unserem Gehirn abgespeicherte Modelle zurückgeführt wird. Abb. 2.4 zeigt, wie eine solche Täuschung entsteht. Das vierte Bild der Bildfolge enthält die bistabile Information. Betrachtet man zuerst die drei ersten Bilder und dann das vierte, so tendiert man dazu, das Gesicht eines Mannes zu sehen. Betrachtet man jedoch die Bildfolge vom letzten Bild an rückwärts, so sieht man im vierten Bild eher ein junges Mädchen. Viele optische Täuschungen belegen auch, dass unsere Modelle im dreidimensionalen Raum eingebettet sind. Schräg nach oben führende Linien werden beispielsweise als in die Tiefe gehend interpretiert so dass ein weiter oben liegender Querbalken länger erscheint als ein weiter unten liegender (Abb. 2.9), eine Täuschung, die unter dem Namen *Railway Lines Illusion* bekannt ist. Eine vertikale Linie erscheint kürzer, wenn ihr oberes und unteres Ende in einen Pfeilkopf mündet, und sie erscheint länger, wenn die Pfeilköpfe umgedreht werden. Diese Täuschung ist bekannt unter dem Namen *Müller - Lyer-Illusion*. Abb. 2.8 zeigt diese Täuschung und ihr dreidimensionales Äquivalent. Dem gleichen Phänomen folgt die Täuschung, die unter dem Namen *Hering Illusion* bekannt ist nach ihrem Entdecker Ewald Hering (1861). Die radialen Linien des Bildes scheinen in weiter Ferne in der Bildtiefe in einen dunklen Höhlenausgang zu münden. Zwangsläufig werden die horizontalen Linien mitgeführt und erscheinen um den Höhlenausgang herum gespreizt (Abb. 2.5). Der Maler M. C.

Abbildung 2.6: M. C. Escher: *Waterfall* (1961) [24]

Escher (1898-1972) führte in vielen seiner Bildern das menschliche visuelle System mit seiner Bereitschaft, jede Szene perspektivisch zu sehen, gehörig an der Nase herum. Abb. 2.6 ist ein Beispiel dafür.

Eine weitere Eigenheit des menschlichen visuellen Systems ist seine Sensibilität für Gesichter. Ein Gesicht ist in der Regel sehr differenziert und enthält mindestens genauso viele visuelle Informationen wie eine komplizierte technische Zeichnung. Trotzdem sind wir in der Lage, ein Gesicht nicht nur als solches zu erkennen, sondern auch zu sehen, um welche Person es sich handelt und die Mimik zu deuten, auch wenn das Bild so verfremdet ist wie Abb. 2.7a). Selbst wenn es sich bei einem Objekt nachweislich nicht um ein Gesicht handelt, sind wir bereit eines zu sehen (Abb. 2.7b)). Diese Sensibilität für Gesichter ist wohl auf unsere soziale Evolutionsgeschichte zurückzuführen. Da der Mensch schon immer in Gruppen gelebt hat, war es immer wichtig, Gruppenmitglieder von anderen zu unterscheiden, und das Überleben hängt ab und zu auch noch heute davon ab, wie gut der Einzelne die Mimik seines Gegenübers zu deuten weiß!

2.3 Zusammenfassung

Das beste bisher bekannte Bildverarbeitungs- und Mustererkennungssystem ist immer noch das menschliche Auge in Verbindung mit der Bildauswertung durch das Gehirn.

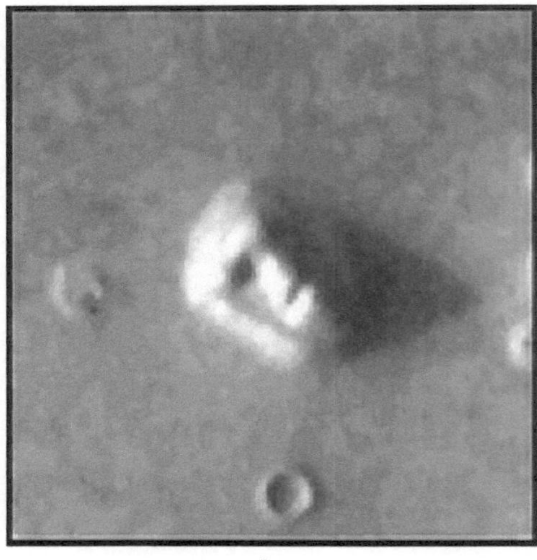

a   b

Abbildung 2.7: Verfremdete Gesichter
a) Mona Lisa [12] b) Aufnahme der Marsoberfläche aus der Viking I Mission (NASA)

- Visuelle Informationen werden nicht bildweise abgelegt, sondern in abstrakten Modellen.

- Das menschliche Bildverarbeitungssystem ist aufgrund seiner Evolutionsgeschichte darauf "programmiert", die zweidimensionalen Bilder auf der Retina in dreidimensionale Information umzusetzen.

- Da der Mensch darauf angewiesen ist, sensibel auf sein soziales Umfeld zu reagieren, ist das menschliche Bildverarbeitungssystem außerdem sehr "empfindlich" für Gesichter.

- Trotz aller Intelligenz und effizienter Informationsverarbeitungen unterliegt das menschliche Bildverarbeitungssystem jedoch Täuschungen, und man kann sich vorstellen, dass ein elektronisches Bildverarbeitungssystem mit ähnlichen Schwierigkeiten zu kämpfen haben wird. Es ist sogar so, dass jede Szene, die von einer Kamera aufgenommen wird, im Rechner durch ein geeignetes Modell repräsentiert werden muss, das entweder vom Benutzer entworfen und eingegeben wird, oder das vom Bildverarbeitungssystem durch einen Lernprozess selbst erstellt wird.

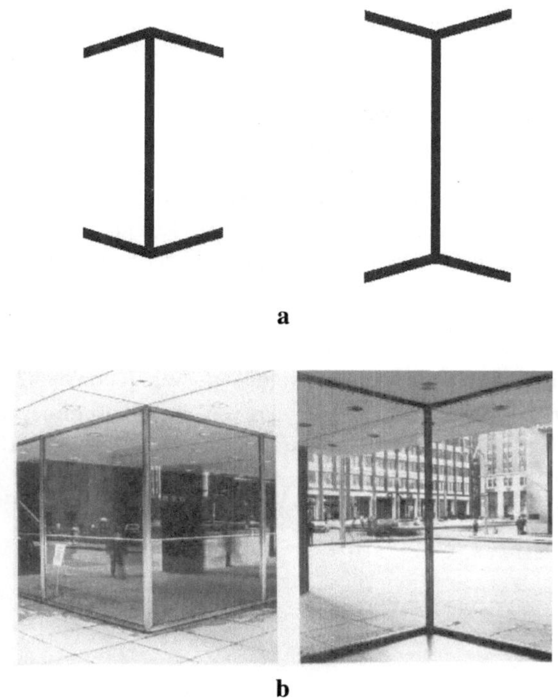

Abbildung 2.8: Optische Täuschungen
a) Die Müller-Lyer-Illusion und b) ihr dreidimensionales Äquivalent [11]

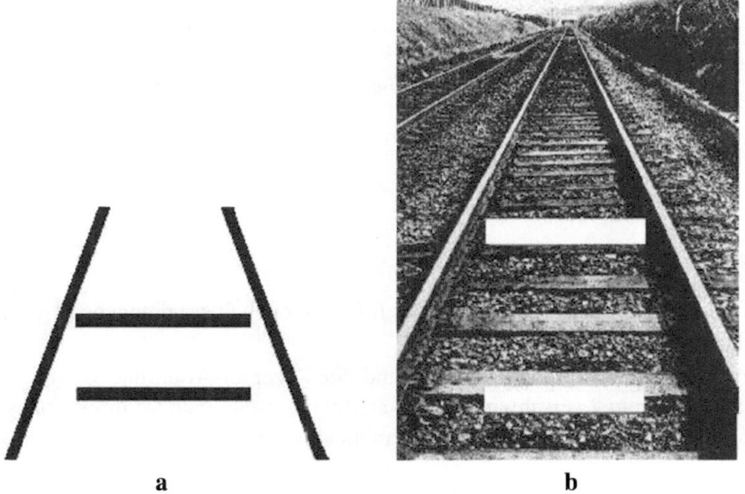

Abbildung 2.9: Die *Railway lines* Illusion und ihr dreidimensionales Äquivalent[11]

2.4   Aufgaben zu Abschnitt 2

Aufgabe 2.1

Dieser Aufgabe liegt das reduzierte Augenmodell zugrunde

Die etwa kreisförmige Fovea habe einen Radius von 400 μm. An diesem Fleck des schärfsten Sehens befinden sich rund 160 000 Stäbchen pro mm^2. Ein runder Textausschnitt, der aus einem Betrachtungsabstand von 25 cm angeschaut wird, werde komplett auf der Fovea abgebildet und bedeckt diese vollständig (Abb. 2.10).

a) Wie groß ist der Radius des Originaltextes?

b) Mit welcher Auflösung (dpi) wird der Text vom Auge wahrgenommen?

c) Kann das menschliche Auge bei einem Bild, das von einem Laserdrucker mit 300 dpi gedruckt wurde, die einzelnen Punkte auflösen? (*ideal* gutes Papier vorausgesetzt!). Begründen Sie Ihre Antwort durch eine Rechnung!

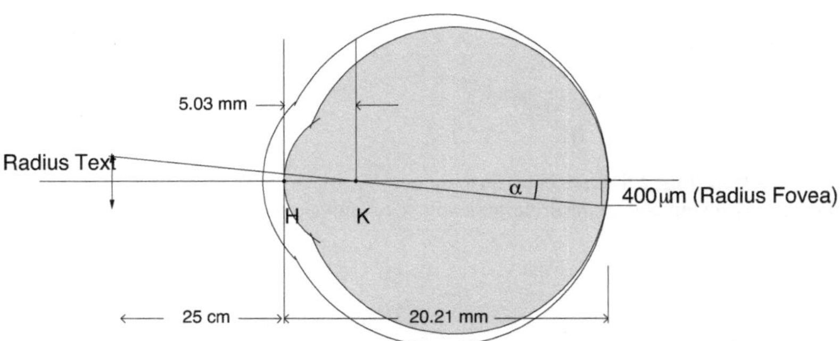

Abbildung 2.10: Reduziertes Augenmodell: Textradius und Radius der Fovea

Aufgabe 2.2

Zur Physiologie des menschlichen Auges.

a) Erläutern Sie, wie die Sakkaden des Auges Informationen über homogene Flächen bzw. Kanten im gesehenen Bild liefern.

b) Erläutern Sie folgendes Phänomen aufgrund der Rezeptor-Arten und ŰEigenschaften: Unter klarem Sternenhimmel verschwinden manche Sterne, wenn man sie direkt fokussiert. Sie werden wieder sichtbar, wenn man ein wenig an ihnen vorbeischaut.

c) Finden Sie eine physiologische Erklärung für das Phänomen der Altersweitsicht.

Aufgabe 2.3

Abb. 2.11b) ist eine rotierte Version von Abb. 2.11a). Beschreiben Sie den visuellen Eindruck und versuchen Sie eine Erklärung dieses Phänomens.

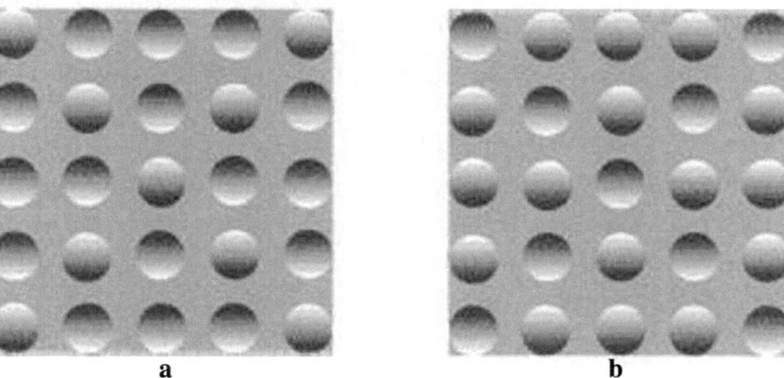

Abbildung 2.11: Aufgabe 3: Optische Täuschung

Aufgabe 2.4

Zur Physiologie des Auges.

a) Zeichnen Sie auf ein Blatt Papier zwei kleine Kreuze im Abstand von etwa 10 cm. Schliessen Sie ein Auge, fokussieren Sie mit dem verbleibenden Auge ein Kreuz während Sie die Entfernung des Blattes von ihrem Auge ändern und das Blatt drehen. Bei welchem Abstand des Blattes vom Auge und bei welcher relativen Lage der beiden Kreuze verschwindet das zweite Kreuz?

b) Was können Sie hieraus über die relative Lage von gelbem und blindem Fleck in Ihrem Auge aussagen?

c) Wiederholen Sie das Experiment aus a) mit einer langen Geraden statt dem Kreuz. Was passiert mit dem Bild der Linie, wenn ein mittlerer Teil auf den Blinden Fleck fällt?

3 Das Bildverarbeitungssystem

Ein typisches Bildverarbeitungssystem besteht aus mehreren oder folgenden Komponenten:

1. einer geeigneten, oft für die jeweilige Anwendung speziell angepassten, Beleuchtung (LED-Arrays, Fluorescenz- oder Halogen-Lampen usw.)
2. einer oder mehreren digitalen oder analogen Kameras, (schwarzweiß oder Farbe) mit geeigneten Objektiven,
3. einem *Frame-Grabber*, also einer Kamera-Schnittstelle, welche die aufgenommenen Bilder digitalisiert
4. einem Prozessor (oft ein PC oder ein DSP)
5. I/O-Schnittstellen (*Bluetooth*, USB, RS-232 usw.) oder Netzwerkverbindungen,
6. ein Programm zur Verarbeitung der Bilder und zur Detektion relevanter Parameter,
7. ein Sensor (oft optisch oder magnetisch) zur Synchronisation der Bildaufnahme und -verarbeitung,
8. eine Vorrichtung zur Sortierung von Teilen.

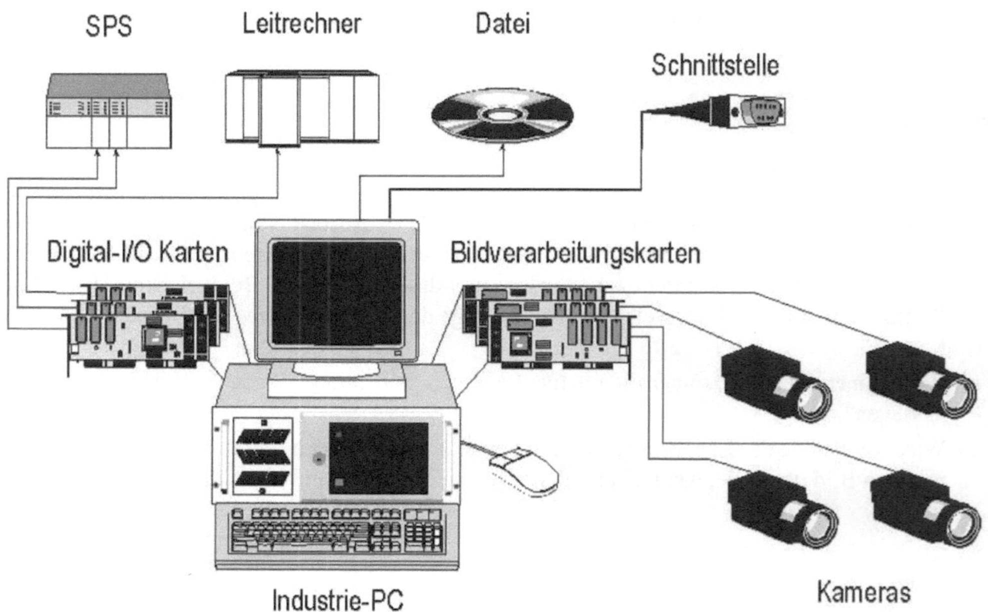

Abbildung 3.1: Die Komponenten eines Bildverarbeitungssystems

Die Kamera ist in der Regel eine CCD- oder CMOS-Kamera, aber prinzipiell kann jeder Sensor, der ein zwei- oder dreidimensionales Signal erzeugt, als Bildgeber verwendet werden. Das Spektrum

Abbildung 3.2: Intelligente Miniaturkameras
a) Alle Komponenten des Bildverarbeitungssystems sind in der Kamera integriert. b) Miniaturkamera mit integrierter Infrarot-Beleuchtung.

der Realisierung eines Bildverarbeitungssystems ist sehr weit gefächert. Abb. 3.1 zeigt eine Realisierung innerhalb einer industriellen Produktionsumgebung mit mehreren Kameras und mehreren *Frame-Grabber*-Karten, die eine parallele Verarbeitung ermöglichen. Die Bildverarbeitungseinheit ist durch ein LAN in den Produktionsablauf integriert. Eine andere Umsetzung zeigt Abb. 3.2a), eine Minikamera, bei welcher die gesamte Hard- und Software für die Bildverarbeitung auf dem Kamerabauteil selbst realisiert wurde (ein Beispiel einer sog. *Intelligenten Kamera*). Bei der Minikamera in Abb. 3.2b) handelt es sich um eine intelligente Infrarot-Kamera mit integrierter Beleuchtung.

In diesem Kapitel werden die einzelnen Hardware- Komponenten von Bildverarbeitungssystemen behandelt. Sie erhalten die fachlichen Grundlagen für die Konzeption eines Bildverarbeitungssystems und das nötige Wissen, um Komponenten verschiedener Firmen auf Leistungsfähigkeit und Kompatibilität hin miteinander vergleichen zu können.

Sie sollten mit der Terminologie und den Fachausdrücken von Personal-Computern vertraut sein. Für Abschnitt 3.2.4 sollten Sie Ihre Schulmathematik aus der Mittelstufe hervorkramen.

3.1   Beleuchtung der Szene

Ein wichtiger Aspekt der Bildverarbeitung liegt in der richtigen Wahl der Beleuchtung, die den entsprechenden Einsatzbedingungen angepaßt sein muss.

Durch geschickte Wahl der Beleuchtungsquelle und des Beleuchtungsverfahrens kann dem Bildverarbeitungssystem bereits ein optimales Bild angeboten und der Aufwand der Bildverbesserungsverfahren minimiert werden. Im Gegensatz zur künstlerischen Fotografie wird in der Bildverarbeitung die Beleuchtung anhand von Kriterien wie Intensität, Homogenität, Stabilität, Spektralbereich und Polarisationseigenschaften ausgewählt. Ziel ist es, eine räumlich homogene und zeitlich stabile Beleuchtung über den gesamten auszuwertenden Bereich (ROI) zu garantieren und damit Bilder mit optimaler Dynamik und optimalem Kontrast zu erhalten.

- **Tageslicht**
  Tageslicht ist in der Regel für die Verwendung in der Bildverarbeitung schlecht geeignet, da
  je nach Tageszeit, Jahreszeit und Wetterverhältnissen wechselnde Lichtintensitäten vorliegen.
  Ähnlich ungeeignet ist das unkontrollierte Licht in einer Produktionshalle. Ist unkontrolliertes
  Licht unvermeidbar, wie z. B. in der Umgebung von autonomen Fahrzeugen, die über visuelle
  Sensoren gesteuert werden, so stellt es immer eine besondere Herausforderung für die nachfol-
  gende Bildverarbeitung dar.

- **Glühlampen**
  Glühlampen sind zwar sehr preiswert, aber sie sind ungeeignet, wenn die Bildauslesefrequenz
  kein Vielfaches der Netzfrequenz beträgt. Dies ist oft bei Kameras der Fall, die nicht der Videonorm unterliegen[1]. Dann kann es durch Phasenverschiebungen zwischen der Lichtfrequenz
  und der Bildauslesefrequenz zu unerwünschten Interferenzen kommen, die sich durch Streifen
  auf dem Bildschirm bemerkbar machen und die Bildqualität mindern. Sie könnten natürlich mit
  Gleichstrom betrieben werden, aber weitere Nachteile liegen im ungleichförmigen Beleuch-
  tungsfeld und der starken Eigenwärmeentwicklung.

- **Leuchtstoffröhren**
  Leuchtstoffröhren besitzen ein großes, homogenes Ausleuchtungsfeld. Im Gegensatz zu Glühlam-
  pen kann man Leuchtstoffröhren mit Frequenzgleichrichtern betreiben um eine Modulation des
  Lichts und damit die unerwünschten Interferenzen zu verhindern. Sie zeigen außerdem wenig
  Eigenwärmeentwicklung. Als Nachteil könnte man eventuell die spektrale Begrenzung sehen,
  die durch das Füllgas vorgegeben ist, aber je nach Einsatzort kann dies sogar gewünscht sein.
  In der Tat werden Leuchtstoffröhren oft zur Ausleuchtung einer Szene eingesetzt.

- **Halogenlampen**
  Halogenlampen haben kein Problem mit der Netzfrequenz. Wie normale Glühlampen besitzen
  sie im Innern einen Wolframdraht, der zum Glühen gebracht wird. Im Gegensatz zur normalen
  Glühlampe sind dem Füllgas (Krypton oder Xenon) jedoch geringe Mengen eines Halogens
  (meist Jod- oder Bromverbindungen) zugesetzt. Beim Betrieb der Lampe spielt sich der folgende thermochemische Kreisprozess, der sog. *Halogenzyklus* ab:

  - Die von dem heißen Leuchtdraht (3300°C) verdampfenden Wolfram-Atome kühlen in
    einigem Abstand auf unter 1400°C ab. Hier verbinden sie sich mit den Halogen-Atomen.
    Diese Verbindung bleibt bis 250°C gasförmig.
  - Mit der thermischen Strömung des Füllgases gelangt diese Verbindung wieder in die Nähe
    der heißen Wolframwendel, wo sie in ihre Bestandteile Wolfram und Halogen zerfällt.
  - Das Wolfram lagert sich auf der Wendel ab, das Halogen steht dem Kreisprozess erneut
    zur Verfügung.

Wegen der ständigen Erneuerung der Glühwendel kann die Temperatur des Glühfadens viel
höher sein als die einer normalen Glühlampe und die Leuchtkraft verringert sich innerhalb einer
Wechselspannungsperiode nicht wesentlich. Halogenlampen können also quasi als konstante
Lichtquellen angesehen werden. Sie werden weniger direkt eingesetzt, sondern hauptsächlich
als Einspeiselichtquellen für faseroptische Systeme verwendet (Abb. 3.3, Abb. 3.4).

---

[1]Die meisten Kameras in der Bildverarbeitung richten sich nach keiner Videonorm!

Lichtwellenleiter ermöglichen eine optimale Beleuchtung in räumlich stark begrenzten und schwer zugänglichen Szenarien.

Nachteile von Lichtwellenleiter sind die hohen Verluste von etwa 40% der Intensität und der relativ hohe Preis.

- **Entladungslampen**
Entladungslampen haben je nach Typ hohe Strahlungsdichten, eine zeitlich konstante Leuchtkraft und das Spektrum besitzt, in Abhängigkeit vom Füllgas, eine kontinuierliche oder diskrete Linie und bei speziellen Ausführungen (Blitzlampen) besteht die Möglichkeit, sie zur stroboskopischen Beleuchtung einzusetzen. Sie sind jedoch ebenfalls relativ teuer.

- **Leuchtdioden (LEDs)**
Leuchtdioden haben den Vorteil der nahezu trägheitslosen Steuerung der Lichtintensität über einen weiten Bereich. Dadurch sind sie ebenfalls zum Stroboskopeinsatz geeignet. Ein weiterer Vorteil liegt darin, dass sie nur in einem sehr engen Wellenlängenbereich abstrahlen. Das macht sie besonders geeignet in Situationen, bei denen die chromatische Aberation von Kameraobjektiven eine Rolle spielt. Außerdem sind sowohl die Anschaffungskosten als auch der Betrieb günstig, sie haben kleine Abmessungen und ein geringes Gewicht. Wegen ihrer Lebensdauer von etwa 100 000 Stunden sind sie extrem wartungsfreundlich. Da der Betrieb von LEDs zudem weder mit Hitze, Geräusch, Vibration oder hoher Spannung verbunden ist, stieg in den letzten Jahren der Einsatz dieser Beleuchtungsart in der industriellen Bildverarbeitung sprunghaft an. Dioden werden oft in Arrays oder als Ringleuchten konzipiert.

Der Vorteil der Monochromasie kann in bestimmten Situationen natürlich auch ein Nachteil sein.

- **Laser**
Laser zeichnen sich vor allem durch ihre hohe Strahlungsleistung auf kleinstem Raum, ihre Monochromasie und Kohärenz aus. Allerdings verwendet man heute, unter anderem aus Sicherheitsgründen, statt eines Lasers, der die Szene abscant, ein *Lasermodul*. Ein Lasermodul ist das Endprodukt aus Laserdiode, Elektronik und Optik, eingebaut in ein gemeinsames Gehäuse. Ein Laserdiodenmodul ist etwa fingernagelgroß und kann damit, ähnlich wie LEDs, in räumlich limitierten Systemen integriert und als Laserquelle genutzt werden. Mit Laserdiodenmodulen können sehr einfach Linien, Punkte, Kreise, Punktmatrizen usw. projiziert werden. Dadurch ist es möglich, die mechanische Justierung eines Objekts vor der Bildaufnahme auch optisch zu unterstützen.

- **Infrarotlichtquellen**
Infrarotlichtquellen werden immer dann eingesetzt, wenn es nicht möglich ist, das unerwünschte umgebende Tageslicht oder Streulicht von benachbarten Lichtquellen auszublenden. Verwendet man zur Bildaufnahme eine Infrarotkamera zusammen mit einem Tageslichtsperrfilter, so hat das Umgebungslicht keinerlei Auswirkung auf die Objektbeleuchtung.

Ist über einen längeren Zeitraum eine weitgehend konstante Lichtintensität erforderlich, so muss bei den meisten der angeführten Beleuchtungsarten auch die Alterung mit in Betracht gezogen werden. Durch das Altern einer Lichtquelle nimmt die Intensität ab und in den meisten Fällen verschiebt sich auch das Frequenzspektrum.

Der Einsatz von Faseroptik bei der Beleuchtung von kleineren Objekten ermöglicht es, die Winkelverteilung des Strahlungsflusses gezielt zu steuern und damit die räumliche Verteilung der Bestrahlungsstärke dem Objekt anzupassen. Außerdem können schwer zugängliche Stellen beleuchtet werden.

Abbildung 3.3: Die Montage einer Ringleuchte

Abbildung 3.4: Verschiedene faseroptische Beleuchtungen für die Bildverarbeitung
Sichtbar sind verschiedene Punktleuchten, links oben: Ringleuchte, rechts: Zeilenleuchte, vorne Mitte: Flächenleuchte

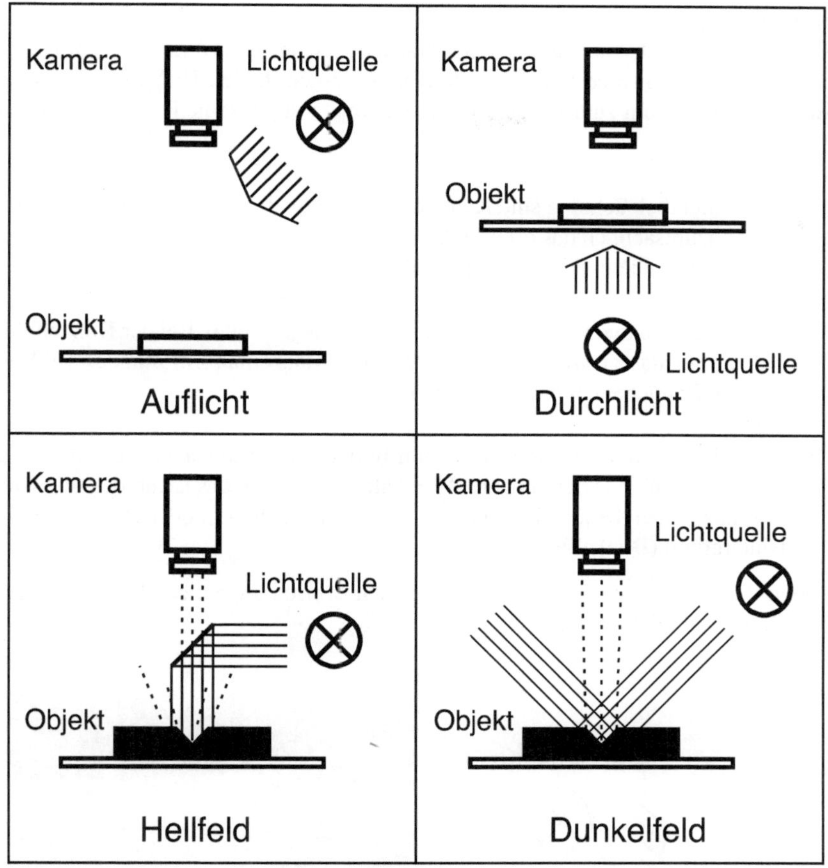

Abbildung 3.5: Grundbeleuchtungsarten

Abb. 3.3 und Abb. 3.4 zeigen einige Realisierungen. Leuchtkörper für die Einkoppelung in die Faseroptik sind u. a. Halogenlampen, Entladungslampen, Leuchtdioden und Laserdioden. Bedingt durch Streuung und Reflexionen an den Wänden der Lichtwellenleiter treten beim Einsatz von Faseroptik jedoch Verluste von ca. 40% auf.

Schnell bewegte Objekte werden stroboskopisch beleuchtet. Die Synchronisation leistet die Bildverarbeitungskarte. Sie liefert das Triggersignal sowohl für die Kamera als auch für das Stroboskop.

Je nach Position von Kamera und Strahlungsquelle unterscheidet man zwischen den Grundbeleuchtungsarten *Auflicht-*, *Durchlicht-*, *Hellfeld-* und *Dunkelfeld*beleuchtung (Abb. 3.5).

- **Auflicht:**
  Kamera und Lichtquelle befinden sich auf derselben Seite des Objekts. Man erhält ein Bild der vom Objekt reflektierten Lichtintensitätsverteilung.

- **Durchlicht:**
  Kamera und Lichtquelle sind auf gegenüberliegenden Seiten des Objekts angeordnet. Auf dem Bildschirm ist die schwarze Form des Objekts vor einem hellen Hintergrund sichtbar. Diese Anordnung kommt dann zum Einsatz, wenn ein Objekt durch seine Form beschrieben werden soll.

- **Hellfeld:**
  Wie bei der Auflichtbeleuchtung sind Kamera und Lichtquelle auf derselben Seite des Objekts. Bildgebend ist hauptsächlich das direkt reflektierte Licht. Hellfeldbeleuchtung ergibt ein helles Bild, worin die interessierenden Bereiche dunkel dargestellt sind.

- **Dunkelfeld:**
  Auch hier sind Kamera und Lichtquelle auf derselben Objektseite. Bei der Dunkelfeldbeleuchtung ist jedoch nur das gestreute Licht bildgebend. Man erhält ein dunkles Bild, worin die interessierenden Bereiche hell dargestellt sind.

Hell- und Dunkelfeldbeleuchtung wendet man intuitiv dann an, wenn man z.B. Kratzer auf einer Schallplatte oder einer CD überprüfen möchte. Man hält sie so gegen das Licht, dass ein Kratzer sich als dunkler Strich gegen einen hellen Hintergrund (Hellfeldbeleuchtung) oder als heller Strich gegen einen dunklen Hintergrund (Dunkelfeldbeleuchtung) abhebt.

Kombiniert man die Grundbeleuchtung mit zusätzlichen Vorrichtungen, ergeben sich eine Vielzahl weiterer Beleuchtungsmöglichkeiten.

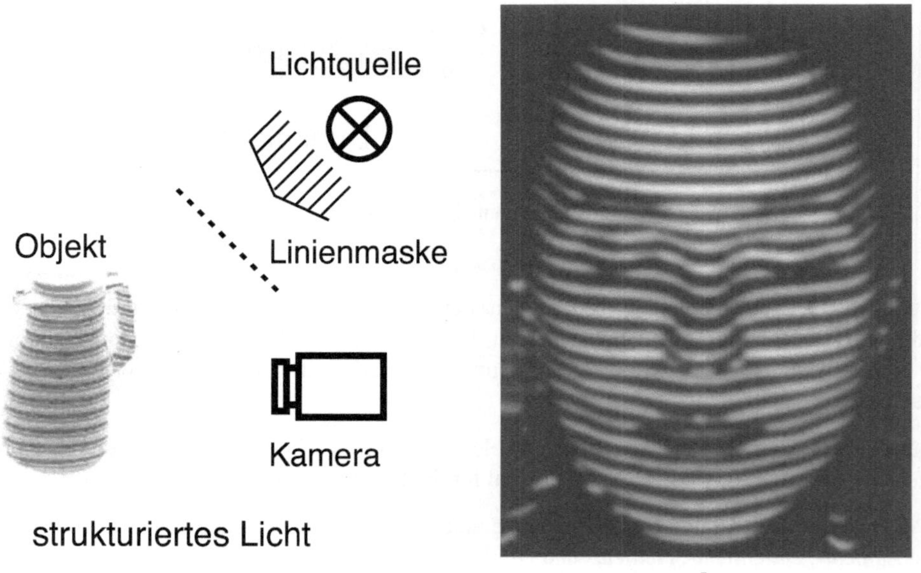

Abbildung 3.6: Strukturierte Beleuchtung für die Vermessung dreidimensionaler Objekte[23]
a) Beleuchtungsanordnung, b) Projizierte Linien

- **Diffuse Beleuchtung**
  Falls die Oberfläche eines zu beleuchtenden Objekts stark reflektiert, kann keine direkte Beleuchtung eingesetzt werden. Abhilfe schafft hier der Einsatz von diffusem Licht, wie es etwa durch einen völlig bewölkten Himmel entsteht. Dazu richtet man das direkte Licht auf einen Diffusor, im einfachsten Fall ein weißes Laken, so das auf das Objekt lediglich das Streulicht fällt. Diffuse Beleuchtung leuchtet eine Szene "weich" aus und verhindert starke Reflexe.

- **Strukturierte Beleuchtung:**
  Sie wird angewandt, wenn ein dreidimensionales Objekt in zwei Dimensionen vermessen werden soll. Dabei werden auf die dreidimensionale Form Linien oder ein Gitter projiziert, so dass sie von den Linien nachgezeichnet wird (Abb. 3.6). Aus den Positionen des Gitters, der Beleuchtung und der Kamera kann man auf die wirkliche dreidimensionale Form des Objekts zurückrechnen.

- **Schattenprojektion**
  Ähnelt ein Objekt in seiner Helligkeit sehr seinem Hintergrund, so kann es im aufgenommenen Bild möglicherweise nicht von diesem unterschieden werden. Bei dreidimensionalen Objekten kann man sich manchmal durch eine Schattenprojektion helfen. Statt des Objekts wird dessen Schatten aufgenommen und weiterverarbeitet. Aus den relativen Positionen von Kamera und Lichtquelle kann man später bei der Bildauswertung auf die wirklichen Abmessungen des Objekts schließen.

3.2   Bildgebende Verfahren und Sensorsysteme

Der Begriff "Bildverarbeitung" suggeriert, dass zur Bildaufnahme eine Kamera verwendet wird. Dies ist sehr oft der Fall, aber generell eignet sich jeder Sensor zur Bildaufnahme, welcher Intensitätswerte elektromagnetischer Strahlung in Abhängigkeit des Ortes liefert, die entsprechend gewandelt und in einen Bildspeicher eingebracht werden können.

Je nach Aufgabenbereich sind unterschiedliche Systeme im Einsatz. Sie unterscheiden sich

- im Aufnahmeverfahren
- in der Aufnahmegeschwindigkeit
- in der Auflösung
- in der Sensorik
- in der spektralen Empfindlichkeit
- im Dynamikbereich

Außerhalb des Bereiches der Unterhaltungselektronik sind die meisten Aufnahmeapparaturen relativ kostspielig. Je größer die geforderte Genauigkeit ist, desto mehr Hard- und Software ist schon im Aufnahmesystem notwendig. Die folgende Liste zeigt die gängigsten Geräte, mit denen Bilder elektronisch aufgenommen werden:

- digitale Flächenkameras
- Zeilenscanner
- Laserscanner
- Computertomograph (CT), Kernspintomograph (NMR), Positronen-Emissions-Tomograph (PET)
- Ultraschallgeräte
- Radargeräte

CCD-Sensoren spielen bei den meisten Bildaufnahmeverfahren eine zentrale Rolle. Um sie herum werden in der Regel komplexe Systeme aufgebaut, um die Aufnahmen in der geforderten Umgebung, der entsprechenden Qualität und der gewünschten Genauigkeit zu ermöglichen.

Sensoren können bezüglich ihres Empfindlichkeitsbereiches in folgende Klassen gegliedert werden: Elektromagnetische Sensoren für

- Gammastrahlung
- den Röntgenbereich
- den Ultraviolettbereich (UV)
- den sichtbaren Bereich
- den Infrarotbereich (IR)
- den Radiowellenbereich

Jeder elektromagnetische Sensor kann nur eine bestimmte Strahlungsart wahrnehmen und aus diesem Spektrum wiederum nur einen bestimmten Spektralbereich. Andere Sensorarten wie magnetische Sensoren oder Schallsensoren können ebenfalls zur Bilderzeugung herangezogen werden. Sie beruhen jedoch nicht auf dem CCD-Prinzip. CMOS-Sensoren gibt es für den sichtbaren Spektralbereich der elektromagnetischen Strahlung, nicht jedoch für den UV- bzw. IR- Bereich

In diesem Rahmen können jedoch nur die wichtigsten Aufnahmeverfahren und Sensoren beschrieben werden.

3.2.1 Die CCD-Kamera

Bei der Filmkamera wird der fotoempfindliche Film zum Objektiv bewegt, belichtet und weitertransportiert. Der Transport des Filmmaterials geschieht über mechanische Teile zu den Filmrollen, wo die Information gelagert wird. Bei einer CCD-Kamera dagegen bewegt sich nichts mechanisch.

Das durch das Objektiv einfallende Licht trifft auf einen *CCD-Sensor* der aus einer Vielzahl von lichtempfindlichen Halbleiterelementen, den Pixeln besteht. Diese sind in Form einer Zeile (bei einer *Zeilenkamera*) oder einer Matrix (bei einer *Flächenkamera*) angeordnet.

Der Bildsensor ist das Herz einer jeden Digitalkamera. Seine Qualität ist entscheidend für eine möglichst hohe Bildauflösung und Farbtreue, aber auch für einen guten Signal-zu- Rauschabstand. Die Funktionsweise von CCD-Detektoren beruht auf dem *inneren Photoeffekt*. Dabei werden durch einfallendes Licht auf Halbleitermaterial Ladungsträger erzeugt, in der Sperrschicht der Photodiode getrennt und wie in einem Kondensator gespeichert. Dieser Kondensator ist mit der umgebenden Schaltung über einen MOS-Transistor verbunden, der die Wirkung eines Schalters hat. Bei geöffnetem Schalter wird die Ladung auf dem Kondensator gesammelt ("integriert") und bei Schließen des Schalters abgeführt. Die integrierte Ladungsmenge ist proportional zum Lichteinfall. Da die genauen physikalischen Vorgänge für dieses Thema nicht von Interesse sind, sei hier auf die zahlreiche Literatur verwiesen, die auf dem Gebiet der Optoelektronik existiert, beispielsweise [20].

3.2.1.1 CCD-Wandler-Techniken

Für *Flächenkameras* gibt es mehrere CCD-Wandler-Architekturen, von denen sich drei auf dem Markt durchgesetzt haben. Die Bezeichnung *Architektur* bezieht sich auf die Art und Weise, wie die Information der einzelnen Detektorelemente zusammengefasst und in einen seriellen Datenstrom umgewandelt werden. Grundsätzlich gibt es für alle Architekturen Kameraversionen, die der Videonorm genügen und solche, die ihre Parameter frei definieren. Die oben erwähnten drei Architekturen sollen im Folgenden beschrieben werden. Sie umfassen jedoch keineswegs alle auf dem Markt befindlichen Kameras. Gerade auf diesem Sektor gibt es eine Menge Eigenentwicklungen und Entwicklungen für spezifische Anwendungen.

- **Der Interline-Transfer-Sensor**
  Ein Interline-Transfer-Sensor (IT) ist in streifenförmig angeordnete Belichtungs- und Speicherbereiche unterteilt (Abb. 3.7). Über eine Verbindung (*Steg*) wird die im Belichtungsbereich

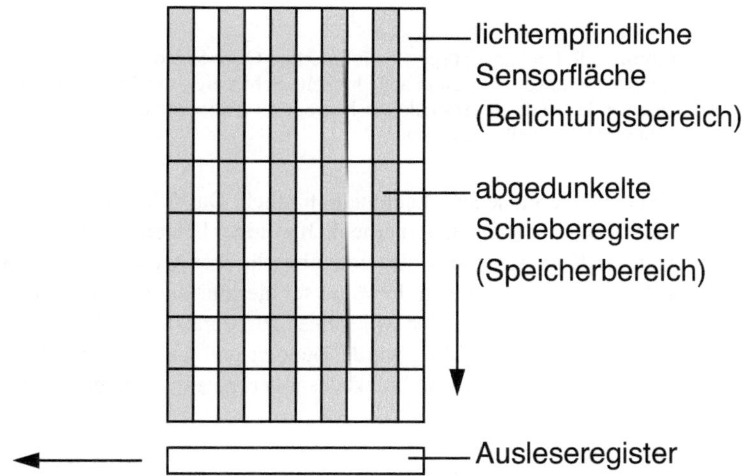

Abbildung 3.7: Das Interline-Konzept
Belichtungs- und Speicherbereich sind streifenförmig angeordnet

aufintegrierte Ladung innerhalb kurzer Zeit (etwa 2.5 μs) von der lichtempfindlichen Sensorfläche in die abgedunkelten Schieberegisterzelle (Speicherbereich) parallel übernommen. Anschließend werden die Ladungen der vertikalen Schieberegister zeilenweise in das horizontale Schieberegister (Ausleseregister) geschoben und von dort seriell ausgelesen (Abb. 3.8).

Beim Interline-Transfer-Sensor nimmt die aktive, lichtempfindliche Sensorfläche nur einen kleinen Teil der gesamten Sensorzelle ein. Der *Füllfaktor*[2] beträgt nur 40%-50%. Die Stege so-

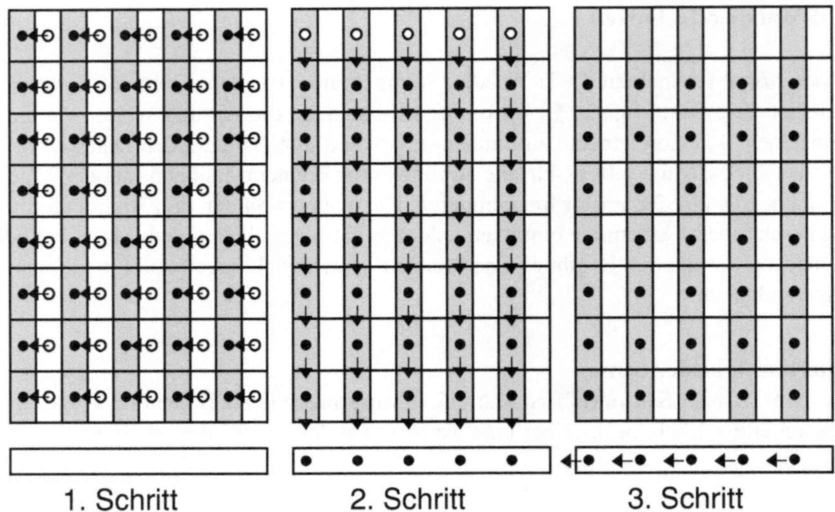

Abbildung 3.8: Ladungstransport beim Interline-CCD-Sensor
1. Schritt: aufintegrierte Ladungen werden in abgedunkelte Schieberegister übernommen.
2. Schritt: Ladungen werden in das horizontale Ausleseregister übernommen.
3. Schritt: Ladungen werden seriell ausgelesen.

wie die abgedeckten Speicherbereiche sind lichtunempfindlich. Das führt dazu, dass Interline-Transfer-CCD-Kameras herkömmlicher Bauart erheblich weniger lichtempfindlich sind als beispielsweise Frame-Transfer-Kameras, die weiter unten beschrieben werden. Es gibt verschiedene Ansätze, diesen Nachteil auszugleichen. Erwähnt sei hier nur die *Lens-on-Chip*-Technik. Dabei wird auf jede einzelne Sensorzelle eine Mikrolinse aufgebracht, die das Licht, welches auf die Stege und den Speicherbereich fallen würde, bündelt und auf die aktive Sensorfläche lenkt (Abb. 3.9). Dadurch wird eine Empfindlichkeitssteigerung um etwa einen Faktor zwei erzielt.

- **Der Frame-Transfer-Sensor**
  Beim Frame-Transfer-Sensor (FT) sind der Belichtungs- und der Speicherbereich in zwei großen Blöcken angeordnet. Die gesamte CCD-Fläche (lichtempfindliche und abgedunkelte Schieberegister) ist etwa zweimal so groß wie die des Interline-Transfer-Sensors (Abb. 3.10). Die gesamte Ladung wird innerhalb etwa 500 μs durch das Transportregister in das abgedunkelte Schieberegister geschoben. Von dort werden die Ladungen vertikal ins Ausleseregister geschoben und seriell ausgelesen (Abb. 3.11). Die meisten Frame-Transfer-CCD-Sensoren unterliegen ebenfalls der CCIR-Norm.

  Jedoch gibt es auch hier wieder Bauformen, die sich von der Videonorm befreit haben.

---

[2]Der *Füllfaktor* ist das Verhältnis von lichtempfindlicher Pixelfläche zu Gesamtfläche eines Pixels

- **Der Full-Frame-Transfer-Sensor**

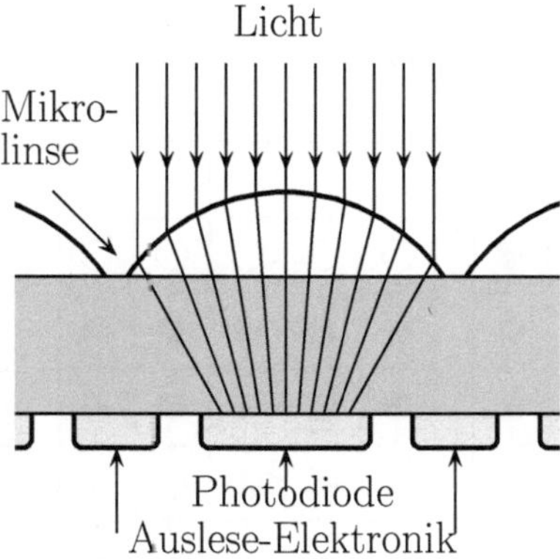

Abbildung 3.9: Wirkung einer Mikrolinse

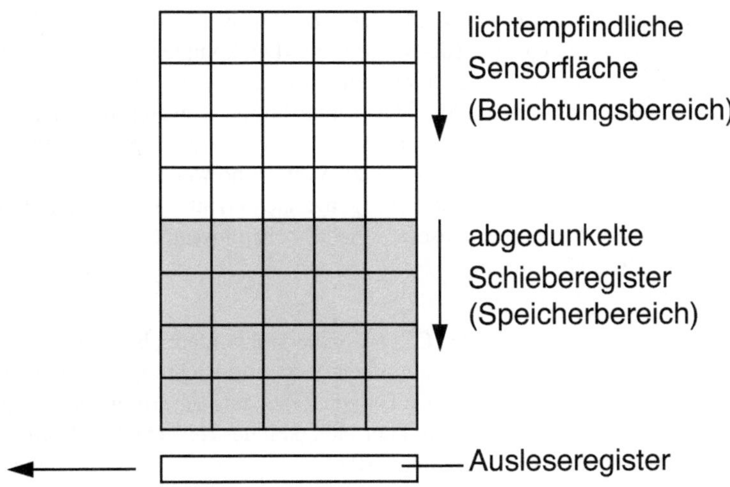

Abbildung 3.10: Das Frame-Transfer-Konzept
Belichtungs- und Speicherbereich sind in zwei Blöcken angeordnet

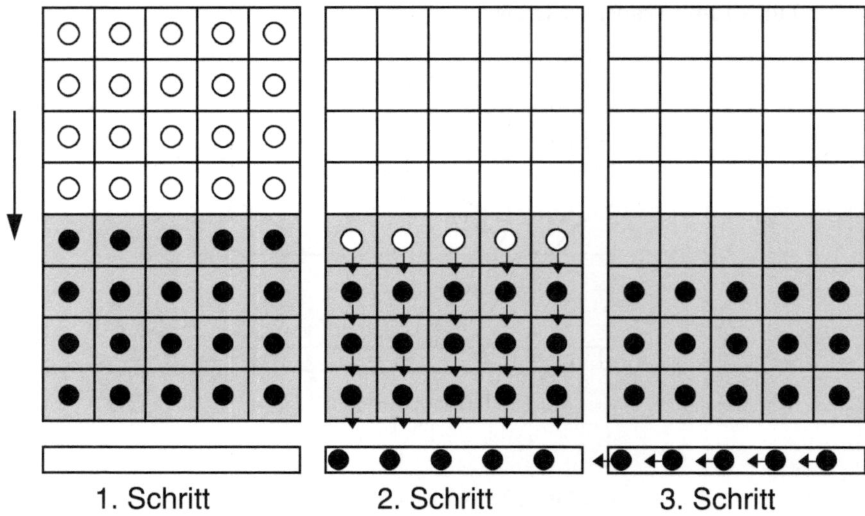

Abbildung 3.11: Ladungstransport beim Frame-Transfer-CCD-Sensor
1. Schritt: aufintegrierte Ladungen werden in abgedunkelte Schieberegister übernommen.
2. Schritt: Ladungen werden in das horizontale Ausleseregister übernommen.
3. Schritt: Ladungen werden seriell ausgelesen.

Beim Full-Frame-Transfer-Sensor (FFT) existiert, im Gegensatz zum Frame-Transfer- und Interline-Transfer-sensor, kein eigener Speicherbereich. Die komplette Sensorfläche ist lichtempfindlich (Abb. 3.12). Nach der Integrationszeit wird der Kamera-Shutter geschlossen und die Ladungen zeilenweise ausgelesen (Abb. 3.13). Full-Frame Sensoren benötigen immer eine Kamera mit Shutter. Die Integrationszeit kann von diesem Sensortyp nicht selbst gesteuert werden, sondern es ist ein externer Verschluß (engl. *Shutter*) notwendig. Mit dem Full-Frame-Transfer-Sensor können sehr schnelle Bildübertragungsraten erzielt werden. Man wird sie also vor allem bei zeitkritischen Problemen einsetzen. Sehr hochauflösende Kameras besitzen ebenfalls einen Full-Frame-Transfer-Sensor.

In diesem Abschnitt wurden nur die prinzipiellen CCD-Wandlerarchitekturen beschrieben. Es gibt unzählige Variationen und Mischformen. Die Forschung geht jedoch in Richtung der Entwicklung von sogenannten "intelligenten Kameras", die fähig sind, Rechnerleistung zu erbringen. Beispielsweise ist man in den Forschungslabors dabei, Kameras mit der Fähigkeit der Hell-Dunkel-Adaption, Kameras mit integriertem Stereosehen, Kameras mit integrierter Glättung und Kantenerkennung, Kameras mit der Fähigkeit zur Objekterkennung usw. zu entwickeln. Während die meisten heute in Europa angebotenen Kameras noch CCD-Kameras sind, die nach dem Interline-Transfer-Konzept arbeiten, der CCIR-Norm unterliegen und die Bilder im Interlace-Modus auslesen, werden sie sicher schon in naher Zukunft die Fähigkeiten des menschlichen Auges übertreffen [32].

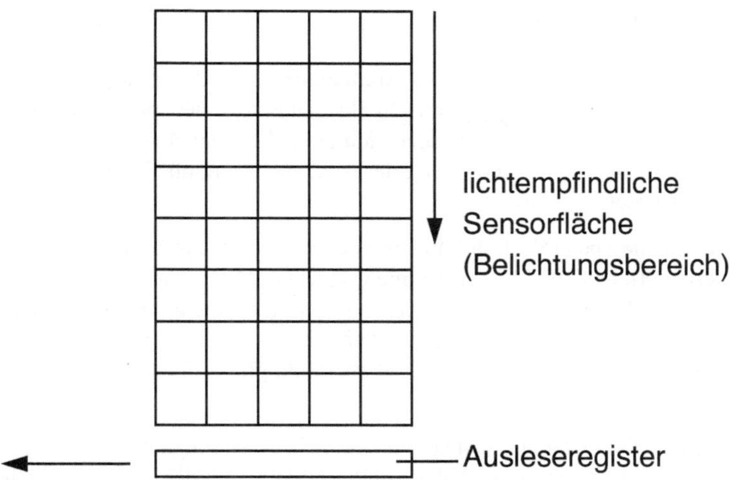

Abbildung 3.12: Das Full-Frame-Transfer-Konzept
Die komplette Sensorfläche ist lichtempfindlich

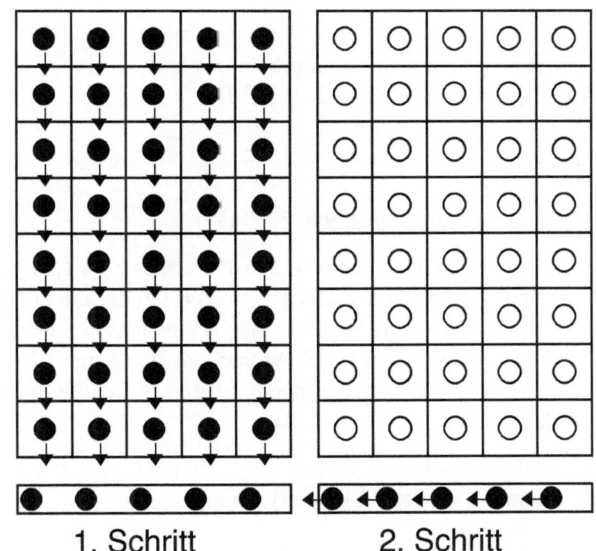

Abbildung 3.13: Ladungstransport beim Full-Frame-Transfer-CCD-Sensor
1. Schritt: nach der Integrationszeit werden die Ladungen in das horizontale Ausleseregister übernommen.
2. Schritt: Ladungen werden seriell ausgelesen.

3.2.1.2 Bauformen von CCD-Kameras

Für *Flächenkameras* gibt es mehrere CCD-Wandler-Architekturen, von denen sich drei auf dem Markt durchgesetzt haben. CCD-Kameras gibt es in unterschiedlichen Bauformen, die sich hinsichtlich ihrer Eignung unterscheiden. Kameratypen unterscheiden sich einmal bezüglich der spektralen Empfindlichkeit, zum anderen darin, in welcher Anordnung die Pixel vorliegen, ob als Zeile, als Matrix oder in Form von mehreren Matrizen.

Kameras für unterschiedliche spektrale Empfindlichkeiten entstehen durch die Verwendung unterschiedlicher Halbleitermaterialien. Wie in den vorangegangenen Abschnitten dargelegt wurde, werden durch die Belichtung in den Halbleiterelementen Ladungsträger erzeugt. Dies geschieht dadurch, dass Elektronen vom *Valenzband* in das *Leitungsband* übertreten und als freie Elektronen weitergeleitet werden können. Bei CCD-Kameras ist diese Ladung direkt proportional zur einfallenden Lichtmenge.

Der Spektralbereich von CCD-Sensoren reicht vom nahen UV bis weit in den Infrarot-Bereich. Er ist abhängig vom Energieabstand ΔE zwischen Valenz- und Leitungsband des jeweiligen Halbleitermaterials. Über die Beziehungen

$$h \cdot \nu > \Delta E$$
$$c = \lambda \cdot \nu$$
$$\rightarrow \qquad \lambda < \frac{h \cdot c}{\Delta E} = \lambda_c \qquad\qquad (3.1)$$

mit:
ΔE: Energieabstand zwischen Valenz- und Leitungsband in eV
h: Plancksches Wirkungsquantum, $h = 6.6262 \cdot 10^{-34}$ Js
λ: Lichtwellenlänge
λ_c: obere Grenzwellenlänge
ν: Lichtfrequenz
c: Lichtgeschwindigkeit im Vakuum, $c = 299.8 \cdot 10^6$ m/s

läßt sich beispielsweise für $\Delta E = 1$ eV eine obere Grenzwellenlänge $\lambda_g = 1.24$ μm berechnen. Tab. 3.1 zeigt den Energieabstand und die daraus berechneten oberen Grenzwellenlängen für verschiedene Halbleitermaterialien. Daraus und aus Abb. 3.14 läßt sich beispielsweise ersehen, dass Silizium hervorragend geeignet ist für den nahen Infrarot- (IR-A) und den sichtbaren Bereich, während für den fernen Infrarotbereich (IR-C) Halbleiter mit geringem Energieabstand zwischen Valenz- und Leitungsband eingesetzt werden.

CCD-Kameras für das sichtbare Spektrum sind in einem Bereich von 400 nm bis etwa 1000 nm empfindlich, mit einem Maximum bei etwa 530 nm (grün).

Die folgende Beschreibung zeigt einen Überblick über handelsübliche Kameras.

- **Zeilenkameras**
  Zeilenkameras enthalten nur eine CCD-Sensorzeile. Sie werden dort eingesetzt, wo eine höhere Auflösung erforderlich ist bzw. nur eine Objektdimension erfasst werden muss. Zeilenkameras mit 8000 Pixeln und mehr und einer Pixeltaktrate von mehr als 30 MHz sind heute Serienprodukte. Um die Verluste bei der Ladungsverschiebung gering zu halten, erfolgt ein wechselseitige Auslesen nach beiden Seiten der Zeile (Abb. 3.16). Dadurch erhält man sehr geringe

Nr.	Halbleiter	chem. Abk.	ΔE in eV	λ_{max} in nm
1	Indium - Antimonid	InSb	0.18	7754
2	Blei - Tellurid	PbTe	0.311	5904
3	Bleisulfat	PbS	0.42	3351
4	Germanium	Ge	0.664	1879
5	Silizium	Si	1.1242	1107
6	Gallium - Arsenid	GaAs	1.424	867
7	Kadmium - Selenid	CdSe	1.7	729
8	Gallium - Phosphat	GaP	2.272	553
9	Kadmium - Sulfid	CdS	2.485	512

Tabelle 3.1: Abstand zwischen Valenz- und Leitungsband
. . . und daraus resultierende Grenzwellenlänge für verschiedene Halbleitermaterialien. Werte für T=300 K. (Nr. 1 [26], Nr. 2 [36], Nr. 3 [41] Nr. 4 [28] Nr. 5 [4] Nr. 6 [42] Nr. 8 [18] Nr. 9 [43])

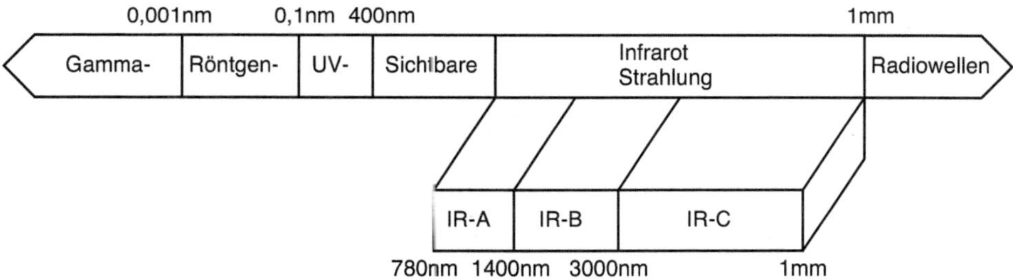

Abbildung 3.14: Das elektromagnetische Spektrum

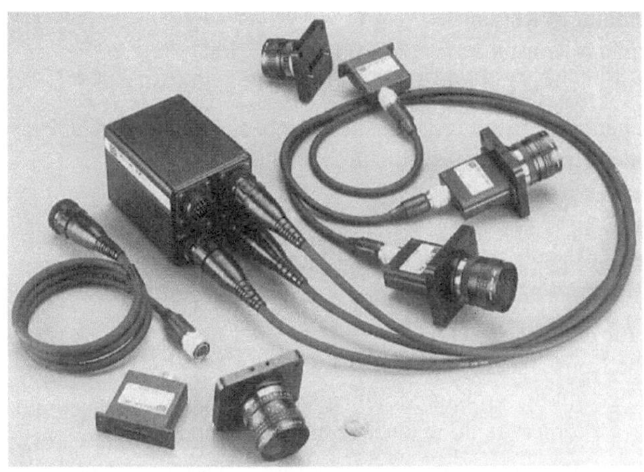

Abbildung 3.15: Verschiedene Zeilenkameras

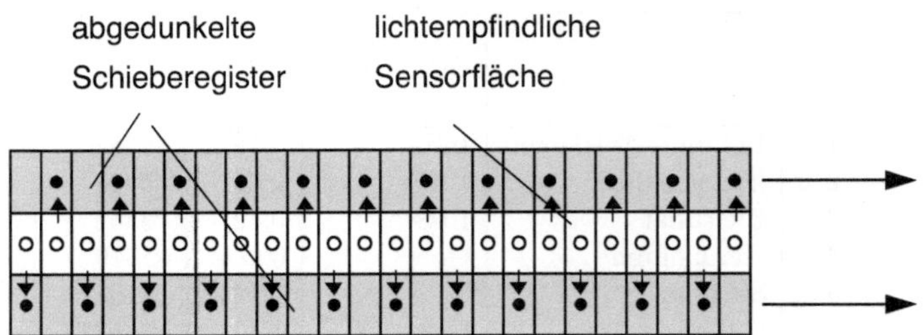

Abbildung 3.16: Auslesen der Ladungen bei der Zeilenkamera

Auslesezeiten, allerdings auch geringe Integrationszeiten, was wiederum eine hohe Lichtintensität bei der Beleuchtung erforderlich macht.

- **Schwarzweiß-Flächenkameras**
  Schwarzweiß-Flächenkameras enthalten eine Matrix von CCD-Sensoren. Sie funktioniert wie in den vorigen Abschnitten beschrieben.

- **Infrarotkameras**
  sind empfindlich für bestimmte Frequenzbänder der infraroten Strahlung. Jeder Körper mit einer Temperatur oberhalb des absoluten Nullpunktes emittiert Strahlung. Die relevanten Gesetze sind im Planck'schen Strahlungsgesetz

$$u(\lambda, T) = \frac{8\pi}{\lambda^3} \frac{h}{e^{\frac{hc}{\lambda kT}} - 1} \tag{3.2}$$

mit:

$u(\lambda, T)$: Spektrale Strahlungsenergiedichte
T: Temperatur in Kelvin
k: Boltzmann-Konstante, $k = 1.38066 \cdot 10^{-23}$ J/K:
c: Lichtgeschwindigkeit im Vakuum, $c = 299.8 \cdot 10^6$ m/s

und im Wien'schen Verschiebungsgesetz beschrieben, welches besagt, bei welcher Wellenlänge das Maximum der Strahlungsenergiedichte in Abb. 3.17 liegt:

$$\lambda_{\text{peak}} = \frac{b}{T} \tag{3.3}$$

mit:

T: Temperatur in Kelvin
b: Wien'sche Konstante, $b = 2.8978 \cdot 10^{-3}$ m·K
λ_{peak}: Wellenlänge mit der größten Strahlungsenergiedichte
           von Schwarzkörperstrahlung einer bestimmten Temperatur

Die Strahlung eines Körpers bei Raumtemperatur (310 K) hat beispielsweise eine Wellenlänge von 10 μm und liegt im infraroten Bereich (IR-C) des Spektrums (Abb. 3.14). Das Verfahren zur Abbildung von Objekten aufgrund ihrer Wärmestrahlung nennt man *Thermographie*. Dabei

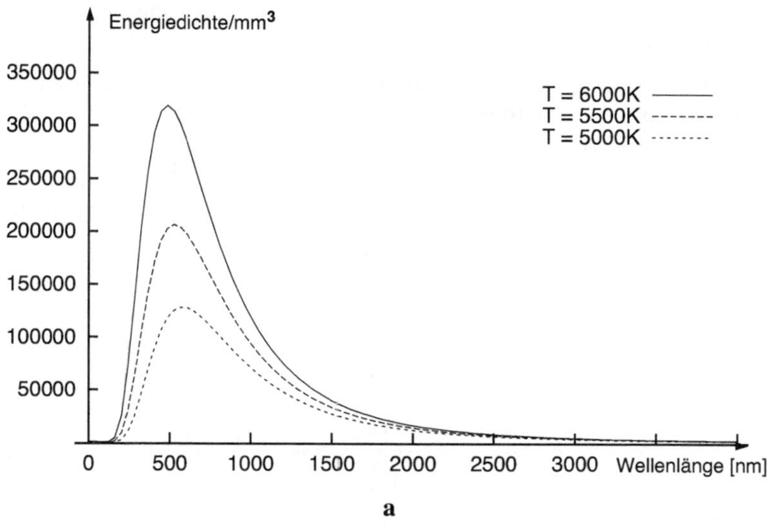

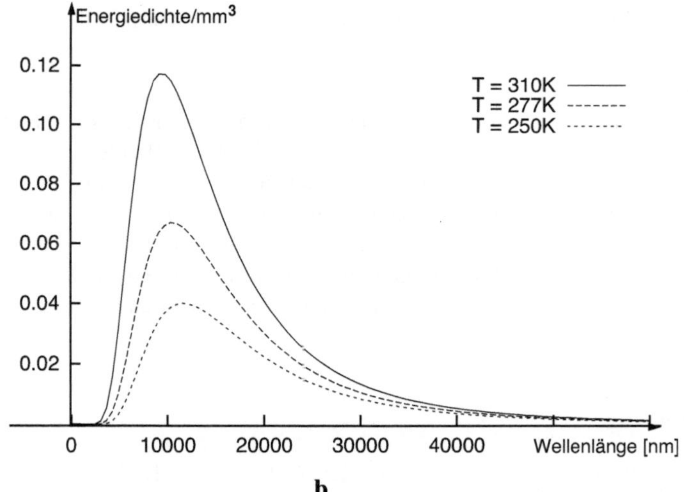

Abbildung 3.17: Die Energiedichteverteilung eines schwarzen Körpers
a) im Bereich von Temperaturen der Sonnenoberfläche
b) ein Mensch (310 K), die Milch im Kühlschrank (277 K) und das tiefgefrorene Hähnchen (250 K)

wird ein Objekt auf dem infrarotempfindlichen Sensor einer Kamera abgebildet und in elektronische Signale umgewandelt.

Das Infrarot-Spektrum wurde von der *Commission Internationale de l'Eclairage* (CIE) in drei Bänder unterteilt (Abb. 3.14). Die früheren Bezeichnungen Nahes, Fernes, Mittleres und Extremes Infrarot sollten immer aufgrund dieser Einteilung näher spezifiziert werden.

Die Atmosphäre der Erde ist zum großen Teil für Infrarotstrahlen undurchsichtig. Es gibt jedoch fünf Bänder innerhalb des Infrarot-Spektrums, für die die Atmosphäre durchsichtig ist (Tabelle 3.2). Sie werden für astronomische Anwendungen ausgenutzt.

Bezeichnung	Wellenlänge λ
I - Band	$\sim 1.25\ \mu$m
H - Band	$\sim 1.65\ \mu$m
K - Band	$\sim 2.2\ \mu$m
L - Band	$\sim 3.6\ \mu$m
M - Band	$\sim 4.7\ \mu$m

Tabelle 3.2: IR-lichtdurchlässige Stellen der Atmosphäre

Infrarotkameras sind im Prinzip aufgebaut wie CCD-Kameras für den sichtbaren Bereich des elektromagnetischen Spektrums, der Detektor besteht jedoch aus Halbleitermaterialien, die für den Infrarotbereich empfindlich sind, also für Wellenlängen von 0.78 μm oder höher. Um das Rauschen zu senken, das durch die Umgebungstemperatur verursacht wird, muss der CCD-Chip dieses Kameratyps sehr stark gekühlt werden. Moderne Kühlverfahren sind thermoelektrische Kühlung (Peltier-Kühlung) und Stirling-Kühlung. Aus diesem Grund hat eine Infrarot-Kamera auch größere Abmessungen als eine CCD-Kamera für den sichtbaren Bereich.

3.2.2 CMOS-Techniken

CCD-Sensoren haben, trotz aller Fortschritte, die auf dem Gebiet dieser Technologie erreicht wurden, gravierende Nachteile. Einer davon ist der Effekt, der mit *Blooming* bezeichnet wird. Bei einer lokalen Überbelichtung, beispielsweise der Abbildung einer hellen Lichtquelle vor ansonsten dunklem Hintergrund, werden die entsprechenden Pixel saturiert und die Ladung breitet sich auf die benachbarten Pixel aus. Das Resultat im Bild ist ein heller Fleck an dieser Stelle, der sich wuchernd ausbreitet (daher der Ausdruck *blooming*), wodurch die Bildinformation verloren geht. Moderne Detektoren sind dazu mit einer *Anti-Blooming*-Schaltung ausgerüstet, die den Ladungsüberfluß auf die Nachbarpixel verhindern. Dadurch gehen jedoch etwa 30% der Empfindlichkeit verloren.

Ein weiterer Nachteil ist der bei allen CCD - Architekturen vorhandene Flaschenhals der seriellen Ausleseregister, welche die Datenübertragung wesentlich verlangsamt.

Die Suche nach völlig neuen Kamera-Architekturen läuft deshalb in den einschlägigen Industriebranchen und Forschungseinrichtungen auf Hochtouren - mit unterschiedlichen Konzepten und Ergebnissen. Die CMOS-Kamera, die inzwischen den Markt erobert hat, ist eine davon.

Der CMOS-Sensor basiert, wie auch der CCD-Sensor, auf dem inneren Photoeffekt, wobei Elektronen vom Valenzband durch Photonen in das energetisch höher gelegene Leitungsband gehoben werden, so dass die Leitfähigkeit des Halbleitermaterials unter Beleuchtung zunimmt.

Abb. 3.18 zeigt den prinzipiellen Aufbau eines einfachen CMOS-Bildsensors mit wahlfreiem Pixelzugriff. Er besteht aus einem zweidimensionalen Array von Pixeln, die, je nach Sensorarchitektur,

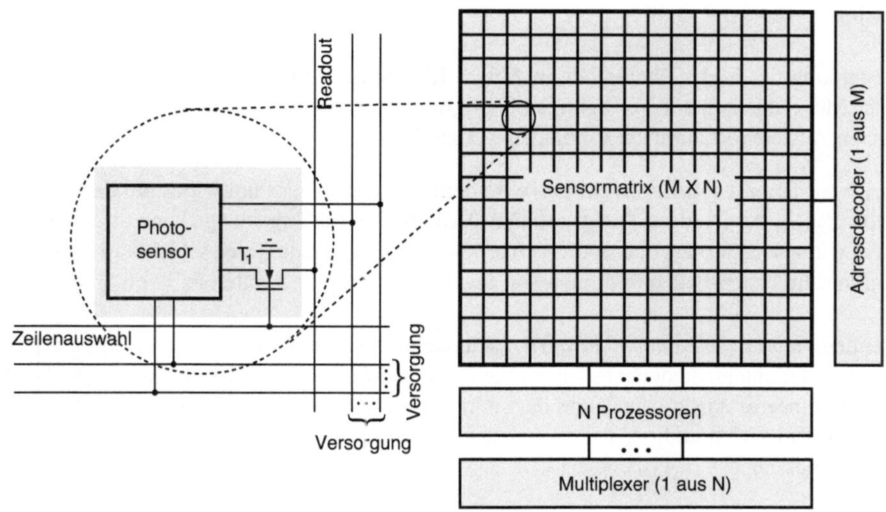

Abbildung 3.18: Prinzipieller Aufbau eines CMOS-Bildsensors
Die mit Versorgung bezeichneten Leitungen dienen zur Versorgung der Pixel mit den zum Betrieb erforderlichen Betriebsspannungen, Taktsignalen etc. Vergrößert links daneben der prinzipielle Aufbau eines einzelnen Pixels.

unterschiedlich verschaltet sind. Über einen Adressdekoder wird eine Zeile selektiert und die Pixel der selektierten Zeile werden über vertikal verlaufenden Leseleitungen ausgelesen, welche diese mit einer Bank von N analogen Signalprozessoren (ASP) verbinden. Diese können Funktionen wie Ladungsintegration, Verstärkung, korrelierte Doppelabtastung (CDS), *Fixed Pattern Noise* (FPN) Korrektur, *Sample and Hold* (SH) oder auch eine einfache Filterung ausführen. Über einen Multiplexer kann auf eines der N Ausgangssignale der ASP-Bank zugegriffen werden. Bei Realisierungen, welche die Selektion einer einzelnen Spalte erfordern, kann die Auswahl der auszulesenden Spalte ebenfalls mit Hilfe eines Adressdekoders erfolgen. Das selektierte Signal wird anschließend zur Anpassung an externe Lasten einem Ausgangstreiber und einem A/D-Wandler (ADC) zugeführt. Durch die Selektion der Zeilen- und Spaltenadresse kann also, im Gegensatz zur CCD-Kamera, bei der CMOS-Kamera jedes Pixel einzeln ausgelesen werden.

Das einzelne Sensorpixel enthält als Photosensor eine pn-Photodiode[3]. Die verschiedenen Sensorarchitekturen unterscheiden sich u.a. in der Verschaltung des Photosensors. Manche lesen die gemessene Lichtintensität in Form einer Spannung aus, andere in Form eines Stromes oder einer Ladung. Das Ausgangssignal des Pixels wird über einen MOS-Transistor T_1 als Schalter, der über die horizontal verlaufende Zeilenauswahl-Leitung angesteuert wird, auf die Leseleitung geschaltet.

Die in Abb. 3.18 dargestellte Schaltung sowie alle hier vorgestellten Architekturen sind Basisversionen. In den Prozessoren der Prozessorbank können weitere Programme realisiert werden, wie

- eine automatische Belichtungssteuerung
- die Generierung erforderlicher Steuersignale
- die Generierung eines Ausgangssignals in der gewünschten Norm (z.B. CCIR)
- analoge Filter usw.

Für die Messung des in der Photodiode in Abb. 3.18 erzeugten Signalstroms stehen eine Reihe verschiedener Möglichkeiten zur Verfügung, wobei grundsätzlich zwischen *integrierenden* und *nichtintegrierenden* Ausleseverfahren unterschieden werden kann.

- Bei *integrierenden Ausleseverfahren* wird der Signalstrom der Photodiode auf der Sperrschichtkapazität C_D der Diode aufintegriert. Die akkumulierte Ladungsmenge kann direkt mit Hilfe eines Ladungsverstärkers oder indirekt über die Spannung an der Sperrschichtkapazität gemessen werden. Im ersten Fall spricht man von *Ladungsauslese*, im zweiten Fall von *Spannungsauslese*.
- Bei den *nichtintegrierenden Verfahren* kann weiter zwischen *linearen* und *nichtlinearen* Ausleseverfahren unterschieden werden, wobei die *logarithmierende* Auslese einen typischer Vertreter nichtlinearer Ausleseverfahren darstellt. Bei nichtintegrierenden Ausleseverfahren wird der Signalstrom der Photodiode über den Spannungsabfall an einer linearen oder einer nichtlinearen Last gemessen.

Für beide Ausleseverfahren gibt verschiedene Möglichkeiten, ein CMOS-Pixel zu verschalten, aber vier Hauptarchitekturen haben sich bisher durchgesetzt[9]:

- **Passive Pixel Sensoren (PPS)**
  Ein PPS ist ein integrierender Photosensor mit Ladungsauslese. Bei der Ladungsauslese wird die auf der Photodiode akkumulierte Ladung direkt ausgelesen und nicht in eine Spannung umgewandelt.

  Abb. 3.19 zeigt die Schaltung eines PPS. Drei aufeinanderfolgende Phasen, die sich periodisch wiederholen, werden unterschieden:
  - Zu Beginn eines Integrationszyklus (also der Zeitdauer Δt_{int} zwischen Reset und Beginn der Auslese) wird für jede Zeile über die Zeilen*reset*-Steuerleitung der Transistor T_R leitend geschaltet und die Sperrschichtkapazität C_D der Photodiode auf eine definierte Anfangsspannung (nämlich die positive Referenzspannung U_{ref}) geladen.
  - Nach Beendigung des Pixel-Resets (der Reset-Transistor T_R sperrt) erzeugen während der Integrationsteit Δt_{int} die über den inneren Photoeffekt entstandenen Elektronen den sog. *Photostrom*.

---

[3]Bei manchen Bauformen ist die Photodiode durch ein Photogate ersetzt

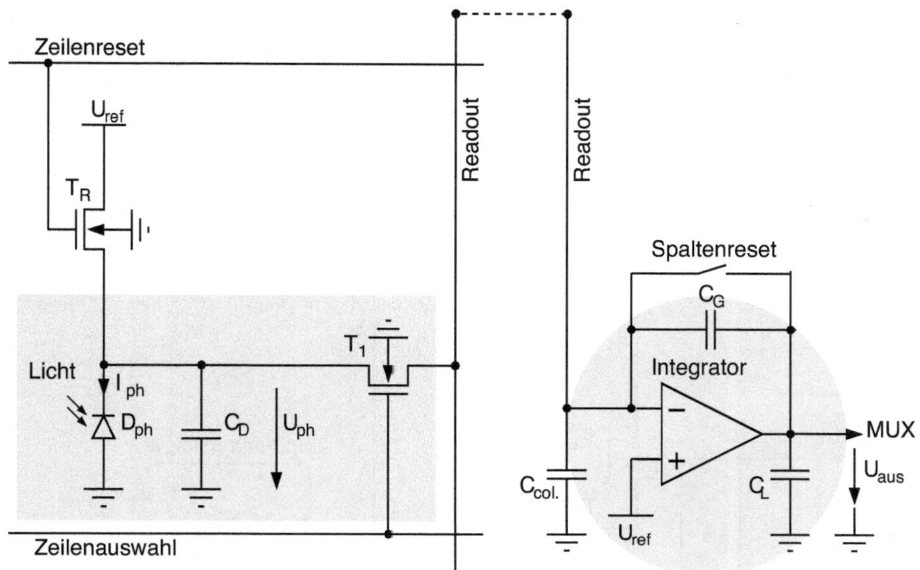

Abbildung 3.19: *Passive Pixel* Verschaltung
Das eigentliche Pixel ist mit einem grauen Rechteck unterlegt, der Prozessor mit einem grauen Kreis. Letzter ist für jede Spalte nur einmal vorhanden.

- Die akkumulierte Ladung $Q = I_{ph}\Delta t_{int}$ wird nach der Selektion einer Pixelzeile über die Schalttransistoren T_1 spaltenparallel an den Spaltenenausgängen ausgelesen und verstärkt.

Bei diesem Schaltungskonzept enthält das einzelne Pixel keine aktiven Stufen wie Verstärker, Stromquellen oder *Source*folger, die das Signal aufbereiten. Die Transistoren im Pixel dienen nur als Schalter. Daher werden diese Sensoren in der Fachliteratur [9] [19] als *passiv* bezeichnet.

Vorteile dieses Pixel- und Ausleseprinzips sind

- die sehr kleinen Pixelabmessungen (jedes Pixel enthält nur die Photodiode und einen bzw. zwei Transistoren [4]),
- der hohe Füllfaktor (die optisch aktive Diodenfläche bezogen auf die Gesamtfläche des Pixels)
- die gute Linearität.

Ein Nachteil dieses Konzepts besteht in der Notwendigkeit einer aufwendigen Optimierung der Ausleseelektronik, da das Eigenrauschen des Operationsverstärkers bei diesem Schaltungsprinzip verstärkt am Ausgang auftritt.

---

[4]Der *Reset*-Transistor T_R entfällt in manchen Realisierungen, dann wird das Zurücksetzen der Photodiode D_{ph} von der Ausleseschaltung erledigt.

- **Aktive Pixel Sensoren (APS) mit Photodiode**
  Ein aktiver Pixelsensor mit Photodiode ist ein integrierender Photosensor mit Spannungsauslese. Abb. 3.20 zeigt das Prinzip des Photodioden-APS. Drei aufeinanderfolgende Phasen, die

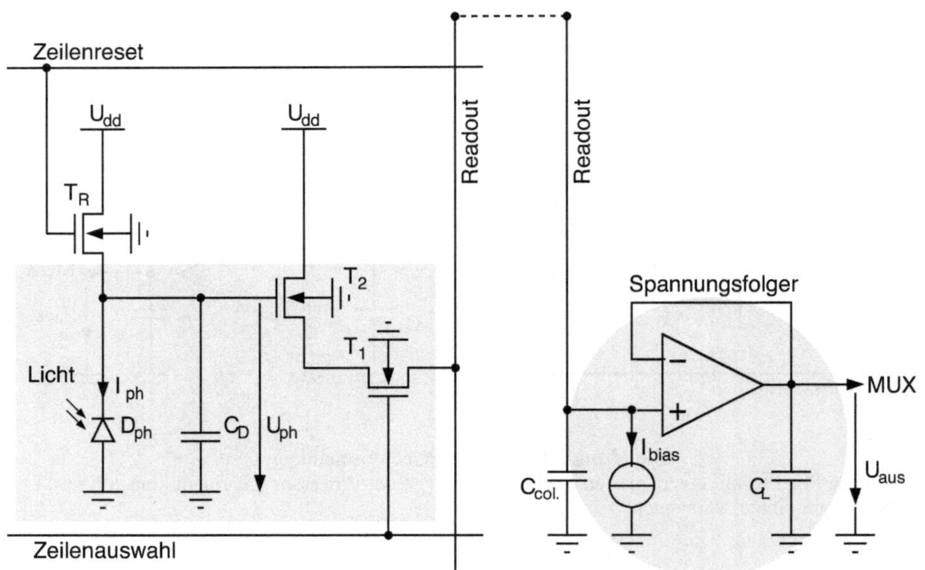

Abbildung 3.20: *Active Pixel* Verschaltung
Das eigentliche Pixel ist mit einem grauen Rechteck unterlegt, der Prozessor mit einem grauen Kreis. Letzter ist
für jede Spalte nur einmal vorhanden.

sich periodisch wiederholen, werden unterschieden:

- Zu Beginn eines Integrationszyklus wird für jede Zeile über die Zeilen*reset*-Steuerleitung
  der Transistor T_R leitend geschaltet und die Sperrschichtkapazität C_D der Photodiode auf
  eine definierte Anfangsspannung (nämlich die positive Versorgungsspannung U_{dd}) geladen.
- Nach Beendigung des Pixel-Resets (der Reset-Transistor T_R sperrt) erzeugen die über den
  inneren Photoeffekt entstandenen Elektronen den Photostrom, der die Sperrschichtkapazität der Photodiode verringert. Die nach der Integrationszeit auf der Sperrschichtkapazität
  der Photodiode gespeicherte Restladung ruft am Gate des *Source*folgers T_2 eine Ausgangsspannung hervor.
- Zur Auslese des Pixels wird über die Steuerleitung "Zeilenauswahl" der Zeilenauswahl-
  Transistor T_1 in Reihe zum *Source*folger T_2 leitend geschaltet, und die Ausgangsspannung
  des Sourcefolgers wird über die Leseleitung ausgelesen und einem Spannungsfolger am
  Spaltenende zugeführt.

Dies ist wiederum nur die Basisversion. Mit weiteren Transistoren erhält man zusätzliche Möglichkeiten der Ansteuerung und Verbesserungen der Signalqualität. So kann man mit einer

6-Transistor-Zelle Aufnahme und Auslesen voneinander entkoppeln, also bereits einlesen, während der Ausleseprozess noch läuft.

- **Aktive Pixel-Sensoren mit *Photogate* (Photogate APS)**
  Der *Photogate* APS wurde 1993 erfunden und wird für hochqualitative Bildgenerierung bei niedrigen Beleuchtungsverhältnissen eingesetzt. Es handelt sich um einen integrierenden Photosensor mit Spannungsauslese. Die Ausleseschaltung des Pixelsensors mit Photogate ist identisch mit der des aktiven Pixelsensors mit Photodiode (Abb. 3.20), das Sensorelement ist jedoch ein völlig anderes. Es entspricht in seiner Wirkungsweise einem CCD-Sensor mit einem zweistufigen Schieberegister.

  Wie bei Photodioden werden bei Photogates die Ladungen durch einen p-n Übergang getrennt. Im Gegensatz zu den Photodioden wird dieser nicht schon bei der Herstellung durch Eindiffundieren von Fremdatomen erzeugt, sondern im Betrieb durch ein elektrisches Feld. Das Photogate wird vorgespannt und die von der Photodiode kommende Ladung wird integriert.

- **Pixel mit logarithmischer Kennlinie**
  Hierbei handelt es sich um ein *nichtintegrierendes*, *nichtlineares* Verfahren mit Spannungsauslese. Abb. 3.21a zeigt das Prinzip eines Pixels mit logarithmischer Kennlinie, Abb. 3.21b die Umsetzung und Abb. 3.22 die Verschaltung eines Pixels.

  Der Photostrom aus der Photodiode D_{ph} flieSSt durch einen nichtlinearen Widerstand R_{Last}, der mit der Photodiode in Reihe liegt. Über der Diode fällt die Spannung U_{ph} ab, über dem Lastwi-

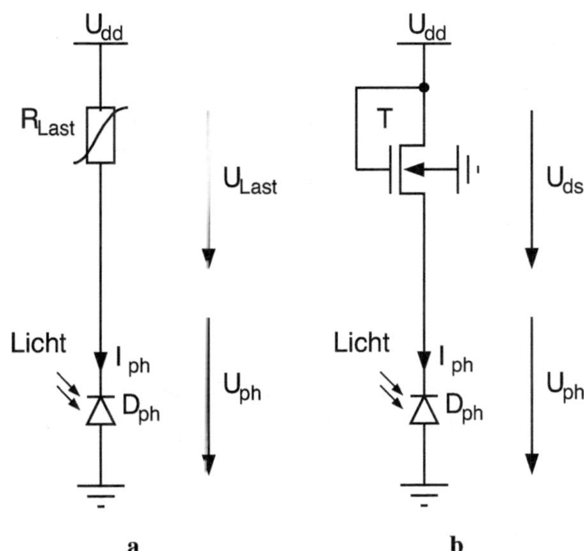

Abbildung 3.21: Prinzipschaltbild eines logarithmischen Pixels
a)   Prinzip mit nichtlinearem Widerstand
b)   Realisierung mit MOSFET Transistor in schwacher Inversion

derstand die Spannung U_{Last} und die Schaltung in Abb. 3.21a verhält sich wie ein Spannungs-teiler. Der nichtlineare Widerstand R_{Last} kann z.B. durch einen MOS-Transistor T (Abb. 3.21b), der sich in schwacher Inversion befindet, realisiert werden. Dies ist wegen der kleinen Photo-ströme im Bereich von einigen Femtoampere bis zu wenigen Nanoampere sichergestellt. Dem Widerstand R_{Last} entspricht der Widerstand zwischen *Source* und *Drain* R_{ds} von T. Er und somit die Spannung, die darüber abfällt, ist proportional zum Logarithmus des Photostroms.

Diese Aufgabe übernimmt in Abb. 3.22 der Transistor T_3. Die Zeilenreset-Leitung entfällt,

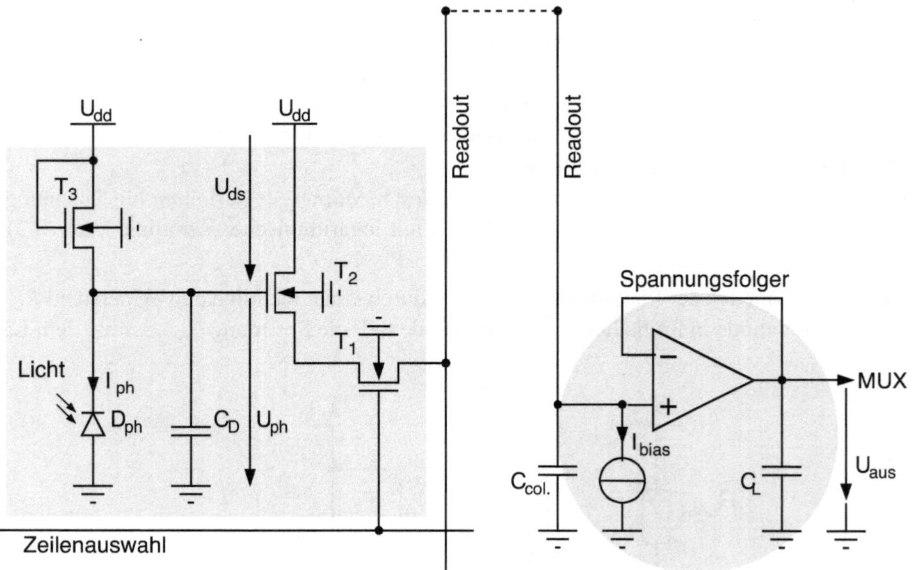

Abbildung 3.22: *Logarithmic* Verschaltung
Das eigentliche Pixel ist mit einem grauen Rechteck unterlegt, der Prozessor mit einem grauen Kreis. Letzter ist für jede Spalte nur einmal vorhanden.

und die restliche Schaltung ist identisch mit der Schaltung in Abb. 3.20. Wegen des Span-nungsteilers kann die Spannungsfolgerschaltung am Ende einer Spalte direkt die nichtlinearen Spannungsbewegungen weitergeben.

Die logarithmischen Bildsensoren zeigen ein Verhalten, das von dem üblicher Kameras stark abweicht. Die Ausgangsspannung ist dem Logarithmus aus der Bestrahlungsstärke proportio-nal. Bei normalen Lichtverhältnissen mit einer Dynamik von 2 bis 4 Dekaden führt dies zu sehr blassen Bildern im Vergleich zu Bildern einer Kamera mit linearer Kennlinie. Andererseits können Szenen mit sehr hohem Dynamikumfang (bis zu 6 Dekaden) ohne Probleme dargestellt werden. Dieses Verhalten gleicht eher dem des menschlichen Auges, dessen Empfindlichkeit ebenfalls logarithmisch ist. Mit einer solchen Kamera ist es beispielsweise möglich, eine Glüh-lampe mit 100 Watt bei voller Leistung aufzunehmen und in dem Bild noch Einzelheiten des

Glühfadens zu erkennen (Abb. 3.23). Deshalb nennt man diese Kameras auch HDRC-Kameras (engl. *High Dynamic Range CMOS*).

Potentielle Anwendungen für Kameras mit nichtlinearer Kennlinie existieren unter anderem

- in der industriellen Bildverarbeitung bei der Überwachung industrieller Fertigungsprozesse (z.B. bei der Beobachtung von Schweißvorgängen),
- beim Einsatz in fahrerunterstützenden Systemen im Fahrzeug (hierbei treten entsprechende Situationen auf, wenn z.B. im Gegenlicht aus einem Tunnel hinausgefahren wird)
- bei der Realisierung biologienaher Bildverarbeitungssysteme, die sich an Teilaspekten der Funktionalität des visuellen Systems des Menschen orientieren.

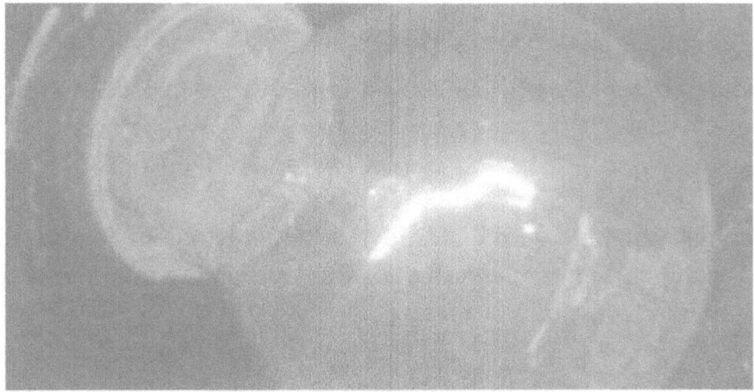

Abbildung 3.23: Aufnahme einer Glühlampe mit einer *High Dynamic Range-CMOS*-Kamera

Folgende abschließende Bemerkungen gelten für alle hier vorgestellten Architekturen:

- Der bei der PPS- (Abb. 3.19) und der APS-Architektur (Abb. 3.20) als Reset-Schalter fungierende Transistor T_R kann so ausgelegt werden, dass er auch im abgeschalteten Zustand leitend wird, falls die Spannung über der Diode einen kritischen Wert unterschreitet. Hierdurch wird verhindert, dass die Spannung über der Diode infolge einer lokal sehr hohen Bestrahlungsstärke negativ wird (die Photodiode arbeitet dann in Leitrichtung) und die gespeicherte Ladung teilweise in das umgebende Substrat abfließt. Er stellt somit ein *Overflow-Drain* dar, der das von CCD-Kameras bekannte *Blooming* verhindert.
- Alle CMOS-Architekturen außer der *Passive Pixel*-Architektur haben das Problem eines Füllfaktors von 0.4 und weniger. Um die Photonenausbeute zu optimieren, wird bei CMOS-Kameras noch mehr als bei CCD-Kameras die *Lens-on-Chip* Technik angewandt (siehe Abschnitt 3.2.1.1).
- Sowohl die PPS als auch die APS-Architektur erfordern eine korrelierte Doppelabtastung (CDS). Das Prinzip der korrelierten Doppelabtastung basiert darauf, dass zwischen zwei Werten, dem Rücksetzwert (also der Spannung, die benötigt wird, um beim Zeilenreset die Spannung auf U_{ref} bzw. U_{dd} zurückzusetzen) und dem eigentlichen Signal die Differenz gebildet wird. Reset und Auslesen erfolgen zu verschiedenen Zeitpunkten - ein Offset, der sich auf beide Werte auswirkt, wird dadurch unterdrückt.

Hier noch einmal einige Eigenschaften von CMOS-Chips zusammengefasst:

- **Wahlfreier Zugriff**
  CMOS-Kameras erlauben wahlfreien Zugriff auf jedes einzelne Pixel, ähnlich wie man es von einem RAM-Speicher kennt. Es wird auch ebenso wie etwa der Bildspeicher über einen Zeilen- und Spaltenindex adressiert.

- **Alle Funktionen auf einem Chip**
  Durch VLSI-Technologie (engl. *Very Large Scale Integration*) ist es möglich, alle notwendigen Kamerafunktionen auf dem CMOS-Chip zu integrieren. Zusätzlich können weitere intelligente Schaltungen zur Signalverarbeitung, beispielsweise Schaltungen zur Bildkompression, Optimierung, Farbcodierung, Segmentierung usw. hinzugefügt werden [55]. Prinzipiell können alle Bildverarbeitungsalgorithmen, die in den folgenden Kapiteln besprochen werden, bei dieser Kameraart direkt auf dem CMOS- Chip ablaufen.

- **Niedriger Stromverbrauch**
  Der Stromverbrauch einer CMOS-Kamera ist um etwa einen Faktor 100 geringer als der einer CCD-Kamera. Während diese typischerweise 2 - 5 Watt an Leistung benötigt, erfordert eine CMOS-Kamera ca. 20 - 50mW. Eine CCD-Kamera leert eine NiCd Camcorder Batterie in einigen Stunden, während eine CMOS-Kamera dazu etwa eine Woche benötigt. Durch diese geringe Leistungsaufnahme wird das Bildverarbeitungssystem "beweglich". Es ist durchaus denkbar, dass in wenigen Jahren die gesamte Bildverarbeitung in einer intelligenten Kamera in Verbindung mit einem *Notebook* stattfindet.

- **Niedriger Preis**
  Der Herstellungsprozess von CMOS-Bausteinen ist erheblich einfacher als der von CCD-Bausteinen. Daher ist der Preis einer industriell orientierten hochqualitativen CMOS-Kamera bereits jetzt mit den Preisen eines Bildverarbeitungssystems mit CCD-Kamera und Framegrabber-Karte vergleichbar [55].

- **Kein Pixelüberlauf**
  CMOS-Kameras kennen keinen Nachzieh- und keinen *Blooming*effekt, da die Pixel nicht "überlaufen" können.

- **Hohe Datenrate**
  Die parallele Übertragung ermöglicht die Aufnahme und Verarbeitung sehr schneller Abläufe, da der Umweg über die horizontalen und vertikalen Schieberegister umgangen wird. Zur Zeit liegt die Grenze bei etwa 1000 Bildern pro Sekunde bei einer Bildgröße von 1024×1024 Pixeln [56]

Die Forschung geht in Richtung der Entwicklung von sogenannten "intelligenten Kameras", die fähig sind, Rechnerleistung zu erbringen. Beispielsweise ist man in den Forschungslabors dabei, Kameras mit der Fähigkeit der Hell-Dunkel-Adaption, Kameras mit integriertem Stereosehen, Kameras mit integrierter Glättung und Kantenerkennung, Kameras mit der Fähigkeit zur Objekterkennung usw. zu entwickeln.

3.2.3 Digitale Kameras und Farbe

Sowohl CCD- als auch CMOS-Kameras messen die Intensität von Licht, nicht die Wellenlänge. Die CCD-Kamera setzt den Photonenstrom in einen elektrischen Strom um, die CMOS-Kamera je nach

Bauart in eine Spannung oder einen Strom. Beides sind monochromatische Sensoren mit einer Empfindlichkeit etwa zwischen 350 nm und 1050 nm für den sichtbaren Bereich. Ihre Messergebnisse werden in Helligkeitswerte[5] umgesetzt.

Farbkameras liefern Farbbilder, die in der Regel aus den drei Anteilen *Rot*, *Grün* und *Blau* (RGB) bestehen. Durch additive Farbmischung und Variation der Intensität der einzelnen Anteile kann fast jede Farbe erzeugt werden. Die Umsetzung der Intensitätswerte in Farben wird, je nach Preis und technischem Aufwand, auf verschiedene Arten vorgenommen.

3.2.3.1 Lookup-Tabellen

Die einfachste Art, einen Intensitätswert in Farbe umzusetzen, ist es, ihn nach der Digitalisierung, also als Grauwert, über eine dreispaltige Transformationstabelle, genannt *Lookup-Tabelle*, in RGB-Werte umzusetzen (Abb. 3.24). Es handelt sich dabei um elektronische Tabellen auf dem Video-

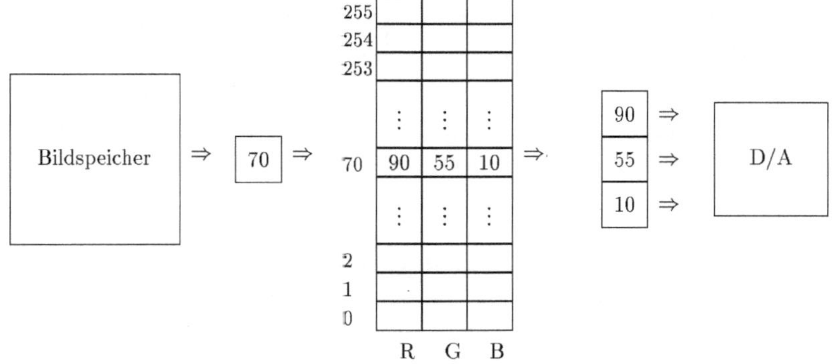

Abbildung 3.24: Lookup-Tabellen zur Falschfarbendarstellung

Ausgangsteil der Bildverarbeitungskarte, die mit verschiedenen Werten geladen werden können. Lookup-Tabellen können aber auch in den Bilddatei selbst abgelegt sein, beispielsweise enthalten viele Bildformate die Lookup-Tabelle eines Bildes im *Header*.

Die Anzahl der möglichen Farben richtet sich danach, mit wieviel Bit ein Helligkeitswert digitalisiert wurde. Bei einer Digitalisierung mit n Bit hat die Lookup-Tabelle 2^n Zeilen und ermöglicht 2^n Farben. Diese Darstellung nennt man *Falschfarbendarstellung*. Sie kommt besonders (aber nicht ausschließlich) bei Aufnahmen aus dem nicht-sichtbaren Bereich des elektromagnetischen Spektrums sowie bei Radar-, Sonar- und Bildern aus Tomographen zum Einsatz und dient weniger dazu, in der Natur vorkommende Farben wiederzugeben, sondern um Grauwerte mit geringen Kontraste in einem Grauwertbild durch Farben unterscheidbar zu machen.

---

[5]einen digitalisierten Helligkeitswert nennt man *Grauwert*

3.2.3.2 Bayer Farbfilter

Sowohl bei einfachen CCD-Farbkameras (*Einchip Farbkameras*) als auch bei CMOS-Kameras geschieht die Farbaufteilung in die Grundfarben *Rot, Grün* und *Blau* (RGB) bzw. den dazu komplementären Farben *Cyan, Magenta* und *Gelb* (CMY) durch ein Mikro-Mosaikfilter (CFA-Filter) oder *Bayer-Filter*) vor dem CCD- oder CMOS-Sensor (Abb. 3.25).

R	G	R	G	R	G	R	G
G	B	G	B	G	B	G	B
R	G	R	G	R	G	R	G
G	B	G	B	G	B	G	B
R	G	R	G	R	G	R	G
G	B	G	B	G	B	G	B
R	G	R	G	R	G	R	G
G	B	G	B	G	B	G	B

a

M	Y	M	Y	M	Y	M	Y
Y	C	Y	C	Y	C	Y	C
M	Y	M	Y	M	Y	M	Y
Y	C	Y	C	Y	C	Y	C
M	Y	M	Y	M	Y	M	Y
Y	C	Y	C	Y	C	Y	C
M	Y	M	Y	M	Y	M	Y
Y	C	Y	C	Y	C	Y	C

b

Abbildung 3.25: Generierung von Farben über Bayer-Filter
a) RGB Bayer-Filter, b) CMY Bayer-Filter

Jeweils vier Pixel zusammen - *RGGB* beim RGB-Farbfilter bzw. *CMYY* beim CMY-Farbfilter - ergeben ein Farbpixel. Die Farbe *Grün* (bzw. *Yellow* beim CMY-Farbfilter) ist doppelt belegt, um die Empfindlichkeit des menschlichen Auges zu berücksichtigen. Die Auflösung dieser Kamera ist also um den Faktor 2 in x- und in y- Richtung geringer als die einer Schwarzweiß-Kamera, da vier Pixel für ein Farbpixel benötigt werden. Die eigentliche Leistung Bayers ist deshalb nicht das Farbfilter (solche Bilder wären für die Bildverarbeitung unzumutbar), sondern eine Interpolationsmethode, die den ursprünglichen Farbeindruck des Objekts wiederherstellt

Um ein solches Bild in ein RGB-Bild zu konvertieren, müssen für jedes Pixel die jeweils nicht vorhandenen beiden anderen Farben gefunden werden. Sie werden aus den Nachbarpixeln interpoliert. Unter einer Nachbarschaft eines Pixels P verstehen wir hier die acht Pixel eines kleinen Quadrats der Größe 3×3, in dessen Mitte P liegt. Man unterscheidet *direkte* und *diagonale* Nachbarn eines Pixels P. Direkte Nachbarn haben eine Kante mit P gemeinsam, diagonale Nachbarn eine Ecke. Ein Pixel P hat also vier direkte und vier diagonale Nachbarn.

In [40] wurden verschiedene Interpolationsmethoden (*nearest neighbour, linear, cubic, cubic spline* usw.) getestet und eine vorgeschlagen. Diese soll hier vorgestellt werden. Dabei werden grüne Komponenten anders interpoliert als rote bzw. blaue.

- **Interpolation der roten und blauen Komponente:**
  Die roten und blauen Komponenten werden durch *nearest neighbour*-Interpolation berechnet.

- Bei einem grünen Pixel müssen die beiden Farbanteile *Rot* und *Blau* wiederhergestellt werden. Wie Abb. 3.25a) zeigt, ist jedes grüne Pixel von zwei roten und zwei blauen direkten Nachbarn umgeben. Die rote Farbkomponente wird durch Mittelung der beiden roten Pixel in der direkten Nachbarschaft erzeugt, die blaue Farbkomponente durch Mittelung der beiden blauen Pixel.
- Bei einem blauen Pixel muss der Farbanteil *Rot* (und natürlich auch *Grün*, siehe unten) wiederhergestellt werden. Wie Abb. 3.25a) zeigt, ist jedes blaue Pixel von vier roten diagonalen Nachbarn umgeben. Sie werden gemittelt und ergeben die rote Komponente.
- Analog: bei einem roten Pixel muss der Farbanteil *Blau* (und natürlich auch *Grün*, siehe unten) wiederhergestellt werden. Wie Abb. 3.25a) zeigt, ist jedes rote Pixel von vier blauen diagonalen Nachbarn umgeben. Sie werden gemittelt und ergeben die blaue Komponente.

- **Interpolation der grünen Komponente:**
  Die grüne Komponente wird adaptiv interpoliert. Wie Abb. 3.26 zeigt, hat jedes blaue bzw. jedes rote Pixel vier grüne direkte Nachbarn $G_1 \ldots G_4$. In der weiteren direkten Nachbarschaft liegen um ein rotes Pixel vier weitere rote Pixel $R_1 \ldots R_4$ und um ein blaues Pixel vier weitere blaue Pixel $B_1 \ldots B_4$. Übernehmen wir die Bezeichnungen wie in Abb. 3.26, so wird interpoliert:

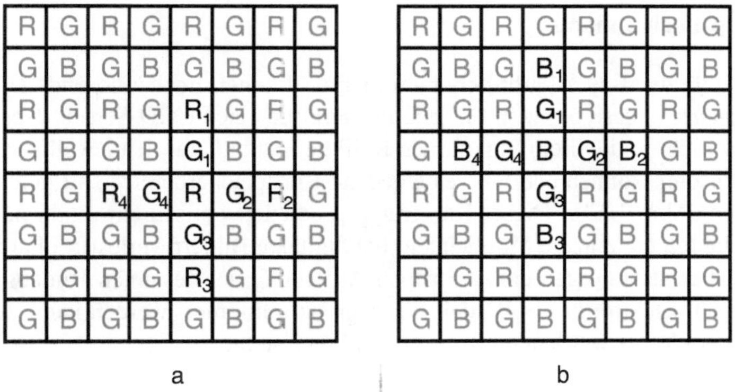

Abbildung 3.26: Interpolation der Grün-Komponente
a) Umgebung eines roten Pixels, b) Umgebung eines blauen Pixels

- die grüne Komponente $G(R)$ eines roten Pixels:

$$G(R) = \begin{cases} (G_1 + G_3)/2 & \text{falls} & |R_1 - R_3| < |R_2 - R_4| \\ (G_2 + G_4)/2 & \text{falls} & |R_1 - R_3| > |R_2 - R_4| \\ (G_1 + G_2 + G_3 + G_4)/4 & \text{falls} & |R_1 - R_3| = |R_2 - R_4| \end{cases} \tag{3.4}$$

- die grüne Komponente $G(B)$ eines blauen Pixels:

$$G(B) = \begin{cases} (G_1 + G_3)/2 & \text{falls} & |B_1 - B_3| < |B_2 - B_4| \\ (G_2 + G_4)/2 & \text{falls} & |B_1 - B_3| > |B_2 - B_4| \\ (G_1 + G_2 + G_3 + G_4)/4 & \text{falls} & |B_1 - B_3| = |B_2 - B_4| \end{cases} \tag{3.5}$$

Ein analoges Interpolationsverfahren existiert für Bilder, deren Farbe über ein CMY-Bayerfilter wie in Abb. 3.25b) entstanden ist.

Die hier gegebene Interpolationsmethode ist nicht die einzig mögliche, und die Qualität des erzeugten Bildes hängt sehr stark davon ab, mit welchem Algorithmus interpoliert wird. Deshalb halten viele Kamerahersteller ihre besten Algorithmen geheim – sie gehören zu den "Betriebsgeheimnissen".

Obwohl Bayerfilter eine recht kostengünstige Lösung sind und für Kameras der Unterhaltungselektronik sehr gut geeignet, haben sie jedoch einen Nachteil: Durch die Unterabtastung können sich, trotz nachfolgender Interpolation, an Grauwertkanten oder dünnen Linien in einem Bild Störungen ergeben (Farb-Aliasing), was sich durch Moiré-Muster im Bild bemerkbar machen kann. Eine Abhilfe wurde dadurch geschaffen, dass man Linsen (*optische Unschärfefilter*) in den Strahlengang bringt, die den Lichtstrahl aufweiten. Gewöhnlich werden zwei optische Filter eingebaut: eines für die Horizontal- und eines für die Vertikalaufweitung.

Dadurch wird aber auch die Bildschärfe verringert: optische Filter reduzieren die Farbstörungen, die durch das Bayer-Filter verursacht wurden, auf Kosten der Bildschärfe - die sowieso schon durch die Unterabtastung gelitten hat.

3.2.3.3 Dreichip-Farbkameras

Wegen der Nachteile des Bayer-Farbfilters baut man traditionell hochauflösende CCD-Kameras als *Dreichip-Farbkameras*. Diese besitzen für jede Primärfarbe einen CCD-Sensor. Über vorgeschaltete Prismen wird das Licht in die drei Grundfarben RGB zerlegt und auf den jeweiligen Sensor gelenkt. Die drei CCD-Sensoren können dann in verschiedene Bildspeicherbereiche ausgelesen und getrennt verarbeitet werden (Abb. 3.27). Dieser Kameratyp produziert optisch einwandfreie Bilder und war bis vor wenigen Jahren die einzige Möglichkeit, bei digitalen Bildern verlustfrei Farben zu erzeugen. Der Nachteil ist aber, dass wegen der dreifachen Auslegung der gesamten Bildaufnahme-Sensoren und der zugehörigen Elektronik das Bauteil nur begrenzt minimiert werden kann, was der heutigen Tendenz von immer kleiner werdenden Kameras im Wege steht.

3.2.3.4 Spektralabhängige Sensoren

Ein spektralabhängiger Sensor ist ein Bauteil, das nicht nur empfindlich für die Intensität des Lichts ist, sondern auch für dessen Wellenlänge.

Der Mechanismus der Farbseparation bei spektralabhängigen Sensoren (auch Mehrkanalfarbsensoren genannt) beruht darauf, dass, ähnlich wie beim Farbfilm (Abb. 3.28a), Photonen verschiedener Wellenlängen in kristallinem Silizium in verschiedenen Tiefen absorbiert werden [17] (Abb. 3.28b). Das hat zur Folge, dass die höher-energetischen Photonen am blauen Ende des Spektrums an der Oberfläche des Siliziumkristalls, die längerwelligen weiter innen absorbiert werden. Abb. 3.29a [34] zeigt den Absorptionskoeffizient von kristallinem Silizium in Abhängigkeit von der Wellenlänge im optischen Bereich, Tab. 3.29b die durchschnittliche Eindringtiefe von Photonen verschiedener Wellenlänge.

Diese natürliche Eigenschaft des Siliziums nützt man aus, indem durch unterschiedliche Dotierung pn-Übergänge innerhalb des Siliziumkristalls geschaffen werden (*Buried Triple Junction* (BTJ)), um

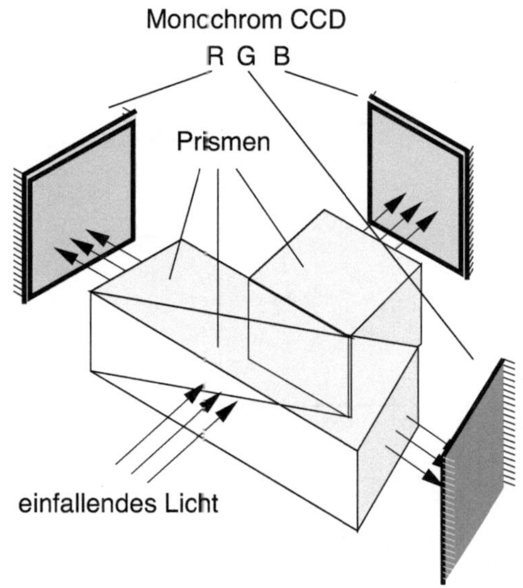

Abbildung 3.27: Die Dreichip-RGB-Kamera
Prismen teilen das einfallende weiße Licht auf in die Farbanteile Rot, Grün und Blau

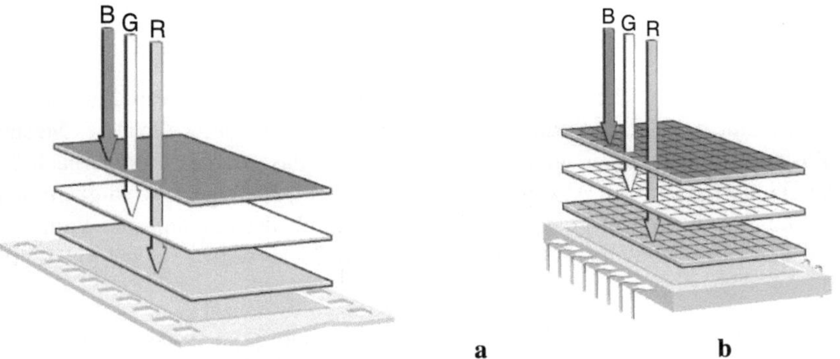

Abbildung 3.28: Farbschichten beim Farbfilm und bei Siliziumkameras[10]
a) Prinzip des Farbfilms (Kodak, 1935) b) Prinzip der 3-Schicht Silizium Kamera

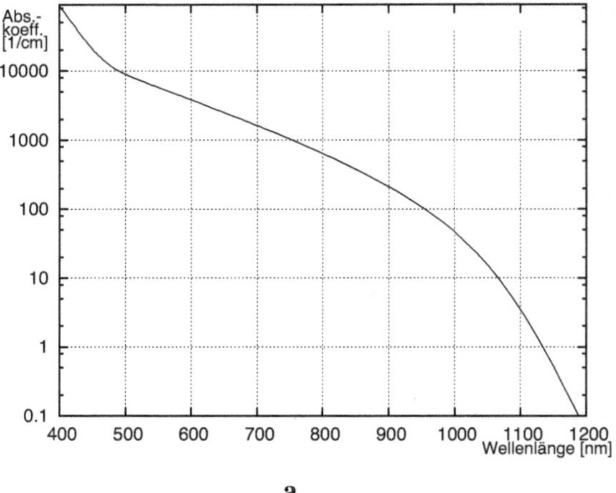

Wellenlänge [λ]	Eindringtiefe [μm]
400	0.19
450	1.0
500	2.3
550	3.3
600	5.0
650	7.6
700	8.5
750	16
800	23
850	46
900	62
950	150
1000	470
1050	1500
1100	7600

a   **b**

Abbildung 3.29: Absorptionskoeffizient und Eindringtiefe von Licht in kristallinem Silizium
... sind von der Wellenlänge abhängig [17][34]. a) Absorptionskoeffizient α [1/cm] als Funktion der Wellenlänge λ, b) Eindringtiefe [μm] in Abhängigkeit der Wellenlänge λ

die Elektron-Loch-Paare zu separieren, die in verschiedenen Tiefen durch Photonen verschiedener Wellenlänge entstanden sind (Abb. 3.30). Die Spannungen, die dadurch an den pn-Übergängen auftreten, sind ein Maß für die Anzahl der Elektron-Loch-Paare bzw. für die Anzahl der Photonen.

Dieser Kameratyp wird bisher von einer einzigen Firma als CMOS-Kamera angeboten[10] und soll noch unter "Kinderkrankheiten" wie hohes Rauschen bei niedrigen Lichtintensitäten leiden.

3.2.3.5   Intelligente TFA-Sensoren

TFA-Sensoren (*Thin Film on ASIC*)   bestehen aus *amporphem* Silizium. Amorphes Material ein Stoff, bei dem die Atome keine geordneten Strukturen ausbilden, sondern ein unregelmäßiges Muster. Bedingung für das Zustandekommen eines amorphen Zustandes ist, dass sich die Atome nach Erhitzung auf sehr hohe Temperaturen beim Abkühlen wegen der hohen Abkühlgeschwindigkeit nicht regelmäSSig anordnen können. Beispiele für amorphe Materialien sind Glas (die amorphe Form von Siliziumdioxid (SiO_2), eine der kristallinen Formen ist Quarz) und Zuckerwatte (die amorphe Form von Zuckerkristallen).

Das Ausgangsmaterial der TFA-Dünnfilmschicht ist amorphes, hydrogenisiertes (wasserstoffhaltiges) Silizium (a-Si:H), welches in PECVD-Technik hergestellt wird [48] [49]. Dabei wird das Gas Silan (SiH_4) durch hohe Temperaturen in den Plasmazustand gebracht, und das amorphe Silizium schlägt sich in einem starken elektrischen Feld auf dem Träger nieder.

Silizium ist ein vierwertiges Element, das in der kristallinen Form eine Tetraederstruktur ausbildet. Bei amorphem Silizium fehlt die Gitterstruktur und Wasserstoffatome (H) lagern sich ein, um ungesättigte Siliziumvalenzen abzusättigen. Das Resultat ist a-Si:H.

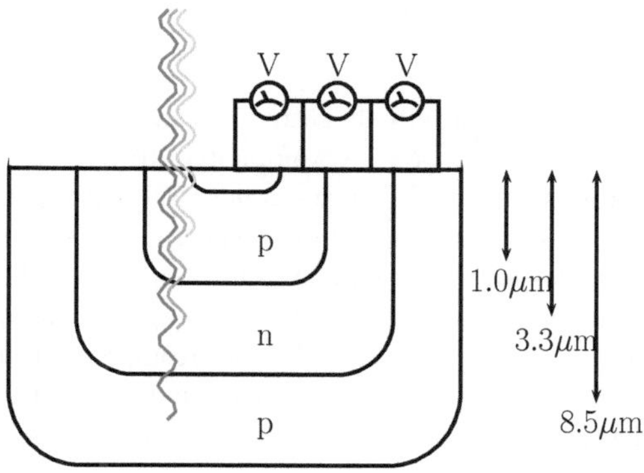

Abbildung 3.30: Skizze eines Sensors mit wellenlängenabhängigem Absorptionskoeffizienten [27]

Amorphes Silizium ist durch eine hohe Photoempfindlichkeit im sichtbaren Spektralbereich gekennzeichnet und kann daher auch in dünnen Schichten aufgetragen werden [21]. Ein solches Dünn-

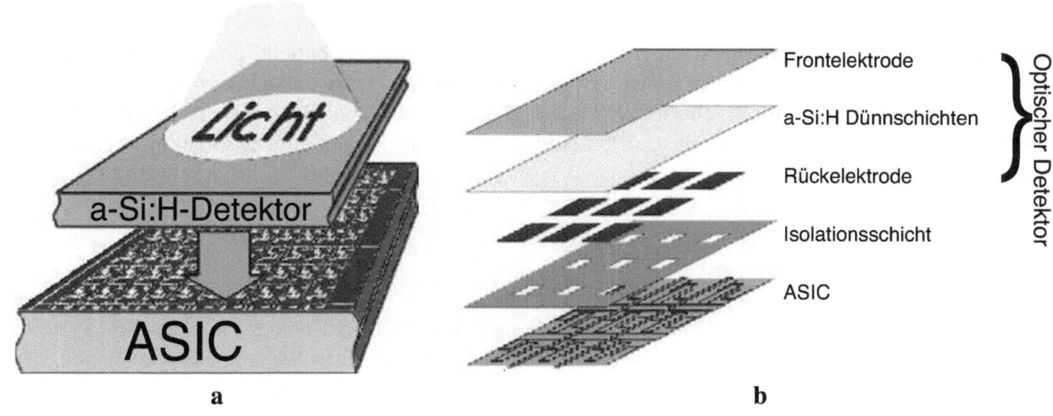

Abbildung 3.31: Photosensor in TFA-Technologie [21]
a) Prinzip b) Anordnung der einzelnen Schichten

schichtsystem ist weniger als 1 μm dick und wirkt wie eine multispektrale Photodiode, bei welcher das Maximum der spektralen Empfindlichkeit in Abhängigkeit von der Vorspannung von blau über grün nach rot verschoben werden kann. Der TFA-Sensor separiert also die Farben rot, grün und blau zeitlich nacheinander, durch Änderung der angelegten Vorspannung.

In der Regel ist der ASIC aus kristallinem Silizium, welches sich durch gute elektronische Eigenschaften, beispielsweise eine hohe Ladungsträgerbeweglichkeit auszeichnet. Auf der ASIC-Ebene enthält jedes Pixel eine Schaltung, die sequenziell die drei Vorspannungen an die Diode anlegt. Dadurch sind alle drei Farben, die für die additive Farbmischung notwendig sind, in einem Pixel realisiert und werden nacheinander ausgelesen.

Durch den programmierbaren ASIC-Baustein als Grundlage sind unterschiedliche Ausleseverfahren realisierbar, beispielsweise das Auslesen jeweils kompletter Rot-, Grün oder Blaubilder oder das pixel-, zeilen- oder spaltenweise sequenzielle Auslesen der RGB-Information. Zudem kann in jedes Bildelement eine kundenspezifische Schaltung integriert werden. Im einfachsten Fall besteht diese aus einem oder mehreren MOS-Transistoren für paralleles Auslesen oder wahlfreien Zugriff auf beliebige Pixeladressen. Auch komplizierte Schaltungen sind integrierbar, so dass prinzipiell auf dem ASIC-Chip schon Bildverarbeitungsprozeduren wie beispielsweise Kompressionsalgorithmen programmiert werden können. Da das ASIC anwendungsspezifische Pixel- und Peripherieelektronik enthalten kann, können kostengünstig kundenspezifische und intelligente Bildsensoren realisiert werden.

Da die gesamte Elektronik auf dem ASIC-Baustein realisiert ist, erreicht man bei dieser Entwicklung, dass die gesamte Chipfläche lichtempfindlich ist, d.h. einen Füllfaktor von 100%. Diese Kamera ist ebenfalls noch in der Entwicklungsphase und kann noch nicht käuflich erworben werden. TFA-Sensoren gibt es noch nicht auf dem Markt – es existieren erst einige Prototypen und die Zukunft wird zeigen, ob sie sich unter konkurrierenden Entwicklungen profilieren kann.

3.2.4 Kameraobjektive

Ein Kameraobjektiv besteht aus einem Linsensystem und einer oder mehreren Blenden. Die Blende beeinflußt die Lichtmenge, die auf den Sensor fällt sowie die Schärfentiefe, das heißt, den Objektbereich in Richtung der optischen Achse, der bei der Aufnahme scharf abgebildet wird. Eine kleine Blende beinhaltet eine große Schärfentiefe, zieht aber unerwünschte Beugungserscheinungen nach sich. Eine große Blende führt zu unscharfen Bildern wenn das aufgenommene Objekt Unebenheiten aufweist.

3.2.4.1 Optische Grundlagen

Die Abbildung eines realen Objekts auf einen Sensor geschieht meist über ein optisches System, das als Linsen- oder Spiegelsystem ausgebildet ist. Vor dem optischen System sitzt die Blende, die nicht nur die einfallende Lichtmenge, sondern auch die Schärfentiefe eines Bildes beeinflußt, also den Bereich der scharfen Abbildung vor und hinter dem Objekt. Die durch das Linsensystem auf den Sensor fallende Lichtmenge ist proportional der Blendenöffnung und der Belichtungszeit.

Im Grunde gelten die hier aufgeführten optischen Grundlagen nur für dünne Linsen. Bei dickeren Linsen und Linsensystemen müssten die Gleichungen dieses Kapitels modifiziert werden, weil Linsenfehler die Abbildung desto mehr beeinflussen, je dicker die Linsen sind. Allerdings enthalten moderne Objektive ein ganzes System von Korrekturlinsen, die Linsenfehler wieder ausgleichen. So reicht für den praktischen Alltag fast immer die Annahme einer dünnen Linse aus, insbesondere dann, wenn der Objektabstand mindestens das Zehnfache der Brennweite beträgt.

Abb. 3.32 zeigt das Prinzip einer Linse. Die durch einen Lichtpunkt ausgesandten Strahlen sind parallel, wenn dieser Punkt im Unendlichen liegt. Eine Linse, die senkrecht zu diesen Strahlen positioniert

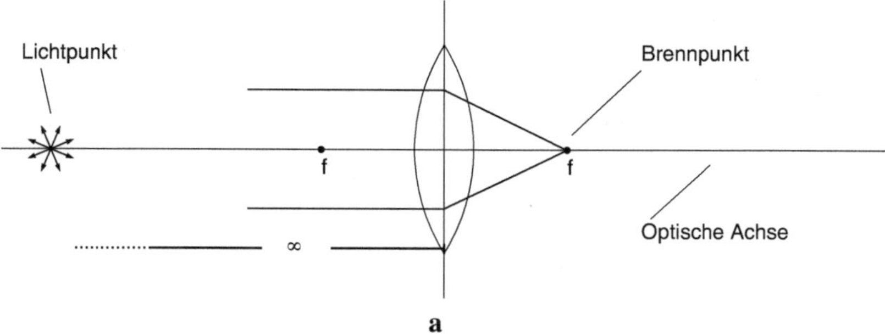

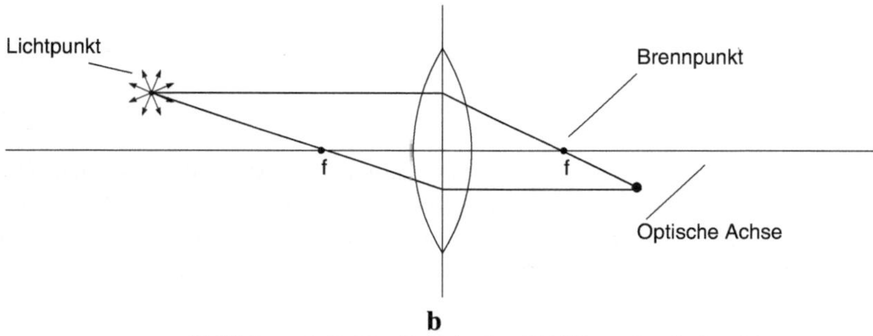

Abbildung 3.32: Das Prinzip der Abbildung durch eine Linse
a) ein Lichtpunkt aus unendlich weiter Entfernung wird im Brennpunkt abgebildet
b) führt man den Lichtpunkt näher heran, so werden die Strahlen hinter dem Brennpunkt gebündelt

ist, bündelt sie im Brennpunkt. Damit ist der Brennpunkt die Abbildung des unendlich entfernten Lichtpunktes. Der Abstand zwischen Linsenmittelpunkt und Brennpunkt ist die Brennweite f. Will man also ein unendlich weit entferntes Objekt scharf auf dem CCD-Chip abbilden, muss der Abstand zwischen Linse und Chip exakt der Brennweite entsprechen. Der CCD-Chip liegt dann in der *Brennebene*. Führt man den Lichtpunkt näher an die Linse heran, bündelt diese die Strahlen hinter dem Brennpunkt. Eine scharfe Abbildung erfordert dann also einen größeren Abstand zwischen Linse und CCD-Chip. Dieser Zusammenhang wurde von Descartes für die ideal dünne Linse durch die Linsengleichung hergestellt (Abb. 3.33). Es gilt:

$$\frac{1}{g} + \frac{1}{b} = \frac{1}{f} \tag{3.6}$$

mit:

g: Gegenstandsweite
b: Bildweite der Linse
f: Brennweite

und

$$\frac{B}{G} = \frac{b}{g} = m \tag{3.7}$$

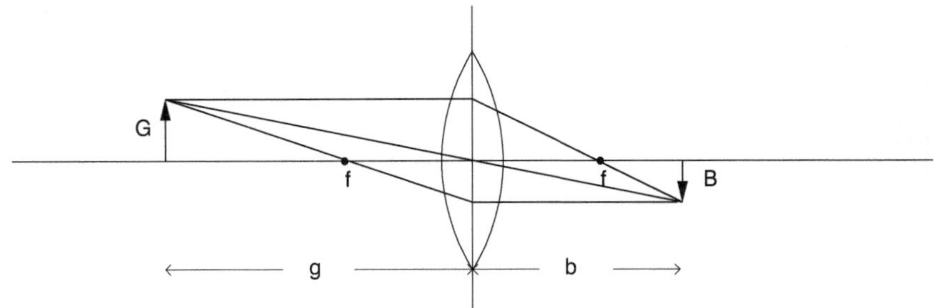

Abbildung 3.33: Das Abbildungsprinzip einer dünnen Linse

mit:

B: Bildgröße

G: Objektgröße

m: Abbildungsmaßstab

Fokussierung bedeutet also nichts anderes als die Veränderung des Abstandes zwischen Objektiv und CCD-Chip. Offensichtlich sind der Veränderung mechanische Grenzen gesetzt. Gewöhnlich erlaubt ein Objektiv die Fokussierung vom Unendlichen bis zur sogenannten *Minimalen Objektdistanz* (MOD) , deren Größe aus Gl. (3.6) folgt, wenn man $b = b_{\max}$ und $g = \text{MOD}$ setzt:

$$\frac{1}{b_{\max}} + \frac{1}{\text{MOD}} = \frac{1}{f}$$

$$\rightarrow \text{MOD} = \frac{f \cdot b_{\max}}{b_{\max} - f} \tag{3.8}$$

mit:

$b_{\max}$:   maximale Bildweite

MOD: minimale Objektdistanz

Die minimale und die maximale Objektdistanz ist jeweils mit Hilfe von Zwischenringen verkleinerbar, die den Abstand zwischen Linse und Chip vergrößern.

Bevor ein Objektiv gekauft wird, sollte man in etwa die erforderliche Brennweite kennen. Sie ergibt sich aus den beiden Gleichungen 3.6 und 3.7:

$$f = \frac{g}{1 + \frac{1}{m}} \tag{3.9}$$

$$= \frac{b}{1 + m} \tag{3.10}$$

Weiterhin erhält man aus den beiden Gleichungen 3.6 und 3.7 die nützlichen Beziehungen:

$$b = f(1 + m) \tag{3.11}$$

$$g = f\left(1 + \frac{1}{m}\right) \tag{3.12}$$

Je kürzer die Brennweite ist, desto stärker bricht eine Linse die Strahlen. Die sog. *Brechkraft D* einer Linse ist reziprok zur Brennweite f:

$$D = \frac{1}{f} \tag{3.13}$$

mit:

D: Brechkraft einer Linse (Dioptrienzahl)

Diese Größe ist normalerweise Brillenträgern als *Dioptrie* geläufig.

Neben der Brennweite ist der *Bildwinkel* ϑ eine weitere wichtige Kenngröße eines Objektivs (Abb. 3.34). Es ist:

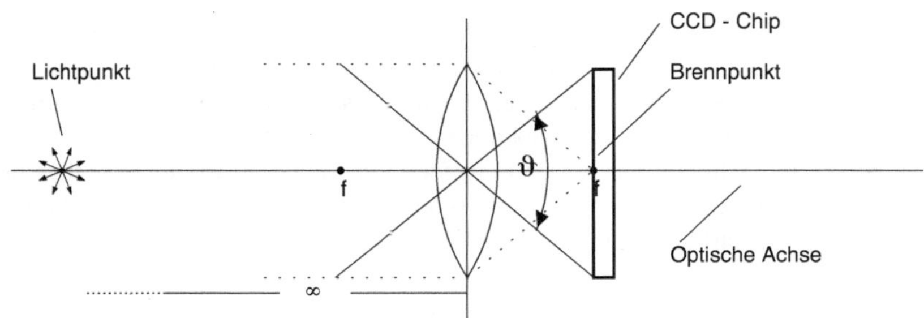

Abbildung 3.34: Der Bildwinkel ϑ

$$\frac{B_{max}}{2f} = \tan\left(\frac{\vartheta}{2}\right)$$

$$\rightarrow \vartheta = 2 \cdot \arctan\left(\frac{B_{max}}{2f}\right) \tag{3.14}$$

mit:

ϑ: Bildwinkel

B_{max}: Diagonale des Kamerachips (Flächenkameras), Länge der Kamerazeile (Zeilenkameras)

Aus verschiedenen Chipgrößen ergeben sich bei gleichem Objektiv also verschiedene Öffnungswinkel ϑ (Tab. 3.3 Seite 62). Je dicker eine Linse ist, desto mehr weichen die realen Verhältnisse von den unter der oben getroffenen Annahme einer ideal dünnen Linse ab, und desto größer sind die Verzeichnungen. Je dicker die Linse desto kleiner ist die Brennweite f und desto größer der Bildwinkel ϑ. Man kann nun ausrechnen, dass bei C-Mount-Objektiven die Verzeichnungen ab einer Brennweite von f=8 mm an abwärts überhand nehmen, es sei denn, es wird spezielles, stark brechendes Glas verwendet. In der Messtechnik sollten deshalb C-Mount-Objektive mit Brennweiten unter 8 mm nur in Ausnahmefällen Anwendung finden, da die Korrekturrechnungen, die anschließend vom Bildverarbeitungssystem vorgenommen werden müssen, sehr zeitaufwendig sein können [55].

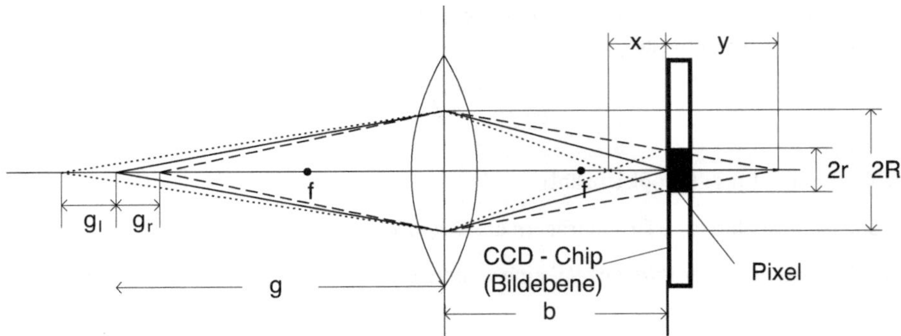

Abbildung 3.35: Berechnung der Schärfentiefe

Ein anderer wichtiger Parameter ist die *Schärfentiefe*. Abb. 3.35 zeigt den Ursprung des Effekts. Ergibt ein Lichtpunkt, der bei g liegt, ein scharfes Bild in der Bildebene b (ausgezogene Linie), so wird die Abbildung eines Punktes bei g_r (gestrichelte Linie) oder bei g_l (gepunktete Linie) jeweils zu einem *Unschärfekreis* führen. Dessen Durchmesser sollte die Größe der Kantenlänge eines CCD-Pixels nicht überschreiten. Ist dies der Fall, so erscheint ein Gegenstand, der zwischen $g + g_l$ und $g - g_r$ liegt (Abb. 3.35), scharf abgebildet. Der Abstand

$$g + g_l - (g - g_r) = g_l + g_r$$

mit:

g: Gegenstandsweite
g_l: linker Anteil der Schärfentiefe
g_r: rechter Anteil der Schärfentiefe

wird Schärfentiefe genannt. Sie ist unter anderem abhängig von der Blende des Objektivs. Eine kleine Blende vergrößert die Schärfentiefe, eine große Blende verkleinert sie. Portraitaufnahmen werden bekanntlich mit einer großen Blende aufgenommen, damit der Hintergrund nur angedeutet erscheint und das Gesicht gut zur Geltung kommt. Ein Maß für die Blendenöffnung ist die jedem Hobbyfotografen bekannte *Blendenzahl k*, die bei handelsüblichen Spiegelreflexkameras in Abstufungen von $\sqrt{2}$ eingestellt werden kann: $k = 0.71$, 1, 1.4, 2.0, 2.8 usw. Bei einer Filmkamera ist sie über einen Motor stufenlos einstellbar und kann über die Software angesteuert werden. Sie ist definiert als

$$k = \frac{f}{2R} \tag{3.15}$$

mit:

k: Blendenzahl
R: (effektiver) Radius der Blende [mm]

Bei dickeren Linsen benutzt man als Maß für die Öffnung eines Objektivs statt der Blendenzahl k die sog. *numerische Apertur* N.A.

$$\text{N.A.} = n \sin \frac{\vartheta}{2} \tag{3.16}$$

mit:

N.A.: Numerische Apertur

n: Brechungsindex des die Linse umgebenden Materials

Bleiben wir in diesem Rahmen bei dünnen Linsen, so hat nach Gl. (3.15) also eine Blende mit kleinem Radius eine hohe Blendenzahl k und umgekehrt. Die Blendenzahl kontrolliert sowohl den Lichteinfall als auch die Schärfentiefe. Wie man leicht ausrechnen kann, halbiert sich mit jeder Vergrößerung der Blendenzahl um den Faktor $\sqrt{2}$ die Blendenfläche und damit der Lichteinfall. Bei Kameraobjektiven wird als Maß für die Lichtstärke der Kehrwert von k, die sog. *relative Öffnung*

$$\frac{1}{k} = \frac{2R}{f} \tag{3.17}$$

mit:

k: Blendenzahl

f: Brennweite

R: (effektiver) Radius der Blende [mm]

angegeben, z.B. 1:2.8. Bei einem Objektiv mit einer Brennweite von f = 50 mm heißt diese Angabe, dass der Durchmesser der Eintrittspupille 50 mm/2.8 = 17.9 mm beträgt. Die Eintrittspupille wird durch eine Irisblende innerhalb des Linsensystems festgelegt.

Die Schärfentiefe erhält man aus Abb. 3.35 mit Hilfe des Strahlensatzes. Es ist nach Gl. (3.6)

$$\frac{1}{g} + \frac{1}{b} = \frac{1}{f}$$

$$\frac{1}{g + g_l} + \frac{1}{b - x} = \frac{1}{f} \tag{3.18}$$

$$\frac{1}{g - g_r} + \frac{1}{b + y} = \frac{1}{f} \tag{3.19}$$

Außerdem ist

$$\frac{R}{b - x} = \frac{r}{x} \tag{3.20}$$

$$\frac{R}{b + y} = \frac{r}{y} \tag{3.21}$$

woraus folgt

$$x = \frac{rb}{R + r}$$

$$y = \frac{rb}{R - r}$$

Setzt man x und y in die Gleichungen 3.18 und 3.19 ein und löst, unter Berücksichtigung von Gleichungen 3.6 und 3.15 nach g_l bzw. nach g_r auf, so erhält man den Bereich, innerhalb dessen das Objekt scharf abgebildet wird:

$$g_l = \frac{2rkg(g - f)}{f^2 - 2rk(g - f)}$$

$$g_r = \frac{2rkg(g-f)}{f^2 + 2rk(g-f)}$$

$$\rightarrow g_r + g_l = \frac{4f^2 rkg(g-f)}{f^4 - 4r^2 k^2 (g-f)^2} \tag{3.22}$$

mit:

g_l: linker Anteil der Schärfentiefe

g_r: rechter Anteil der Schärfentiefe

k: Blendenzahl

g: Gegenstandsweite

f: Brennweite

$2r$: Höhe bzw. Breite eines Pixels

bzw. durch Umformungen mit Hilfe von Gleichungen 3.6 und 3.7

$$g_l = \frac{2rkf(m+1)}{m(fm - 2rk)}$$

$$g_r = \frac{2rkf(m+1)}{m(fm + 2rk)}$$

$$\rightarrow g_r + g_l = \frac{4f^2 rk(m+1)}{f^2 m^2 - 4r^2 k^2} \tag{3.23}$$

mit:

m: Abbildungsmaßstab

Man beachte, dass g_r und g_l nicht gleich groß sind (Abb. 3.36). Die Schärfentiefe hängt für einen vorgegebenen CCD-Chip von der Objektweite g (Abb. 3.36 a), der Blendenzahl k (Abb. 3.36 b) und der Brennweite f (Abb. 3.36 c) ab. Bewegt man sich mit einem vorgegebenen Objektiv (die Brennweite bleibt also konstant) vom Objekt weg und läßt dabei die Blendenzahl konstant, so erreicht man einen Abstand g, bei der der hintere Anteil der Schärfentiefe g_l auf ∞ springt (Abb. 3.36 a). Das ist der Fall, wenn der Nenner von g_l in Gl. (3.22) verschwindet. Dieser Abstand wird *hyperfokale Distanz g_H* genannt.

$$f^2 = 2rk(g_H - f)$$

$$\rightarrow g_H = \frac{f^2}{2rk} + f \tag{3.24}$$

mit:

g_H: hyperfokale Distanz

$2r$: Höhe bzw. Breite eines Pixels

Der vordere Anteil g_r der Schärfentiefe beträgt dann genau $\frac{g}{2}$. Verwendet man Gl. (3.23), so kann man die Vergrößerung m berechnen, bei welcher der hyperfokale Fall eintritt:

$$fm = 2rk$$

$$\rightarrow m = \frac{r}{R} \tag{3.25}$$

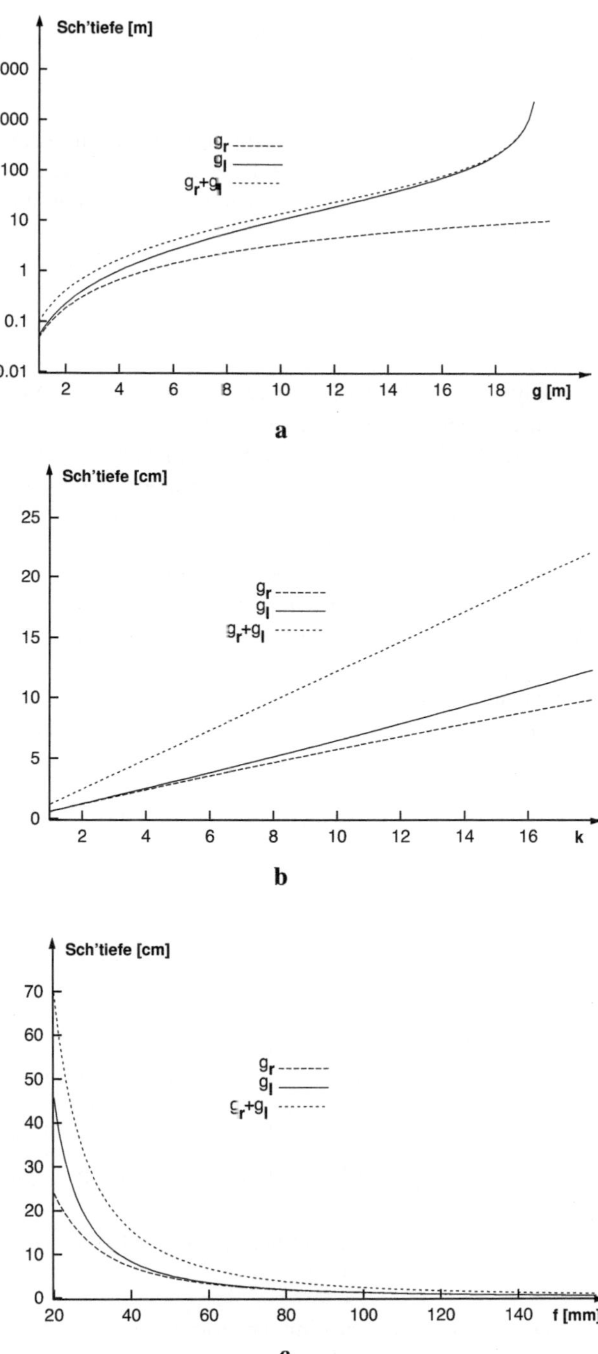

Abbildung 3.36: Die Schärfentiefe in Abhängigkeit von g
nach Gl. (3.22). r wurde mit 8 μm angenommen. a) in Abhängigkeit von Gegenstandsweite g (f = 50 mm, k = 8).
b) in Abhängigkeit von der Blendenzahl k (g = 1 m, f = 50 mm). c) in Abhängigkeit von der Brennweite f (k = 8,
g = 1 m)

Im hyperfokalen Fall ist also die Vergrößerung m gleich dem Verhältnis zwischen Pixelhöhe (bzw. Pixelbreite) und Blendendurchmesser

Beispiel 3.1
Die Pixel einer CCD-Kamera haben eine Kantenlänge von 16 μm, die Kamera habe ein 50 mm-Objektiv und ein Gegenstand befinde sich im Abstand von $g = 1$ m vor der Kamera. Die eingestellte Blendenzahl sei $k = 8$. Aus Gl. (3.22) errechnet sich dann eine Schärfentiefe von $g_r + g_l = 97.5$ mm. Die hyperfokale Distanz beträgt g = 19.58 m.

3.2.4.2 Objektivarten

Die Einteilung der Objektive in verschiedene Klassen wie Weitwinkel-, Normal- und Teleobjektive ist historisch bedingt und bezieht sich normalerweise auf eine Bildgröße von 24×36 mm (den sog. "35 mm Film" oder "Kleinbild"). Mit der Markteinführung von CCD- und CMOS-Kameras sind diese Begriffe variabel geworden. Ein Kleinbild hat eine Diagonale von 43.3 mm. Setzt man einen Öffnungswinkel von $\vartheta = 45°$ an, der in etwa der Perspektive der menschlichen Wahrnehmung entspricht, so erhält mit Gleichung 3.14 bzw. aus Tab. 3.3 in etwa eine Brennweite von f =50 mm. Dieses Objektiv nennt man "Normalobjektiv", wenn das Kleinbildformat benutzt wird. Alle Objektive mit größerem Öffnungswinkel (bezogen auf das Kleinbildformat) werden mit dem Term "Weitwinkel" beschrieben, alle mit kleinerem Öffnungswinkel erhalten die Bezeichnung "Tele". Ist der Chip klein genug, so kann für eine CCD- Kamera schon ein Objektiv mit f = 50 mm ein Teleobjektiv sein. Dies ist ein wichtiger Zusammenhang, der bei der Auswahl des Objektivs unbedingt beachtet werden muss. Die Frage, ob man die Objektive seiner alten analogen Spiegelreflexkamera nach dem Kauf einer di-

Format	Kleinbild 24×36 mm	1"	2/3"	1/2"	1/3"	1/4"
Diagonale B_{max} [mm]	43.3	15.9	11.0	8.0	6.0	4.0
f = 20 mm	95°	43°	31°	23°	17°	11°
f = 24 mm	84°	37°	26°	19°	14°	10°
f = 35 mm	63°	26°	18°	13°	10°	7°
f = 50 mm (Normal)	47°	18°	13°	9°	7°	5°
f = 105 mm	23°	9°	6°	4°	3°	2°
f = 135 mm	18°	7°	5°	3°	3°	2°
f = 180 mm	14°	5°	4°	3°	2°	1°
f = 300 mm	8°	3°	2°	2°	1°	1°

Tabelle 3.3: Bildwinkel nach Gleichung 3.14 für verschiedene Bildformate und Objektive

gitalen Spiegelreflexkamera weiterverwenden kann, beantwortet Tab. 3.4. Sie zeigt, in Abhängigkeit der Chipgröße und des Bildwinkels ϑ die erforderliche Brennweite: sehr eingeschränkt kann man das Objektiv weiterverwenden, aber wenn man alle Möglichkeiten seiner digitalen Kamera ausnutzen möchte, wird man sich wohl einen neuen Satz Objektive anschaffen müssen.

Format	1"	2/3"	1/2"	1/3"	1/4"
$\vartheta = 95.0°$	f=7.0	f=5.0	f=3.7	f=2.7	f=1.8
$\vartheta = 84.0°$	f=8.5	f=6.1	f=4.4	f=3.3	f=2.2
$\vartheta = 63.0°$	f=12.5	f=9.0	f=6.5	f=4.9	f=3.3
$\vartheta = 47.0°$ (Normal)	f= 17.7	f=12.6	f=9.2	f=6.9	f=4.6
$\vartheta = 23.0°$	f=37.8	f=27.0	f=19.7	f=14.7	f=9.8
$\vartheta = 18.0°$	f=48.5	f=34.7	f=25.3	f=18.9	f=12.6
$\vartheta = 14.0°$	f=62.6	f=44.8	f=32.6	f=24.4	f=16.3
$\vartheta = 8.0°$	f=109.9	f=78.7	f=57.2	f=42.9	f=28.6

Tabelle 3.4: Brennweiten f[mm] in Abhängigkeit des Bildwinkels und der Chipgröße
Ein "Normalobjektiv" mit einem Bildwinkel von 47° hätte beispielsweise bei einer 1/3" CCD- oder CMOS
Kamera eine Brennweite von etwa $f = 7$mm

Neben den in diesem und im vorigen Abschnitt diskutierten optischen Zusammenhängen haben wir
es in der Praxis mit weiteren Parametern zu tun, wenn ein Objektiv in ein Bildverarbeitungssystem
integriert werden soll. Für verschiedene Abbildungsaufgaben stehen verschiedene Objektive zur Verfügung, und zusätzlich können noch Filter und Makrovorsatzlinsen eingesetzt werden.

C- und CS-Mount-Objektive: C-Mount- und CS-Mount-Objektive werden auf das Kameragehäuse
aufgeschraubt. Diese beiden Objektivtypen unterscheiden sich lediglich durch das Auflagen-
maß, d.h. durch den Abstand zwischen dem Ende des Objektivgewindes und der Brennebene.
Es beträgt beim C-Mount 17.5 mm und beim CS-Mount 12.5 mm. Ein Zwischenring von 5 mm
wandelt also ein CS- Mount-Objektiv in ein C-Mount-Objektiv um. ähnlich wie bei den Chip-
formaten liegt der Ursprung der C-Mount- und der CS-Mount-Objektivformate in der Zeit der
Röhrenkameras. Die üblichen Größen sind auch hier 1/3 Zoll, 1/2 Zoll, 2/3 Zoll und 1 Zoll.
Kameras mit 1/4 Zoll CCD-Chip erhalten in der Regel ein Objektiv mit dem Format 1/3 Zoll.
Generell muss das Objektivformat größer oder gleich dem Chipformat sein. Das ist empfeh-
lenswert, damit der Linsenrand und Verzeichnisfehler des Objektivs, die hauptsächlich am Linsenrand auftreten, nicht auf dem CCD-Chip abgebildet werden.

Neben den Objektiven mit fester Brennweite sind manuelle und motorische Zoomobjektive
sowie Objektive mit videosignalgesteuerter Blende und Fokus verfügbar. Weiterhin kann das
gesamte aus der Fotografie und Mikroskopie bekannte Objektivspektrum verwendet werden.
Eventuell vorhandene Bajonettanschlüsse können über Adapter auf einen C-Mount-Anschluss
angepasst werden.

Makro-Objektive: Führt der Einsatz von Zwischenringen oder Nahlinsen nicht zum gewünschten
Ergebnis, weil der Abstand zwischen Kamera und Obkjekt sehr klein ist, kommen Makroob-
jektive zum Einsatz. Sie decken Abbildungsmaßstäbe zwischen 0.1 und 10 ab. Da ihr Einsatz
fast ausschließlich in der Messtechnik liegt, sind sie entsprechend präzise und robust ausgelegt.
In ihrer konsequentesten Form verfügen sie daher weder über eine einstellbare Blende noch
über einen einstellbaren Fokus. In diesem Fall müssen sich also die Lichtverhältnisse (wegen

der starren Blende) und der mechanische Aufbau (wegen der starren Objektdistanz) vollständig dem Objektiv anpassen. Im Gegensatz zu normalen Objektiven ist das typische Kennzeichen eines Makroobjektivs nicht die Brennweite, sondern der Abbildungsmaßstab.

Telezentrische Objektive: Bisher wurden nur Objektive mit *Standardgeometrie* beschrieben, d.h. die Blende befindet sich in der Hauptebene der Linse und der Haupstrahl geht durch den Linsenmittelpunkt (Abb. 3.33, Abb. 3.37a). Nimmt man ein dreidimensionales Objekt auf, so sieht man immer auch die dritte Dimension perspektivisch dargestellt. Ein Rohr wird also beispielsweise, entsprechend der Schärfentiefe, mit seiner inneren Oberfläche abgebildet (Abb. 3.38) durchgezogener Strahl). Bei manchen Aufgaben, hauptsächlich aus der Messtechnik, ist die dritte Dimension allerdings nicht erwünscht. In diesem Fall setzt man telezentrische Objektive ein. Ihnen liegt die Idee zugrunde, direkt im Brennpunkt eine Blende zu positionieren (Abb. 3.37b), so dass nur zur optischen Achse (nahezu) parallele Strahlen auf der lichtempfindlichen Oberfläche des Kamerachips auftreffen können. Dadurch scheint für die Kamera das Objekt also im Unendlichen zu liegen und es werden genau die Objektflächen abgebildet, die senkrecht zur optischen Achse stehen (Abb. 3.37d gepunkteter Strahl). Wegen der engen Blende gelangen nur Strahlen, die durch die Linsenmitte gehen, auf den Sensor. Daher muss das Bild, das auf das Objektiv auftrifft, schon wesentlich kleiner als der Objektivdurchmesser sein. Man kann mit diesem Objektivtyp also nur Gegenstände oder Flächen abbilden, die relativ weit entfernt oder im Vergleich zum Linsendurchmesser klein sind. Wird das aufzunehmende Objekt in Richtung der optischen Achse verschoben, so sollte sich die Bildgröße bei diesem Objekttyp nicht ändern. Dies ist allerdings in der Realität nur in bestimmten Grenzen möglich. Bei einem telezentrischen Objektiv wird deshalb der sog. *Telezentriebereich* angegeben. Wird das Objekt innerhalb dieses Bereiches verschoben, so ändert sich die Bildgröße um weniger als 1 mm.

Hypergeometrische Objektive: Positioniert man die Blende zwischen bildseitigem Brennpunkt und Bildebene (Abb. 3.37c), so geht der Hauptstrahl mit einem Winkel von der optischen Achse weg. Das Rohr wird, entsprechend der Schärfentiefe, mit seiner äußeren Oberfläche abgebildet. (Abb. 3.37d gestrichelter Strahl).

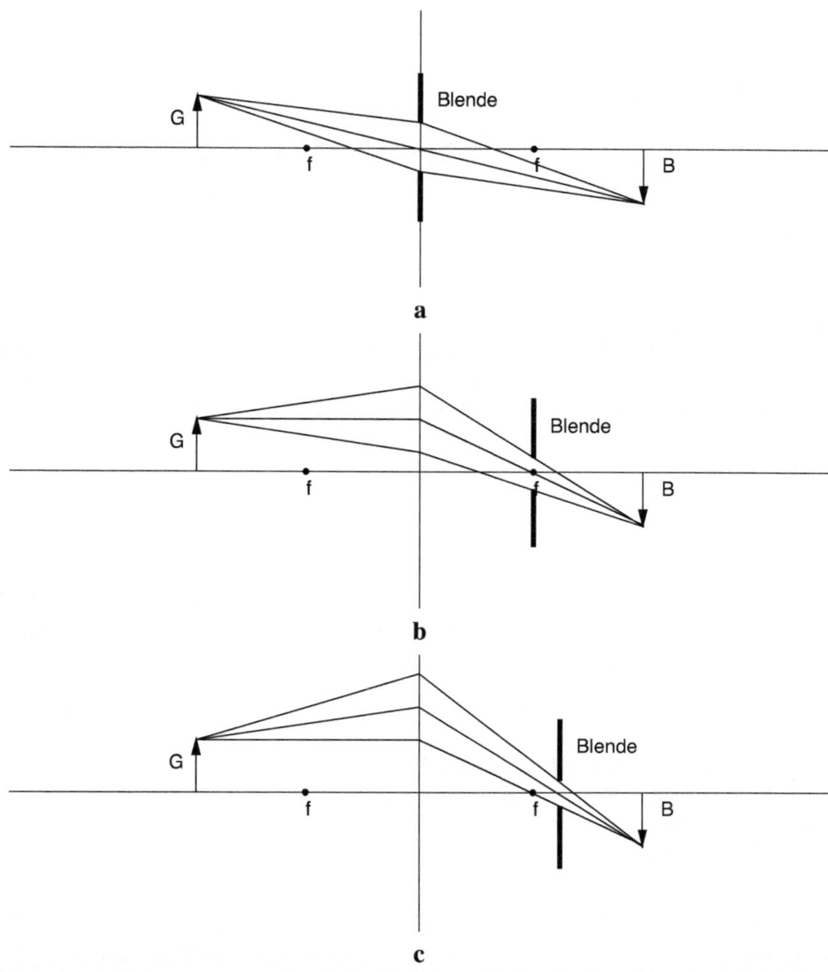

Abbildung 3.37: Strahlengang von Standardoptik, telezentrischer Optik und hypergeometrischer Optik
  a)   Standardoptik. Die Blende befindet sich in der Linsenebene, der Hauptstrahl geht durch
        den Linsenmittelpunkt ohne Richtungsänderung.
  b)   Telezentrische Optik. Die Blende befindet sich im bildseitigen Brennpunkt, der Haupt-
        strahl verläuft horizontal und wird in den Brennpunkt gebrochen.
  c)   Hypergeometrische Optik. Die Blende befindet sich zwischen bildseitigem Brennpunkt,
        und der Bildebene. Der Hauptstrahl verläuft in einem Winkel von der optiischen Achse
        weg.

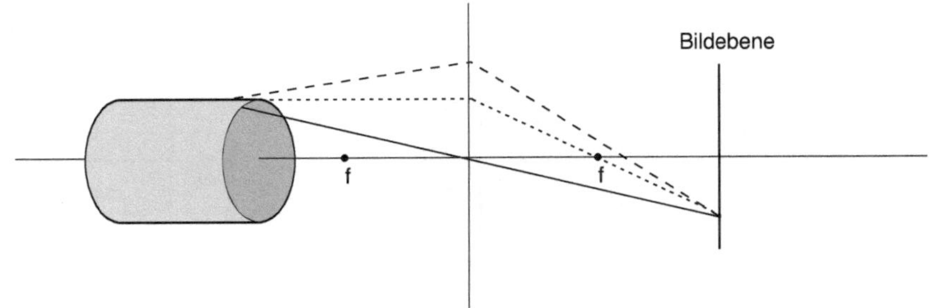

Abbildung 3.38: Vergleich von Standardoptik, telezentrischer Optik und hypergeometrischer Optik
Gezeichnet sind jeweils die Hauptstahlen. Bei der Standardoptik (durchgezogene Linie) wird das Rohrinnere auf
dem Bild sichtbar, bei der telezentrischen Optik (gepunktete Linie) werden die Flächen senkrecht zur optischen
Achse auf dem Bild sichtbar, bei der hypergeometrischen Optik (gestrichelte Linie) werden das Äußere des
Rohres auf dem Bild sichtbar.

3.3 Die Bildverarbeitungskarte

Das vom Sensorsystem gelieferte Signal wird nun von der Bildverarbeitungskarte (engl. *frame grabber*) weiterverarbeitet. An sie werden vielseitige Ansprüche gestellt, und sie ist, entgegen vieler irr-
tümlicher Meinungen, nicht identisch mit einer Grafikkarte.

Eine Bildverarbeitungskarte ist in der Lage,

- die Bildinformation der unterschiedlichsten Bildgeber zu verarbeiten,
- die Bildinformationen speichereffizient und schnell verwertbar abzulegen,
- eine benutzerorientierte und interaktive Oberfläche anzubieten,
- sich speziellen Einsatzumgebungen flexibel anzupassen.

Je nach Typ und Preis bietet eine Bildverarbeitungskarte schnelle Signalprozessoren mit RISC-Architekturen
bzw. Mehrprozessorsysteme für parallele Verarbeitungsroutinen, große Bildspeicher, ausgefeilte Software-
Umgebungen, interaktive Benutzerschnittstellen und komfortable Programmentwicklungswerkzeuge.
Obwohl man mit zunehmender Verfügbarkeit von CMOS-Bildsensoren Bildverarbeitungsroutinen
mehr und mehr direkt in die Kamera verlegt (siehe Abschnitt 3.2.2), und obwohl sämtliche Programme natürlich auch innerhalb des Host-Rechners ablaufen könnten, ist der *Frame Grabber* im
Moment noch die zentrale Einheit eines Bildverarbeitungssystems.

Um den vielseitigen Aufgabengebieten gerecht zu werden, sind die meisten Bildverarbeitungskarten
modular aufgebaut. Die Konfiguration der einzelnen Hardware-Elemente kann den Anforderungen
des Benutzers angepaßt werden.

Heutige Bildverarbeitungskarten bestehen im wesentlichen aus den Komponenten (Abb. 3.39):

- Video-Eingangsteil (VE)
- Bildspeicher (BS)
- Signalprozessor (BV)
- Video-Ausgangsteil (VA)

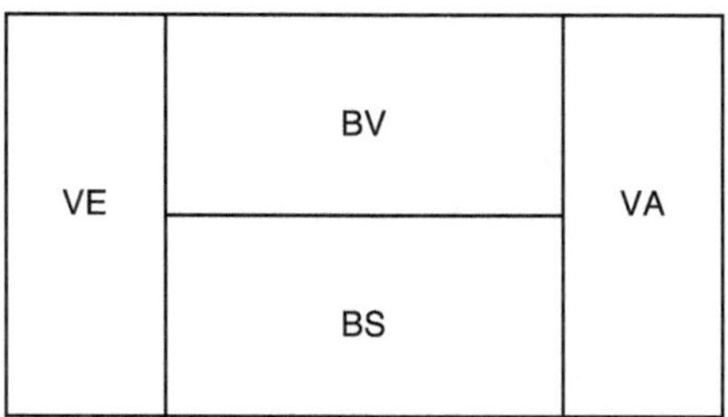

Abbildung 3.39: Die Hardware-Komponenten eines Bildverarbeitungssystems
Videoeingangsteil (VE), Bildspeicher (BS), Signalprozessor für die Bildverarbeitung (BV) und Videoausgangs-
teil (VA)

Allerdings ist das Spektrum der auf dem Markt angebotenen Karten so vielfältig, dass es schwierig ist,
einen *typischen* Aufbau zu beschreiben. Die Ausführungen in den folgenden Abschnitten sind daher
eher als Überblick zu sehen.

3.3.1 Das Video-Eingangsteil

Das Video-Eingangsteil bildet die Schnittstelle zwischen dem Sensorsystem (beispielsweise einer
CCD-Kamera, einem Computer- Tomographen usw.) und dem Bildspeicher.

Ähnlich wie Kameras bieten auch Frame- Grabber verschiedene spezielle Eigenschaften über den
Videostandard hinaus. Einige Modelle lösen sich vollkommen davon und können dann an beinahe
beliebige Quellen angeschlossen werden (Abb. 3.40). Grundsätzlich können drei Arten von Eingabe-

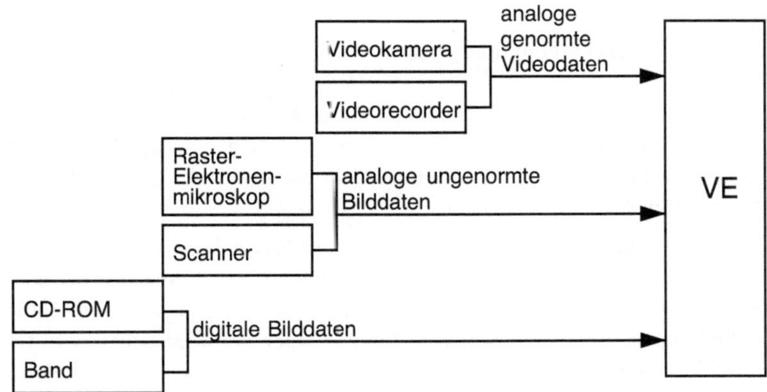

Abbildung 3.40: Unterschiedliche Bild-Datenquellen

quellen unterschieden werden:

- analoge genormte Daten (von Videokameras, Videorecorder usw.)
- analoge ungenormte Daten (von Tomographen, Rasterelektronenmikroskopen usw.)
- digitale Daten (von Band, Platte, CMOS-Bildsensoren usw.)

Eine solche Flexibilität ist nur möglich, wenn die Grabber- Hardware durch den Nutzer konfigurierbar ist. Bei diesen Modellen muss das Video-Eingangsteil in der Lage sein,

- unter verschiedenen anliegenden analogen Eingängen einen auszuwählen (Multiplexer)
- die Datenquelle mit dem Bildspeicher zu synchronisieren (Synchronisations-Separation)
- analoge Daten zu digitalisieren (A/D-Wandler)
- digitale Daten weiterzuleiten (parallele und serielle Schnittstelle)
- die Daten vorzuverarbeiten (Eingangs-Lookup-Tabelle)

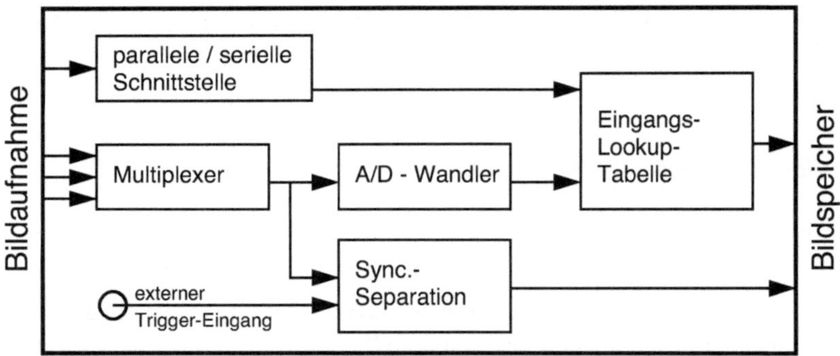

Abbildung 3.41: Funktionsgruppen des Videoeingangsteils

Dies ermöglichen die folgenden Funktionsgruppen:

Der Multiplexer: Oft besteht die Bildinformation aus mehrkanaligen Videosignalen, die an den unterschiedlichen Eingängen der Frame-Grabber-Karte anliegen, beispielsweise dem Rot-, Grün- und Blaukanal bei einer Dreichip-Farbbildkamera, mehrere Schwarzweiß-Kameras oder Satellitendaten aus fünf oder mehr Kanälen.

Die Bildverarbeitungskarten der oberen Leistungsklassen können alle Kanäle über entsprechend viele A/D-Wandler gleichzeitig einlesen und parallel verarbeiten. Bei den mittleren und unteren Leistungsklassen ist in der ersten Stufe des Video-Eingangsteils ein Multiplexer vorhanden, welcher aus mehreren Videoquellen die momentan geforderte selektiert. Der Multiplexer ist über die Software steuerbar. Für ein reibungsloses Umschalten zwischen den verschiedenen Videoquellen ist es nötig, dass die Signalgeber synchronisiert sind. Dies erreicht man durch externe Synchronisation, beispielsweise über die Clock des PC. Es gibt aber auch Bildverarbeitungskarten, die ihren internen Sync-Generator anderen Eingabegeräten zur Verfügung stellen. Dieser ist dann Teil des Moduls Sync-Separation.

Die Sync-Separation: (auch *Sync- Stripper*): Nach Tabelle B.2 auf Seite 230 enthalten Videosignale neben der reinen Bildinformation auch Synchronisationssignale für Bild- und Zeilenanfänge.

Der Horizontal-Synchronimpuls (H-Sync) zeigt den Beginn einer neuen Zeile an, der Vertikal-Synchronimpuls (V-Sync) den Beginn eines neuen Halbbildes. Diese werden von der Sync-Separation im Video-Eingangsteil vor den Bilddaten getrennt.

Der Analog/Digitalwandler: Ein Analog/Digitalwandler (A/D-Wandler) konvertiert ein analoges Eingangssignal in ein digitales Ausgangssignal, welches in der Regel eine Breite von 8 Bit hat. Bei einigen Karten ist die Frequenz des A/D-Wandlers variabel und kann per Software verändert werden. Dadurch ist es möglich, auch Videosignale einzulesen, die von der CCIR-Norm abweichen. Solche Systeme werden *Variable-Scan-Systeme* genannt. Dazu bezieht das Video-Eingangsteil über einen externen Triggereingang (*Variable-Scan-Eingang*) ein Taktsignal von der Videoquelle (Abb. 3.41).

Die parallele und die serielle Schnittstelle: Neben den analogen Daten gibt es auch Daten aus Bildaufnahmesystemen, die direkt digitale Daten generieren – entweder weil der entsprechende Sensor bereits digitalisierte Daten erzeugt, oder weil schon im Bildaufnahmesystem eine Vorverarbeitung der Signale stattfindet. Für solche Fälle besitzt das Video-Eingangsteil serielle und parallele Schnittstellen. Sie sind parallel zum Ausgang des Analog-Digitalwandlers geschaltet.

Die Eingangs-Lookup -Tabelle: Die letzte Komponente zwischen dem Bildaufnahmesystem und dem Bildspeicher ist die *Eingangs-Lookup-Tabelle*. Das ist eine elektronische Transformationstabelle für die einlaufenden Bildsignale. Sie ermöglicht es, Pixelwerte, die vom A/D- Wandler oder von der digitalen Quelle kommen und in der Regel der Signalintensität proportional sind, zu modifizieren, bevor sie im Bildspeicher ankommen. Ein- und Ausgangs-Lookup-Tabellen

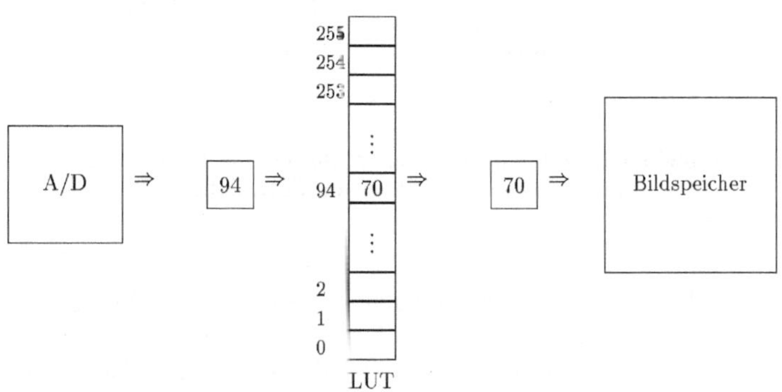

Abbildung 3.42: Eingangs-Lookup-Tabelle

sind, wie oben beschrieben Speicherbereiche, die zusätzlich zum Bildspeicher auf der Bildverarbeitungskarte installiert sind. Der vom A/D-Wandler kommende Wert wird als Einsprungsadresse in die Lookup-Tabelle interpretiert, und der in der entsprechenden Position eingetragene Wert wird als modifizierter Intensitätswert an den Bildspeicher weitergegeben (Abb. 3.42).

In der Regel existieren mehrere solcher voneinander unabhängiger Lookup-Tabellen, in die vom Benutzer je nach Bedarf beliebige Werte eingetragen werden können. Sie können in Echtzeit selektiert werden.

Dadurch ist es beispielsweise möglich, direkt im eingehenden Bild Schwellwerte zu setzen, um unerwünschte Bildteile zu eliminieren.

3.3.2   Der Bildspeicher

Die Speicherung der Daten erfolgt in der Regel entweder im Bildspeicher der Bildverarbeitungskarte oder im Arbeitsspeicher des PC. Moderne PCI-Bus Rechner bieten ausreichend hohe Datentransfer-

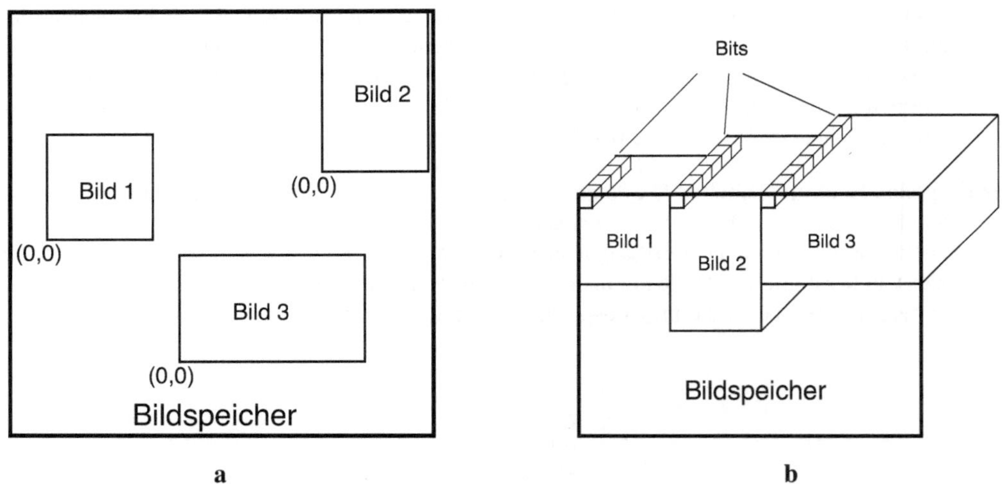

Abbildung 3.43: Konfigurationsmöglichkeiten des Bildspeichers
Bilder verschiedener Größen und Speichertiefen

Raten, um eine akzeptable Verarbeitungsgeschwindigkeit zu erreichen. Bei genügend großem Arbeitsspeicher kann man sogar ganz auf den Bildspeicher verzichten. Bei zeitkritischen Aufgaben allerdings finden alle Verarbeitungsschritte, einschließlich der Speicherung der Bilder, auf der Bildverarbeitungskarte statt.

Unabhängig davon, wo nun der Bildspeicher physikalisch realisiert ist, unterscheidet er sich bezüglich seiner Verwaltungsstruktur und seiner Zugriffsmöglichkeiten wesentlich von normalem RAM-Speicher. Während normalerweise die Speicheradressen fortlaufend im Arbeitsspeicher liegen, hat der Benutzer beim Bildspeicher den Eindruck, auf einer Matrix mit einer x- und einer y- Koordinate zu arbeiten. Die Umrechnung von der fortlaufenden zur zweidimensionalen Adressierung sowie in die unten beschriebenen Konfigurationen leistet die Programmbibliothek des Bildverarbeitungssystems.

Ein Bildspeicher ist also ein irgendwo physikalisch realisierter RAM - Speicher in Verbindung mit dieser Bibliothek. Sie ermöglicht es,

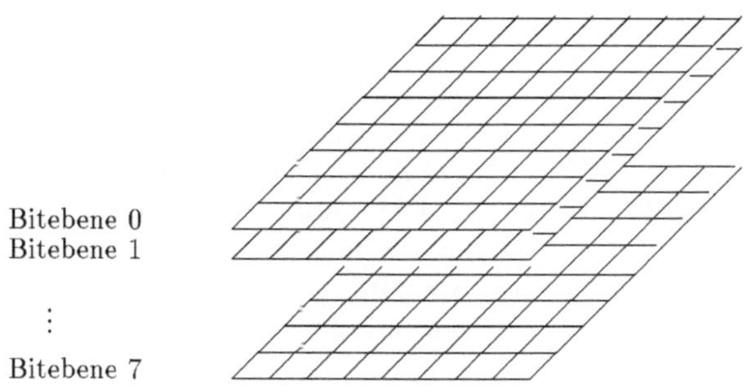

Abbildung 3.44: Die 8 Bitebenen eines Grauwertbildes

- den Bildspeicher frei zu konfigurieren, um Bilder verschiedener Größen und Speichertiefen ablegen zu können. Ein Bildspeicher von 1 MByte kann beispielsweise zur Speicherung eines Bildes der Größe 1024 $\times$ 1024 Pixel und 8 Bit Tiefe verwendet werden, aber auch für ein Echtfarbenbild mit 3 $\times$ 512 $\times$ 512 Pixel (und 512 $\times$ 512 Bytes zur Abspeicherung von Zwischenschritten). Ein Pixel eines Echtfarbenbildes wird wie das eines Grauwertbildes mit einer Speicheradresse (x_0, y_0) angesprochen, obwohl es sich in Wirklichkeit um 3 Bytes (jeweils für R, G und B) handelt, die physikalisch in ganz verschiedenen Bereichen des Speichers liegen können. Genausogut kann 1 MByte Speicher aber auch zur Konfiguration eines Bildspeichers von 512 $\times$ 1024 Pixel und zusätzlich bis zu 8 Bit Overlay- Ebenen zur Darstellung von Schrift oder Markierungen mit der Maus verwendet werden, aber auch zur Darstellung einer Bildfolge mit 256 Bildern der Größe 64 $\times$ 64 Pixel. Wird für das Bildverarbeitungssystem eine CMOS -Kamera verwendet (siehe Abschnitt 3.2.2), so benötigt sie wegen ihres großen Dynamikbereiches einen Bildspeicher von 20 Bit Tiefe. Der Bildspeicher von 1 MByte reicht dann gerade für zwei Bilder der Größe 512 $\times$ 512 Pixel. Bei allen Konfigurationen wird jedoch ein Bild vom Benutzer als eine zwei-, oder, bei Bildfolgen, eine dreidimensionale Matrix angesehen (Abb. 3.43), ohne dass er sich mit Fragen der Pixeltiefe oder mit Adressierungsalgorithmen beschäftigen muss.

- mehrere Zugriffsmodi zu realisieren. Beispielsweise kann eine Bildzeile oder eine Bildspalte mit einem einzigen Befehl angesprochen werden. Ebenso können Bitebenen einzeln angesprochen werden (Abb. 3.44).

- den Bildspeicher parallel von zwei Seiten anzusprechen (engl. *Dual Ported Memory*). Dadurch können Bilder von einem Bildaufnahmesystem eingelesen und gleichzeitig zur Darstellung auf einem Monitor in den Monitorspeicher transferiert werden

3.3.3 Der Bildverarbeitungsprozessor

Sind sehr viele Bilddaten in kurzer Zeit zu verarbeiten, beispielsweise in dem oben schon erwähnten Fall des synchronen Einzugs von Eingangsdaten aus verschiedenen Videoquellen durch entsprechend viele parallel arbeitende A/D-Wandler, so ist die Bewältigung der daraus entstehenden Datenmengen nur noch durch die Verwendung spezieller Signalprozessoren möglich. Zum Beispiel beherbergen einige der angebotenen Karten den TMS320C80 (Texas Instruments), einen 32 Bit-Signalprozessor zur Durchführung komplexer Bildverarbeitungsoperationen wie Filterung, Faltungen, Transformationen oder Datenkompression. Auch spezielle ASIC-Bausteine für Nachbarschaftsoperationen werden eingesetzt. Eine Faltung 3 × 3 eines Bildes mit 512 Zeilen und 512 Spalten dauert hier etwa 1.8 ms, eine Faltung 5 × 5 des gleichen Bildes 4.8 ms [55]. Diese Aufgaben gehen über die Funktionalität des eigentlichen Frame- Grabbers hinaus, solche Karten werden deshalb *Bildverarbeitungssysteme* genannt. Die Signalprozessoren können sich auf dem Main Board des Bildverarbeitungssystems befinden oder auf separaten Boards, die über den PCI-Bus oder eigene Bussysteme miteinander kommunizieren

Für manche Anwendungen ist es auch interessant, die verschiedenen Prozessoren auf unterschiedliche Rechner zu verteilen und die Daten über lokale Netzwerke weiterzureichen.

3.3.4 Das Video-Ausgangsteil

Das Video-Ausgangsteil eines Bildverarbeitungssystems setzt den Bildspeicherinhalt in ein Monitorbild um. Seine Aufgabe ist es, die Transformation der Bilddaten in ein entsprechendes Videosignal

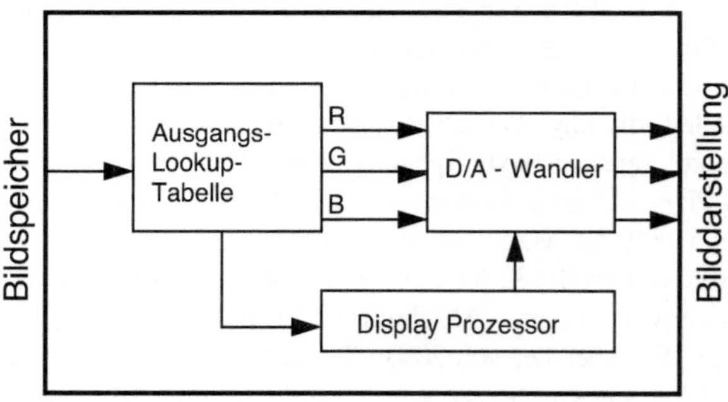

Abbildung 3.45: Funktionsgruppen des Videoausgangsteils

durchzuführen. Konkret bedeutet dies, dass der digitale Bildspeicherinhalt in ein Analogsignal umgewandelt werden muss, welches dem Stand der jeweiligen Videonorm (VGA, CCIR etc.) entspricht.

Das Video-Ausgangsteil besteht im wesentlichen aus drei Funktionsgruppen (siehe Abschnitt 3.2.3.1):

- der Ausgangs-Lookup-Tabelle (siehe Abschnitt 3.2.3.1 Seite 47)
- dem Digital-Analogwandler

- dem Display-Prozessor

Die digitale Information aus dem Bildspeicher muss nun in ein Analogsignal überführt werden. Dies geschieht mit Hilfe eines Digital/Analog – Wandlers. Entsprechend der eingesetzten Videonorm müssen innerhalb eines bestimmten Zeitintervals eine feste Anzahl von digitalen Bildinformationen in Analogwerte überführt werden. Die notwendige Zeitbasis wird in der Regel aus den Synchronisationssignalen des Video-Eingangsteils abgeleitet.

Werden Bilder mit einer Videonorm ausgegeben, die nicht der des Video-Eingangsteils entspricht, so müssen neue, andere Synchronisationssignale generiert werden. Die Entkopplung der Eingabefrequenz von der Ausgabefrequenz wird von einem Displayprozessor bewältigt, der die horizontalen und die vertikalen Synchronisationsbreiten, sowie die Scanfrequenz für den Digital/Analogwandler unabhängig von Video-Eingangsteil erzeugt.

Wie in Abschnitt 3.3.2 erläutert wurde, können Bilder im Bildspeicher durch unterschiedlich große Breite/Höhe, aber auch unterschiedliche Anzahl von Bit pro Pixel definiert sein. Für das Video-Ausgangsteil bedeutet dies, dass die Bildinformation im Bildspeicher auf die Wiedergabeparameter der entsprechenden Videonorm transformiert werden muss. Auch dies leistet der Displayprozessor.

3.4   Zusammenfassung

Die Ausprägung von Bildverarbeitungssystemen, die sich heute auf dem Markt befinden, ist sehr vielfältig. Die in diesem Abschnitt beschriebene Aufstellung stellt sozusagen einen gemeinsamen Nenner dar. Eine Bildverarbeitungsanlage besteht aus:

- einer Beleuchtungsanlage:
  Das Tageslicht ist für die meisten Anwendungen in der Bildverarbeitung ungeeignet. Geeignete Beleuchtung erspart Rechenzeit, ungeeignete Beleuchtung hinterläßt oft nicht wieder gut zu machende Artefakte in den Bildern.
- einer Sensoreinheit, beispielsweise einer CCD-Kamera:
  Der Kameramarkt ist überschwemmt von einer Vielzahl von Modellen. Zudem schreitet die Entwicklung neuer Kamera-Arten wie beispielsweise die CMOS-Kamera sehr schnell voran. Beim Kamerakauf sollte im Interesse der Zusammenstellung eines optimalen Bildverarbeitungssystems die größte Sorgfalt angewendet werden.
- einem oder mehreren der Problemstellung angepaßte Objektive:
  Das Objektivformat sollte größer oder gleich dem Chipformat sein. Der Einsatz von Zwischenringen und Nahlinsen kann zu Verzeichnungen führen. Telezentrische Objektive verhindern eine perspektivische Verzerrung bei der Abbildung.
- einer Bildverarbeitungskarte:
  Zeitkritische Probleme erfordern in jedem Fall eine Bildverarbeitungskarte mit intelligenter Hardware, damit ein Teil der Algorithmen von schnellen Signalprozessoren übernommen werden kann.
- geeigneter Peripherie zur Ausgabe der Ergebnisse :
  (Monitor, Drucker, I/O-Karte)

Die Entwicklung von Bildverarbeitungssystemen geht in in eine Richtung, die es in wenigen Jahren ermöglichen wird, die gesamte Hard- und Software in einer intelligenten Kamera mit minimalen Abmessungen unterzubringen.

3.5   Aufgaben zu Abschnitt 3

Aufgabe 3.1

Eine Firma stellt kleine quaderförmige Blechboxen zur Verpackung von Medikamenten her. An einer der Produktionslinien werden die Boxen durch einen Stempelaufdruck mit dem Firmenlogo beschriftet. Anschliessend werden sie einer Überwachungsstation zugeführt, die den Aufdruck überprüfen soll. Dort ist eine 2/3"-CCD-Kamera mit einem 17 mm Objektiv installiert, die die Bilder an ein Bildverarbeitungssystem weitergibt. Es ist sichergestellt, dass sich jede Box bei der Bildaufnahme innerhalb eines Rechtecks von 22.5 cm × 30 cm befindet. Sie ist nicht gedreht.

Aufgrund von Umbauten am Fliessband ist es nun aber nicht mehr möglich, mit der Kamera näher als mit einer Gegenstandsweite von $g = 85$ cm an das Objekt heranzukommen.

    a) Sie müssen ein neues Objektiv beschaffen und haben das untenstehende Firmenangebot vorliegen. Zwischen welchen Objektiven können Sie aufgrund der Rahmenbedingungen wählen?

Prazisionsobjektive der Baureihe 400 bis 1000 nm

- für 2/3" und 1/2" - Kameras
  mit C-Mount - Anschluss
- spektrale Empfindlichkeit optimiert auf CCD - Sensor
- Gleichzeitig im sichtbaren und Infrarot - Bereich verwendbar (400 - 1000 nm) praktisch ohne Fokusdifferenz
- Hoher Empfindlichkeitsgewinn durch grosse spektrale Bandbreite
- Super-Breitbandentspiegelung, dadurch reduziertes Streulicht und erhöhte Transmission

- reduzierte Farbfehler durch "Ultra-Low-Dispersion "-Gläser
- Minimierung der Verzeichnung
- Verbesserte Helligkeitsverteilung
- Erhöhung der Modulation
- Erhältliche Brennweiten:
  - CINEGON 1,0/4,0mm
  - CINEGON 1,4/8,0mm
  - CINEGON 1,4/12,0mm
  - XENOPLAN 1,4/17,0mm
  - XENOPLAN 1,4/23,0mm
  - XENOPLAN 1,4/35,0mm
  - TELEXENAR 2,2/70,0mm
  - CINEGON 1,8/4,8mm

Abbildung 3.46: Kamera und Beschreibung

    b) Für welches Objektiv entscheiden Sie sich, und was sind Ihre Beweggründe?

    c) Wie gross war die Gegenstandsweite g und Bildweite b vor dem Umbau? (Das Objekt soll formatfüllend auf den Chip abgebildet werden)

d) Die Kamera ist eine HD-Kamera mit 1024 Pixeln Horizontalauflösung. Wie breit sind die kleinsten Objekte, die Sie mit der Anordnung auflösen können (Beugungseffekte können vernachlässigt werden)? Ändert sich die Auflösung durch den Umbau?

e) Wie gross sind Gegenstandsweite g und Bildweite b beim Einsatz des neuen Objektivs, wenn das Objekt formatfüllend auf den Chip abgebildet werden soll?

f) Wenn Sie in Teilaufgaben b) und d) die beiden Bildweiten miteinander vergleichen, dürfte es klar werden, dass Sie gleich noch einen Gegenstand auf Ihre Bestellung setzen können. Was ist das?

Aufgabe 3.2

Mit einer CCD-Kamera soll ein Objekt aufgenommen werden, das sich in 5 m Entfernung vor der Kamera befindet. Die Pixel des CCD-Chips sind quadratisch und haben eine Kantenlänge von 12 μm.

a) Das Objektiv habe eine Brennweite von f = 50 mm. Wie groß ist der Schärfentiefebereich $g_r +$ g_l, wenn am Objektiv die Blendenzahl k = 8 eingestellt ist?

b) Wo liegt bei der Kamera von Aufgabe a) die hyperfokale Distanz g_H?

c) Wie verändert sich der Schärfentiefebereich $g_r + g_l$, wenn Sie statt Blende 8 Blende 4 einstellen?

d) Sie ersetzen das Objektiv mit der Brennweite von f = 50 mm durch eines mit der Brennweite von f = 80 mm und stellen dieselbe Blendenzahl ein wie in Aufgabenteil a). Wird die hyperfokale Distanz g_H größer oder kleiner?

e) Wie groß ist in Teilaufgabe d) der rechte Anteil der Schärfentiefe g_r, wenn der Objektabstand g gleich der hyperfokalen Distanz g_H ist?

Aufgabe 3.3

Unterstreichen Sie die richtigen Kombinationen

a) Je höher die Blendenzahl k, desto (*größer/kleiner*) ist die Schärfentiefe
b) Je größer die Objektweite g, desto (*größer/kleiner*) ist die Schärfentiefe
c) Je kürzer die Brennweite f des Objektivs, desto (*größer/kleiner*) ist die Schärfentiefe
d) Je größer der Blendenradius R, desto (*größer/kleiner*) ist die Schärfentiefe

Aufgabe 3.4

Ein Beispiel aus der Praxis:

Für eine industrielle Anwendung stehe eine 2/3" CCD Kamera mit einer Chipgröße von 8.8 mm×6.6 mm und 776×582 Sensorelementen sowie ein Objektiv der Brennweite 55 mm zur Verfügung. Das Life-Bild werde online auf einem Bildschirm sichtbar gemacht.

a) Bis zu welcher Blendeneinstellung k_{max} kann man gehen, ohne dass die Blende auf dem Bildschirm sichtbar wird?

b) Wie groß ist für diese optische Anordnung mit der maximalen Blendeneinstellung aus Aufgabe a) die hyperfokale Distanz?

c) Wie groß ist mit den Werten aus a) und b) der Abbildungsmaßstab m für ein Objekt bei der hyperfokalen Distanz, welches vollständig auf dem Chip abgebildet wird?

Aufgabe 3.5

Zeigen Sie:

Ist die Gegenstandsweite g gleich der hyperfokalen Distanz g_H, so beträgt der rechte Anteil der Schärfentiefe $g_r = \dfrac{g_H}{2}$.

Aufgabe 3.6

Aus einem Buch für Amateurfotografen:

Die Gleichungen in Tabelle 3.5 sollen Ihnen die erforderlichen Brennweiten f vermitteln, wenn die Abmessungen des Objekts H (horizontal) und V (vertikal) gegeben ist, und wenn Sie außerdem die Gegenstandsweite g kennen.

Sensorgröße	1"	2/3"	1/2"	1/3"	1/4"
Horizontal: $f \;=$	$\dfrac{12.7 \times g}{H}$	$\dfrac{8.8 \times g}{H}$	$\dfrac{6.4 \times g}{H}$	$\dfrac{4.8 \times g}{H}$	$\dfrac{3.2 \times g}{H}$
Vertikal: $f \;=$	$\dfrac{9.525 \times g}{V}$	$\dfrac{6.6 \times g}{V}$	$\dfrac{4.8 \times g}{V}$	$\dfrac{3.6 \times g}{V}$	$\dfrac{2.4 \times g}{V}$

Tabelle 3.5: Die Beziehung zwischen Objektgröße, Gegenstandsweite und Brennweite. (H: Horizontale Abmessung, V: vertikale Abmessung des Objekts, g: Gegenstandsweite, f: Brennweite). Die Zahlen in den Spalten sind die Abmessungen des jeweiligen Chipformats.

Soweit das Buch. Bezeichnen Sie nun wie bisher üblich die Gegenstandsgröße mit G, die Bildgröße mit B, die Gegenstandsweite mit g und die Bildweite mit b und beantworten Sie folgende Fragen:

a) Nach welcher Gleichung wird hier die Brennweite f berechnet? Drücken Sie die Gleichung in Abhängigkeit des Maßstabs m und der Gegenstandsweite g aus.

b) Wie würde die Gleichung für die Brennweite f nach den korrekten Descartes'schen Linsengleichungen lauten, wenn die gleichen Variablen verwendet werden wie in a)? Drücken Sie diese Gleichung ebenfalls in Abhängigkeit des Maßstabs m und der Gegenstandsweite g aus.

c) Welche Näherung wurde also in Tabelle 3.5 verwendet?

d) Nehmen Sie an, Sie haben eine 1/2CCD-Kamera (Chipabmessungen: 6.4 mm×4.8 mm). Gegeben sei ein Objekt mit den Abmessungen 2.50 m×1.50 m und die Gegenstandsweite betrüge $g = 10$ m. Der Gegenstand soll in maximal möglicher Größe und vollständig abgebildet werden. Berechnen Sie die erforderliche Brennweite in mm (Genauigkeit der Ergebnisse: 2 Nachkommastellen!)

> – einmal nach der korrekten Gleichung
> – und einmal nach der Näherung

e) Ist die Näherung gerechtfertigt? Begründen Sie Ihre Ansicht.

Aufgabe 3.7

Geometrische Optik an Hand eines Beispiels aus der Praxis:

Es soll ein Objekt der Größe 24 cm×16 cm auf eine 1/3" CCD Kamera mit einer Chipgröße von 4.8 mm×3.6 mm mit 776×582 Sensorelementen abgebildet werden. Es stehen Objektive mit $f_1 = 16$ mm und $f_2 = 50$ mm Brennweite zur Verfügung.

a) Welchen Abbildungsmaßstab m erhält man, wenn man davon ausgeht, dass das Objekt ganz ins Bild passen soll? Behalten Sie diesen Abbildungsmaßstab für alle anderen Teilaufgaben bei.

b) Welche Seitenlänge hat ein Sensorelement, wenn man annimmt, dass der Abstand zwischen den Pixeln 0 ist und der Chip bis zum Rand mit Pixeln ausgefüllt ist?

c) Wie groß sind die Gegenstandsweite g, die Bildweite b und die Entfernung d zwischen der Bildebene b und der Gegenstandsebene g bei den beiden Objektiven?

d) Wie hoch ist die Schärfentiefe bei Blende 2, wenn man ein 16 mm-Objektiv einsetzt?

e) Welche Objektivbrennweite f würde für eine Gegenstandsweite g von 204 cm benötigt?

f) Welche Möglichkeiten gibt es bei gegebener Gegenstandsgröße und gegebenem CCD-Chip, die Schärfentiefe zu erhöhen?

Aufgabe 3.8

a) Die Helligkeit von Glühlampen schwankt mit der doppelten Netzfrequenz. Wie können Sie sich dies erklären?

b) Warum haben Halogenlampen dieses Problem nicht?

c) Erklären Sie den Halogen-Kreisprozess.

Aufgabe 3.9

In Abb. 3.47 sehen Sie eine Kamera aus einem Katalog. Was bedeuten die Fachausdrücke in der Beschreibung?

Abbildung 3.47: Kamera und Beschreibung

Aufgabe 3.10

Sie haben bisher mit einer Spiegelreflexkamera fotografiert. Sie hatten ein Weitwinkelobjektiv f =35mm, ein Normalobjektiv f =50mm und ein Zoomobjektiv f = 70mm - 130mm. Sie möchten auf eine Digitale Kamera umsteigen und haben bei Ebay eine besonders günstiges Angebot für die Kamera Canon PowerShot G5 entdeckt (Ausschnitt aus dem Datenblatt Abb. 3.48). Sie hat eine außergewöhnliche

Canon PowerShot G5
Technische Daten

Kameratyp	digitale Sucherkamera
Bildsensor	1/1,8-Zoll, 5,0 Mio. Pixel CCD
max. effektive Bildfläche	2592 x 1944 Pixel
Empfindlichkeit	Automatisch, ISO 50, 100, 200 und 400 wählbar
opt. Zoom	4-fach, f7.2 - f28.8
Aufnahmequalität	Hoch: 2.592 x 1944 Pixel
	Mittel 1: 1.600 x 1.200 Pixel
	Mittel 2: 1024 x 768 Pixel
	Klein: 640 x 480 Pixel
	Movie: 15 Bilder pro Sekunde bei max. 320 x 240 Pixel

Abbildung 3.48: Auszug aus dem Datenblatt der Kamera Canon PowerShot G5

Chipgröße, nämlich 1/1.8, also etwas größer als die Norm-Chipgröße 1/2.
Beantworten Sie bitte die folgenden Fragen:

a) Welches Seitenverhältnis hat der Kamerachip, wenn man davon ausgeht, dass die Pixel quadratisch sind?

b) Welche Breite und welche Höhe hat der Kamerachip der Canon PowerShot G5 und wie groß ist die Diagonale B_{max} in mm?

c) Die Kamera besitzt einen 4-fachen optischen Zoom. Welchem Zoombereich entspricht das bei einer Spiegelreflexkamera?

Aufgabe 3.11

Unterstreichen Sie die richtigen Kombinationen

   a) Je größer die Brennweite einer Linse, desto (*größer/kleiner*) ist die Brechkraft

   b) Die Brennweite eines Normalobjektivs ist (*größer/kleiner*) als die eines Teleobjektivs

   c) Je kleiner die Blendenzahl, desto (*größer/kleiner*) ist der Lichteinfall

   d) Je größer die Bildweite, desto (*größer/kleiner*) ist der Vergrößerungsfaktor

   e) Bei einer CCD-Kamera ist der Dynamikbereich (*größer/kleiner*) als bei einer CMOS-Kamera

4 Die Digitalisierung von Bildern

Das optische Bild B der Abb. 3.33 nach der Abbildungslinse ist sowohl bezüglich der Intensität als auch des Ortes kontinuierlich. Digitalkameras digitalisieren dieses optische Bild sowohl örtlich als auch bezüglich der Intensität. Als Ergebnis erhalten wir eine aus Zahlen, den sog. *Grauwerten* aufgebaute Bildmatrix, die im Bildspeicher abgelegt wird. Die Grauwerte sind eine Funktion der jeweiligen Intensitätswerte des Originals. Abb. 4.1. zeigt das Original und die durch Abtasten entstandene

Abbildung 4.1: Die durch die Abtastung entstandene Bildmatrix

Bildmatrix. Die Digitalisierung besteht aus zwei Vorgängen: der als *Rasterung* (engl. *Scanning*) bezeichneten Digitalisierung des Definitionsbereiches (auch "Ortsdiskretisierung" genannt) durch den Kamerachip Abb. 4.1 und der *Quantisierung* (engl. *Sampling*) genannten Digitalisierung des Wertebereiches der Bildfunktion $f(x,y)$ (auch "Intensitätsdiskretisierung" genannt).

Bei der Quantisierung ist die Auflösung im wesentlichen durch den zur Verfügung stehenden Speicher festgelegt. Bei einer Speichertiefe von 8 Bit kann mit einer Abstufung von 1/256 des Maximalwertes abgetastet werden, bei einer Speichertiefe von 16 Bit entsprechend feiner (Abb. 4.2). Man sollte die Quantisierung nach Möglichkeit so wählen, dass der Quantisierungsfehler nicht größer ist als die Fehler aus anderen Quellen, beispielsweise dem Rauschen.

Abbildung 4.2: Die Quantierung eines Bildes in verschiedene Grauwertstufen
a) 2 Stufen, b) 8 Stufen, c) 16 Stufen, d) 64 Stufen, e) 256 Stufen

Die gewählte Rastergröße beim Abscannen eines Bildes durch den CCD-Chip beeinflußt den subjektiven Eindruck der Bildqualität jedoch wesentlich mehr als die Quantisierung. Wird bei einer gegebenen Vorlage das Raster zu groß gewählt, so gehen feine Details des Originals verloren (Abb. 4.3). Andererseits wird bei einer Überabtastung der Rechner mit redundanten Daten belastet. Ein Bild, auf dem alle Details sichtbar sein sollen, muss also mit der korrekten Rate gerastert werden. Dieser Abschnitt beantwortet die Fragen:

- Wie fein muss abgetastet bzw. quantisiert werden, damit kein Informationsverlust auftritt bzw. damit dieser gering bleibt?

- Wie sieht ein Bild aus, das durch Abtasten Informationen verloren hat

Die korrekte Abtastrate ist mathematisch herleitbar und wird durch das *Shannon'sche Abtasttheorem* festgelegt. Sie ist Gegenstand dieses Moduls. Es wird im folgenden eindimensional hergeleitet, kann aber ohne weiteres auf zwei und mehr Dimensionen erweitert werden.

Für dieses Thema sind etwas umfangreichere Mathematikkenntnisse notwendig. Sie sollten mit Integralen vertraut sein, das δ-Funktional, die eindimensionale Fouriertransformation und die mathematische Operation der Faltung sollten nicht ganz unbekannt sein.

Abbildung 4.3: Die Rasterung eines Bildes mit verschiedenen Auflösungsstufen

4.1   Die wellenoptische Abbildung

In der geometrischen Optik wird angenommen, dass ein ideal korrigiertes Objektiv einen Objektpunkt G nach geometrischen Gesetzen in einen Bildpunkt B abbildet. Ein Lichtstrahl zeigt sich in vielen Experimenten jedoch nicht als eine Gerade sondern als eine elektromagnetische Welle. Die Wellenlängen des sichtbaren Lichtes (Abb. 3.14) liegen im Vakuum im Bereich von etwa 400 nm (Violett) bis 780 nm (Rot). Die Wellennatur des Lichtes bringt es mit sich, dass das an scharfen Kanten, kleinen Objekten, Spalten und Blenden vorbeilaufende Licht wie mechanische Wellen in den Schattenraum gebeugt wird (Abb. 4.4). Jedes optische Gerät, auch das Auge, wirkt mit den Rändern der Blenden, Fassungen usw. beugend. Dabei wirkt jeder Punkt in der Ebene der Blende wie eine kleine Lichtquelle, die radial in alle Raumrichtungen abstrahlt (*Huygensche Elementarwellen*). Diese haben, wenn sie in der Bildebene ankommen, Gangunterschiede zueinander und löschen sich aus bzw. verstärken sich. Tatsächlich entsteht also kein Bildpunkt B, sondern hinter dem bestrahlten Hindernis beobachtet man ein sog. *Beugungsmuster* aus radialsymmetrischen Intensitätsmaxima und -minima , den sog. *Beugungsscheibchen*. Die genaue Theorie der Beugung am Spalt, an kreisförmigen und beliebig geformten Blenden ist zwar sehr interessant, übersteigt aber den Rahmen dieses Buches. Der interessierte Leser kann hierfür Literatur [5] [13] [47] [46] zu Rate ziehen. Hier sei nur soviel gesagt: Die Licht-Intensität $I(\vartheta)$ hinter einer optischen Anordnung, bestehend aus einer Blende und einer

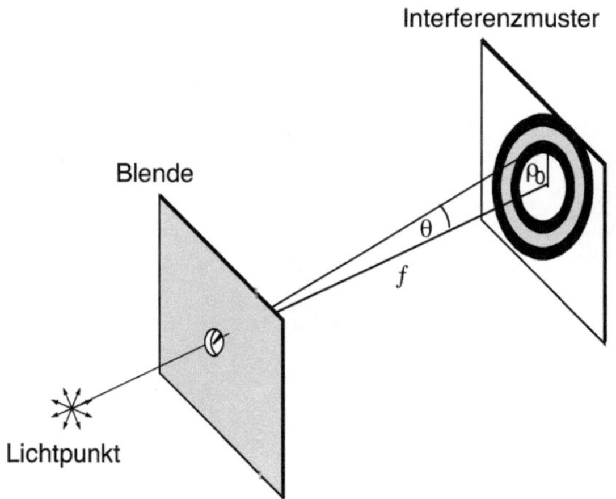

Abbildung 4.4: Beugung an einer Blende

Zur Geometrie der runden Apertur: f: Brennweite, ρ_0: Radius des ersten Minimums im Beugungsmuster, θ: Beobachtungswinkel, d.h. der Winkel zwischen der optischen Achse und der Geraden zwischen Beobachtungspunkt und einem Punkt auf dem Beugungsmuster.

Linse, die mit monochromatischem Licht bestrahlt wird, folgt, falls die Fraunhofer-Bedingungen[1] gegeben sind, einer Besselfunktion erster Art und erster Ordnung, in Abhängigkeit vom Beobachtungswinkel ϑ:

$$I(\theta) = I_0 \left(\frac{J_1(|\vec{k}|R\sin\theta)}{|\vec{k}|R\sin\theta} \right)^2$$

mit:

I_0:   Intensität im Zentrum des Beugungsmusters

$J_1(x)$: Besselfunktion erster Art erster Ordnung

$|\vec{k}|$: Wellenzahl, Betrag des Wellenvektors

R: (effektiver) Radius der Blende [mm]

θ: Beobachtungswinkel, d.h. der Winkel zwischen der optischen Achse und der Geraden zwischen Beobachtungspunkt und einem Punkt auf dem Beugungsmuster.

Sie hat ihr erstes Minimum bei (Abb. 4.4)

$$|\vec{k}|R\sin\vartheta = 3.832$$

$$\rightarrow \frac{|\vec{k}|R\sin\vartheta}{\pi} = 1.219 \approx 1.22 \; .$$

---

[1]Fraunhofer Bedingungen: Paralleler Lichteinfall und $f \gg R$

$$\frac{2\pi R \sin\vartheta}{\lambda\pi} = 1.22$$

$$\frac{2R \sin\vartheta}{\lambda} = 1.22$$

$$\rightarrow \sin\vartheta = \frac{1.22}{2R}\lambda$$

$$\frac{\rho_0}{f} = \frac{1.22}{2R}\lambda$$

$$\rho_0 = 1.22 \cdot \frac{f}{2R}\lambda$$

$$\rho_0 = 1.22 \cdot k\lambda \tag{4.1}$$

mit

$$k = \frac{f}{2R} \tag{4.2}$$

mit:

λ: Lichtwellenlänge

ρ_0: Radius des ersten Minimums (bzw. des ersten Beugungsscheibchens)

f: Brennweite

k: Blendenzahl

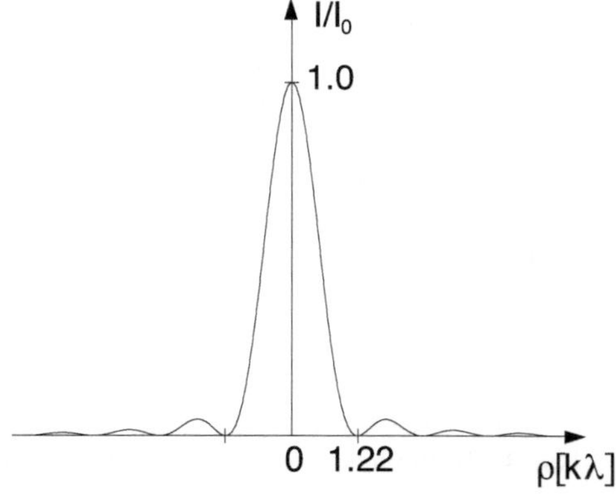

Abbildung 4.5: Beugungsmuster aus Intensitätsmaxima und -minima

Abb. 4.5 zeigt die Intensitätsverteilung des Lichts. Der Radius des ersten Minimums ρ_0 im Beugungsmuster ist abhängig von der Wellenlänge λ, dem Radius der Blendenöffnung R und der Objektivbrennweite f bzw. von der Blendenzahl k.

Liegen nun zwei Objekt- oder Lichtpunkte sehr nahe beieinander, so überdecken sich ihre Beugungsmuster und sie können nicht mehr getrennt wahrgenommen werden. Optische Instrumente, aber auch das Auge, besitzen also ein begrenztes Auflösungsvermögen. Man spricht auch von einer *Auflösungsgrenze*. Diese wird durch das Rayleigh-Kriterium festgelegt. Es besagt, dass zwei nahe beieinanderliegende Lichtpunkte L_1 und L_2 dann gerade noch aufgelöst werden können, wenn das Hauptmaximum des Beugungsmusters von L_1 mit dem ersten Minimum des Beugungsmusters von L_2 zusammenfällt (Abb. 4.6). Nach Gl. (4.1) bzw. ist also die Auflösung eines optischen Systems bei gegebener Lichtwellenlänge und Linsenbrennweite umso höher, je kleiner ρ_0 bzw. je größer der Blendenradius R ist.

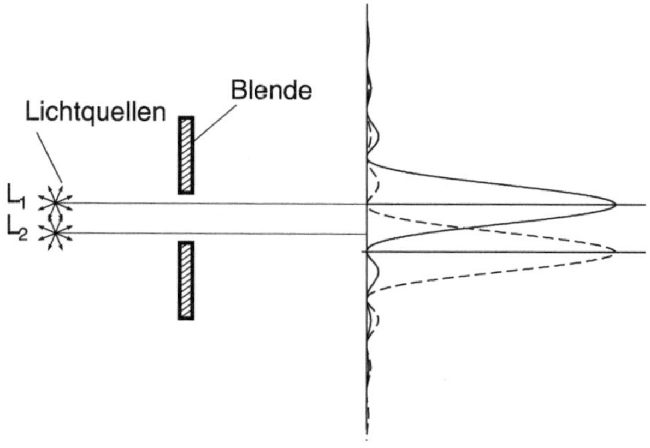

Abbildung 4.6: Auflösung zweier Lichtpunkte
Zwei nahe beieinanderliegende Lichtpunkte werden gerade noch aufgelöst, wenn das Hauptmaximum des Beugungsmusters von L_1 mit dem ersten Minimum des Beugungsmusters von L_2 zusammenfällt.

Beispiel 4.1

Wieviel schwarze und weiße Linien pro Millimeter auf einem Blatt Papier kann das Auge auflösen? Wir machen folgende Annahmen:

- *Reduziertes Augenmodell* (Abb. A.2), Bildweite $b = 20.21$ mm (gleich der Brennweite bei entspanntem Auge)
- Pupillenradius des Auges $R = 1$ mm
- Lichtwellenlänge $\lambda = 530$ nm (Grün)
- Gegenstandsweite $g = 25$ cm (sog. Bezugssehweite).

Wir berechnen zuerst die Brennweite des Auges, wenn auf $g = 25$ cm fokussiert wird:

$$\rho_{0\text{Retina}} = 1.22 \cdot \frac{f}{2R}\lambda$$
$$= 1.22 \cdot \frac{18.7 \text{ mm}}{2 \text{ mm}} \cdot 530 \text{ nm}$$
$$= 6.045 \ \mu\text{m}$$

dann den Radius $\rho_{0\text{Retina}}$ des ersten Minimums des Beugungsmusters auf der Retina (Bildseite):

$$\frac{1}{g} + \frac{1}{b} = \frac{1}{f}$$

$$\frac{1}{250 \text{ mm}} + \frac{1}{20.21 \text{ mm}} = \frac{1}{f}$$

$$\rightarrow f = 18.7 \text{ mm}$$

Diesen transferieren wir auf die Objektseite

$$\frac{\rho_{0\text{Retina}}}{b} = \frac{\rho_{0\text{Blatt}}}{g}$$

$$\rightarrow \rho_{0\text{Blatt}} = \frac{\rho_{0\text{Retina}} \cdot g}{b}$$

$$= \frac{6.045 \, \mu \text{mm} \cdot 250 \text{ mm}}{20.21 \text{ mm}}$$

$$= 75 \, \mu\text{m}$$

Die Linien dürfen also 75 μm breit sein, damit sie noch getrennt wahrgenommen werden können. 13.4 Linien dieser Breite passen in einen Millimeter. Das Auge kann also unter den obigen Annahmen 13.4 Linien pro Millimeter noch auflösen bzw. 6.7 *Linienpaare pro Millimeter*

Tatsächlich wird das Auflösungsvermögen in *Linienpaaren pro Millimeter* angegeben. Das einfachste Testobjekt für die Auflösung eines optischen Systems ist ein Muster von schwarzweißen Streifen (Abb. 4.7). Je dünner diese Streifen sind, desto weniger wird man sie mit dem Auge auflösen können.

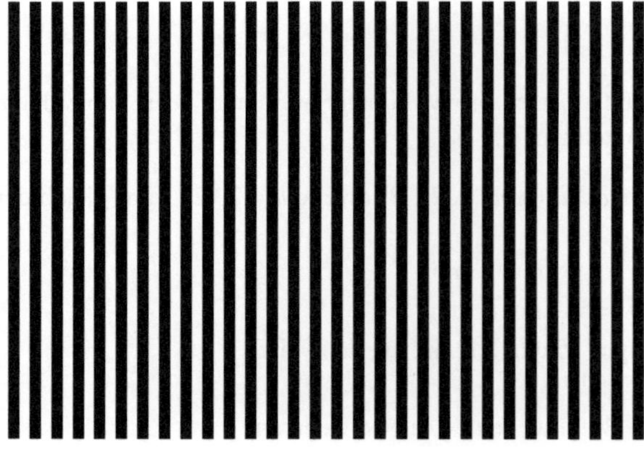

Abbildung 4.7: Streifen zur Untersuchung des Kontrastes

Je weiter man nun an diese Grenze herankommt, desto mehr wird das Schwarz und Weiß der Streifen in ein Grau und dann in Schwarz übergehen, d.h. der *Kontrast* der Streifen wird sich zunehmend verringern. Um das zu veranschaulichen, wurden die Streifen in Abb. 4.8 radial aufgetragen.

Genausogut hätte man aber zur Darstellung des Sachverhalts statt der Streifen eine andere periodische Funktion wählen können, beispielsweise eine Sinusfunktion. Je höher die Frequenz dieser periodischen Funktion ist, desto weniger wird man die einzelnen Maxima und Minima mit dem Auge auflösen können.

Diese Frequenz ist in der Bildverarbeitung eine sehr wichtige Größe. Sie hat die Einheit $[mm^{-1}]$ und heißt *Ortsfrequenz* f. Offensichtlich gibt es für jedes optische System eine maximale Ortsfrequenz, die seine Auflösungsgrenze festlegt.

Abbildung 4.8: Abnahme des Kontrasts mit zunehmender Streifendichte

Die Kontrastverringerung in Abhängigkeit der Ortsfrequenz f wird durch die sog. *Modulationsübertragungsfunktion* (engl. *Modulation Transfer Function*) MTF(f) ausgedrückt.

Ebenso wie die Auflösung bzw. ρ_0 in Gl. (4.1) ist auch die MTF(f) abhängig von der Blendenzahl k und der Lichtwellenlänge λ. Abb. 4.9 a) zeigt die Funktion MTF(f) eines idealen Objektivs für vier Blendenzahlen k bei $\lambda = 540$ nm bzw. für drei Wellenlängen λ und k = 8 (Abb. 4.9 b)). Je größer die Blendenzahl *k*, d.h. je kleiner die Blende (bei Objektiven spricht man auch von der *Apertur*), desto größer ist nach Gl. (4.1) der Radius des Beugungsscheibchen, desto schneller nimmt also der Kontrast ab.

Die Ortsfrequenz f_o, bei welcher die Auflösung eines optischen Systems zusammenbricht, heißt *optische Grenzfrequenz*. An dieser Stelle ist der Kontrast praktisch verschwunden, MTF(f_o) = 0. Sie hängt von der Lichtwellenlänge λ und der Blendenzahl k ab über die Gleichung:

$$f_c = \frac{1}{\rho_0}$$

$$= \frac{1}{1.22\lambda k}$$

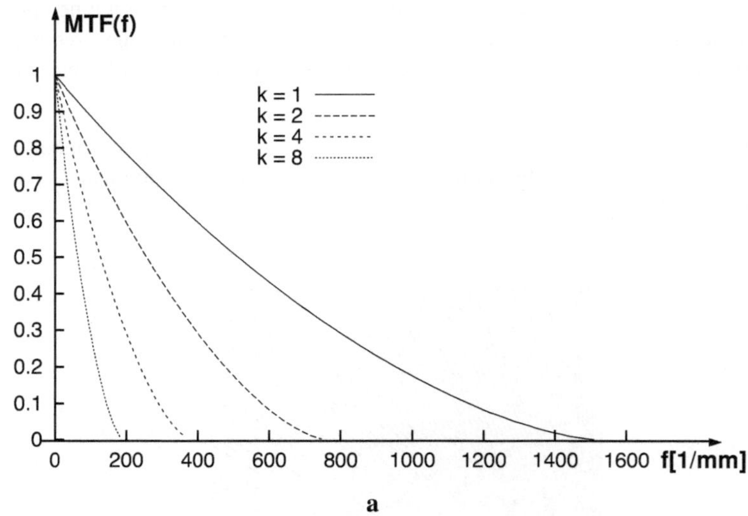

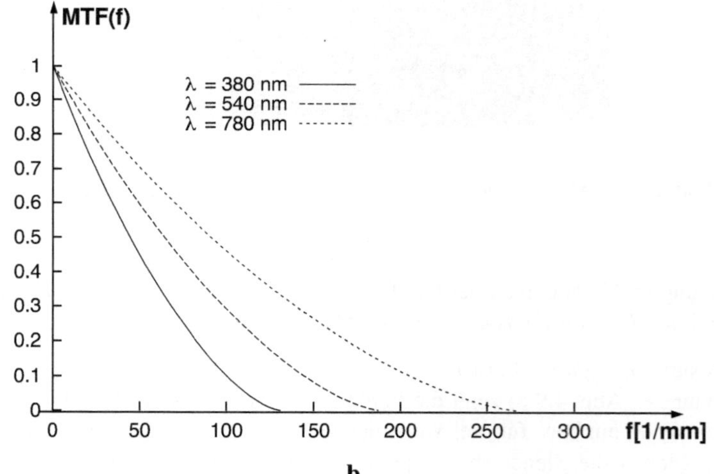

Abbildung 4.9: MTF(f) für eine runde Blende
a) in Abhängigkeit von der Blendenzahl k (λ = 540 nm (grün)) b) in Abhängigkeit von der Wellenlänge λ (k = 8)

$$= \frac{0.82}{\lambda k} \tag{4.3}$$

mit:

f_o: optische Grenzfrequenz

Beispiel 4.2

Die optische Grenzfrequenz f_o für ein Kameraobjektiv mit der Blendenzahl $k = 4$ und die Lichtwellenlänge $\lambda = 540$ nm liegt nach Gl. (4.3) bei $f_o = \dfrac{0.82}{540\text{nm} \cdot 4} = 380$ Linienpaaren pro mm.

Beispiel 4.3

Ein 50 mm-Kameraobjektiv mit der Blendenzahl $k = 8$ bei $\lambda = 530$ nm habe einen Aperturradius von $R = 3.125$ mm und eine Grenzfrequenz von $f_o = 194$ mm^{-1}. Dieses Objektiv kann höchstens 194 Linienpaare pro Millimeter auflösen. Diese Rechnung berücksichtigt keine Linsenfehler. Durch Aberrationen wird in der Regel das Tiefpassverhalten des optischen Systems noch weiter verstärkt.

Die Gleichung der Funktion MTF(f) in Abb. 4.9 ergibt sich aus der Fraunhoferschen Beugungstheorie [5] [6] und lautet:

$$\text{MTF}(f) = \frac{2}{\pi - 2} \left(\arccos \left(\frac{f}{f_0} \right) - \sqrt{1 - \left(\frac{f}{f_0} \right)^2} \right) \tag{4.4}$$

mit:

MTF: Modulationstransferfunktion

f: Ortsfrequenz

f_o: optische Grenzfrequenz

Die Modulationsübertragungsfunktion eines realen Systems kann durch verschiedene Verfahren gemessen werden. Hierfür sei jedoch ebenfalls auf die Literatur verwiesen [38].

Jedes Bildmotiv in der realen Welt enthält nun mehr oder weniger hohe Anteile aller Ortsfrequenzen. Ein optisches System, beispielsweise die Augen oder ein Objektiv, ist jedoch nur für Frequenzen von $|f| = 0$ bis $|f| = f_o$, seiner Grenzfrequenz durchlässig, und für alle höheren undurchlässig. Es hat also die Wirkung eines optischen Tiefpasses. Die Ortsfrequenzanteile innerhalb dieses Tiefpasses bilden das *Spektrum $F(f)$* eines Bildes, das durch die Optik *beugungsbegrenzt* ist.

Da Bilder zweidimensionale Signale sind, unterscheidet man zwischen Ortsfrequenzen in waagerechter (f_x) und in senkrechter Richtung (f_y). Das Spektrum eines Bildes ist also, im Unterschied zu Spektren von zeitabhängigen Signalen, zweidimensional. Ein weiterer wichtiger Unterschied zu Spektren von Zeitsignalen ist die Existenz von *negativen* Frequenzen. Im Unterschied zu der Zeit, die keine negativen Werte annimmt, kann sowohl die x- als auch die y-Koordinate des Ortes auch negativ sein. Dementsprechend gibt es auch negative Koordinaten im Spektrum. In Tab. 4.1 sind die Unterschiede zwischen zeit- und ortsabhängigen Signalen zusammengefasst.

f_o bzw. $\omega_0 = 2\pi f_o$ ist eine wichtige Größe für die Bestimmung der Abtastschrittweite. Lesern, die sich auf dem Gebiet der digitalen Signalverarbeitung auskennen, wird dieser Sachverhalt bekannt vorkommen: Die optische Grenzfrequenz entspricht der *Nyquist*-Frequenz bei zeitabhängigen Systemen.

Zeitabhängige Signale ...	Bilder...
sind eindimensional,	sind zweidimensional,
haben Frequenzen in eine Richtung,	haben Ortsfrequenzen in waagerechter und in senkrechter Richtung,
pflanzen sich nur in eine Richtung fort ($t \geq 0$).	können sich in die positive und negative Raumrichtungen ausdehnen, da Ursprung frei wählbar.
Das Spektrum enthält nur positive Frequenzen.	Das Spektrum enthält positive und negative Ortsfrequenzen.
Vom Zeitraum zum Frequenzraum gelangt man über die 1D-Fouriertransformation	Vom Ortsraum zum Ortsfrequenzraum gelangt man über die 2D-Fouriertransformation

Tabelle 4.1: Unterschiede zwischen zeit- und ortsabhängigen Signalen.

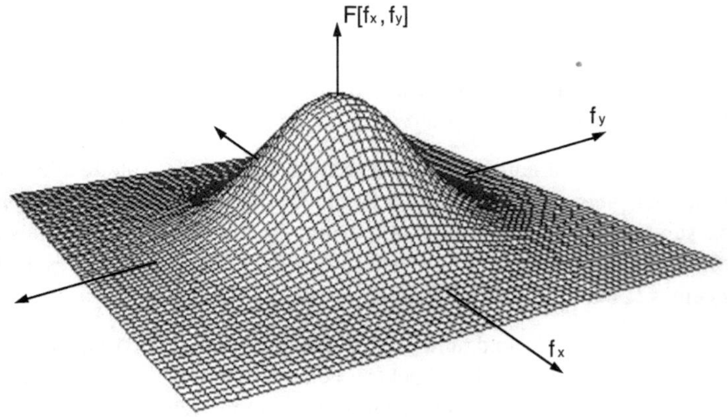

Abbildung 4.10: Das beugungsbegrenzte Spektrum eines Bildes

4.2 Die Abtastfunktion

Im letzten Abschnitt wurde gezeigt, dass ein Bild, das durch ein optisches System entstanden ist, aus physikalischen Gründen keine unendlich kleinen Strukturen enthalten kann. Dies kann als Informationsverlust gewertet werden, der aber nicht zu umgehen ist. Wird dieses Bild nun abgetastet, so sollten möglichst keine weiteren Informationsverluste auftreten.

Bilder sind zwar zweidimensionale Größen, aber die theoretischen Grundlagen können in diesem und dem nächsten Abschnitt eindimensional hergeleitet werden. Statt einer Bildfunktion f(x,y) betrachten wir also nun eine eindimensionale Funktion f(x).

Mathematisch wird die Abtastung einer kontinuierlichen Funktion mit Hilfe der *Deltafunktion* beschrieben. Die Dirac'sche Deltafunktion ist keine Funktion im eigentlichen Sinne, sondern ein sogenanntes *Funktional*. Sie ist über ihr Integral definiert

$$\int_{-\infty}^{\infty} \delta(x)dx = 1 \tag{4.5}$$

und hat bei $x = 0$ den Wert $\delta(0) \to \infty$ und bei $x \neq 0$ den Wert $\delta(x) = 0$, aber immer so, dass das uneigentliche Integral in Gl. (4.5) den Wert 1 hat (Abb. 4.11). Wird die Deltafunktion unter dem

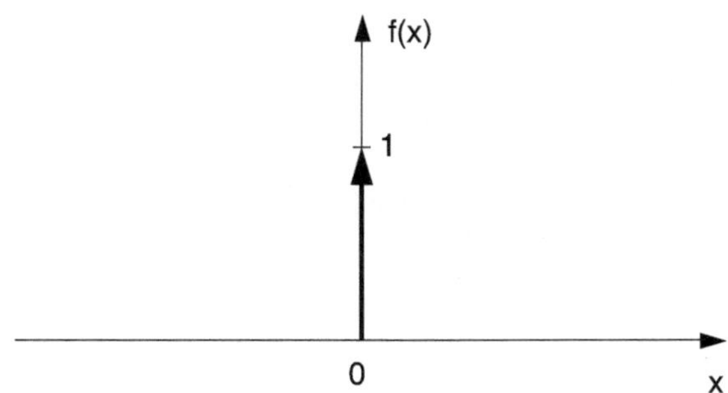

Abbildung 4.11: Die Deltafunktion $\delta(x)$
Der Pfeil deutet die unendliche Höhe, der Wert 1 auf der y-Achse den des uneigentlichen Integrals an.

Integral mit einer Funktion $f(x)$ multipliziert, so tastet sie diese an der Stelle $x = 0$ ab:

$$\int_{-\infty}^{\infty} f(x)\delta(x)dx = f(0) \tag{4.6}$$

Verschiebt man das Ganze um x_0, so wird die Funktion $f(x)$ an einer beliebigen Stelle x_0 abgetastet:

$$\int_{-\infty}^{\infty} f(x+x_0)\delta(x)dx = \int_{-\infty}^{\infty} f(x)\delta(x-x_0)dx \tag{4.7}$$

$$= f(x_0)$$

Die Deltafunktion eignet sich also hervorragend dazu, eine kontinuierliche Funktion $f(x)$ an einer bestimmten Stelle abzutasten. Ihr Graph wird durch einen Pfeil an der Stelle $x = 0$ bzw. $x = x_0$ angedeutet (Abb. 4.11).

Zur kompletten Abtastung der Funktion benötigt man eine Folge von Deltafunktionen im Abstand x_0:

$$\text{III}(x) = \delta(x - nx_0) \qquad n \in Z \tag{4.8}$$

$\text{III}(x)$ wird *Abtastfunktion* oder auch *Dirac'scher Kamm* genannt (Abb. 4.12). [2] Eine kontinuierliche

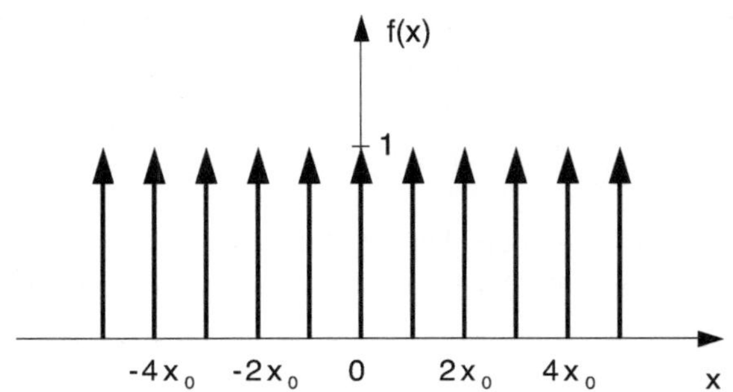

Abbildung 4.12: Die Abtastfunktion als Folge von Deltafunktionen

Funktion f(x) wird nun abgetastet, indem sie, ähnlich wie in Gl. (4.7), unter dem uneigentlichen Integral mit der Abtastfunktion multipliziert wird (Abb. 4.13).

$$\int\limits_{-\infty}^{\infty} f(x) \cdot \text{III}(x)\,dx = \int\limits_{-\infty}^{\infty} f(x) \cdot \delta(x - nx_0)\,dx \qquad (n \in Z) \tag{4.9}$$

$$= f(nx_0)$$
$$= f(x_n)$$

mit:
$f(x)$:   kontinuierliche Funktion
$f(x_n)$: diskrete Funktion

Die Erweiterung des Ergebnisses in zwei Dimensionen für die Abtastung von Bildern sollte keine Schwierigkeiten bereiten: Wenn die Bildfunktion $f(x,y)$ separiert, wenn also gilt: $f(x,y) = f_1(x) \cdot$

---

[2]In der französischen Literatur bekannt unter *Peigne de Dirac*, in der englischen unter *Sha-Funktion* – der Name kommt von dem kyrillischen Buchstaben *sha* [50], an dessen Form er erinnert.

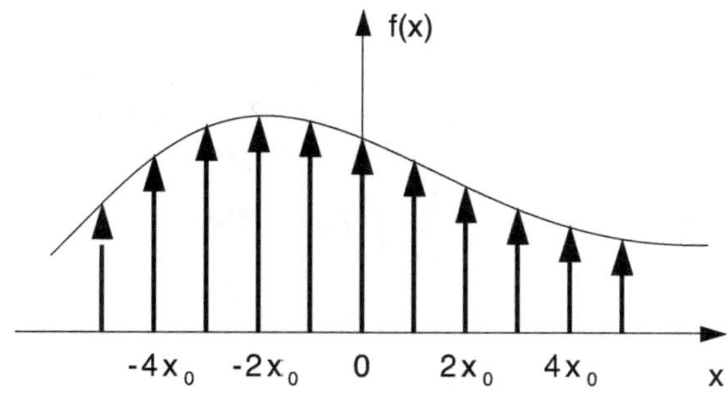

Abbildung 4.13: Die Abtastung einer kontinuierlichen Funktion f(x) durch Deltafunktionen

$f_2(y)$, so erhält man für Gl. (4.9) in zwei Dimensionen:

$$\int_{-\infty}^{\infty}\int_{-\infty}^{\infty} f(x,y)\cdot \text{III}(x,y)dxdy = \int_{-\infty}^{\infty}\int_{-\infty}^{\infty} f_1(x)f_2(y)\cdot \text{III}(x)\,\text{III}(y)dxdy$$

$$= \int_{-\infty}^{\infty} f_1(x)\,\text{III}(x)dx\cdot \int_{-\infty}^{\infty} f_2(y)\,\text{III}(y)dy$$

$$= f_1(nx_0)\cdot f_2(my_0) \tag{4.10}$$

$$= f_1(x_n)\cdot f_2(y_m) \qquad (m,n \in Z)$$

Für Bildfunktionen wird immer angenommen, dass sie separieren.

Damit ist der Abtastvorgang zwar beschrieben – aber *wie fein* muss ein Bild nun abgetastet werden? Die Antwort ist leicht: es muss so fein abgetastet werden, dass die kleinsten Strukturen des Bildes gerade noch sichtbar sind. Mit anderen Worten: Es muss so fein abgetastet werden, dass auch die hohen Ortsfrequenzen bis zu der im vorigen Abschnitt beschriebenen Grenzfrequenz f_o erhalten bleiben. Davon wird im nächsten Abschnitt die Rede sein.

4.3   Das Abtasttheorem

Wir müssen also dafür sorgen, dass das Abtasten eines Bildes dessen Spektrum nicht verändert. Welchen Einfluss hat das Abtasten aber auf das Spektrum?

Vom Ortsraum mit dem Definitionsbereich (x,y) und dem Wertebereich der Bildfunktion f(x,y) in den Ortsfrequenzraum mit dem Definitionsbereich (ω_x, ω_y) und dem Wertebereich $F(\omega_x, \omega_y)$ der Frequenzfunktion gelangt man über die Fouriertransformation.

Wir werden nun also den Abtastvorgang Gl. (4.9) bzw. Gl. (4.10) fouriertransformieren.

Für die folgenden Ausführungen beschränken wir uns zunächst wieder auf eine Dimension. Die Fouriertransformation bzw. die inverse Fouriertransformation hat die Gleichungen:

$$F(\omega) = \frac{1}{\sqrt{2\pi}} \int_{-\infty}^{\infty} f(x)e^{-j\omega x}\,\mathrm{d}x \tag{4.11}$$

bzw.

$$f(x) = \frac{1}{\sqrt{2\pi}} \int_{-\infty}^{\infty} F(\omega)e^{j\omega x}\,\mathrm{d}\omega \tag{4.12}$$

Schreibweise:

$$F(\omega) = \mathcal{F}(f(x))$$
$$f(x) = \mathcal{F}^{-1}(F(\omega))$$

mit:

ω: Ortskreisfrequenz, $\omega = 2\pi f$

$F(\omega)$: Fouriertransformierte von $f(x)$

Die Funktion $F(\omega)$ in Gl. (4.11) heißt *Fouriertransformierte* von $f(x)$. Aus $F(\omega)$ erhält man durch die *inverse Fouriertransformation* Gl. (4.12) wieder die Funktion $f(x)$. $F(\omega) = F(2\pi f)$ ist der mathema-

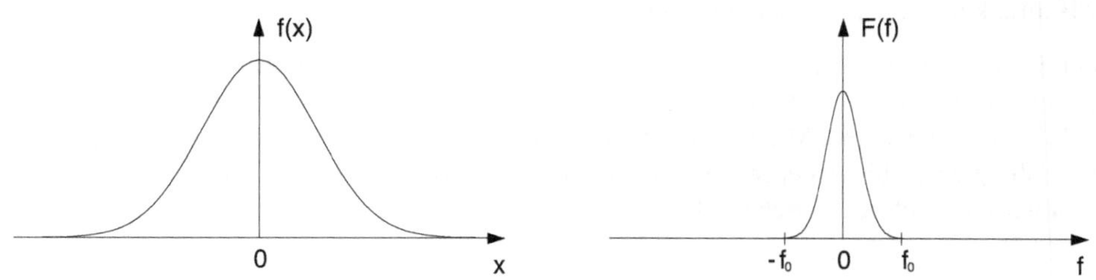

Abbildung 4.14: Eine Funktion f(x) und ihr bandbegrenztes Spektrum $F(f)$

tische Ausdruck für das in Abb. 4.10 beschriebene Spektrum der Funktion f(x). Das Spektrum einer Funktion $F(\omega)$ und die Funktion $f(x)$ selbst haben den gleichen Informationsgehalt. $f(x)$ hat sich sozusagen "verkleidet" und kann sich ihres Kostüms jederzeit durch die inverse Fouriertransformation wieder entledigen.

Der Multiplikation der beiden Funktionen $f(x)$ und $\mathrm{III}(x)$ unter dem Integral von Gl. (4.9) im Ortsraum entspricht nach dem Faltungssatz der Fouriertransformation eine *Faltung* der fouriertransformierten Funktion $F(\omega)$ mit der fouriertransformierten Abtastfunktion $\mathcal{F}\left(\mathrm{III}(x)\right)$ im Ortsfrequenz-raum:

$$\mathcal{F}\left[\int\limits_{-\infty}^{\infty} f(x)\cdot \mathrm{III}(x)dx\right] = \int\limits_{-\infty}^{\infty} F(\omega) * \mathcal{F}\left(\mathrm{III}(x)\right)dx \tag{4.13}$$

Die Fouriertransformierte der Abtastfunktion $\mathrm{III}(x)$ mit dem Abstand x_0 zwischen den einzelnen Peaks (Gl. (4.13)) ist wieder eine Folge von Peaks mit dem Abstand $1/x_0$.

$$\begin{aligned}
\mathcal{F}\left(\mathrm{III}(x)\right) &= \frac{1}{x_0}\delta\left(\mathrm{f} - \frac{n}{x_0}\right) && (n \in Z) \\
&= \frac{1}{x_0}\delta\left(\frac{\omega}{2\pi} - \frac{n}{x_0}\right) \\
&= \frac{1}{2\pi x_0}\delta\left(\omega - \frac{2\pi n}{x_0}\right)
\end{aligned} \tag{4.14}$$

Es ist also

$$\begin{aligned}
F(\omega) * \mathcal{F}\left(\mathrm{III}(x)\right) &= F(\omega) * \frac{1}{2\pi x_0}\delta\left(\omega - \frac{2\pi n}{x_0}\right) \\
&= \int\limits_{-\infty}^{\infty} F(\omega - \nu)\cdot \frac{1}{2\pi x_0}\delta\left(\nu - \frac{2\pi n}{x_0}\right)d\nu \\
&= \frac{1}{2\pi x_0}\int\limits_{-\infty}^{\infty} F(\omega - \nu)\delta\left(\nu - \frac{2\pi n}{x_0}\right)d\nu \\
&= \frac{1}{2\pi x_0}\cdot F\left(\omega - \frac{2\pi n}{x_0}\right) \\
F(\omega) * \mathcal{F}\left(\mathrm{III}(x)\right) &= \frac{1}{x_0}\cdot F\left(\mathrm{f} - \frac{n}{x_0}\right) && (n \in Z)
\end{aligned} \tag{4.15}$$

nach der Definition des Faltungsintegrals.

Für $n = 0$ ergibt sich also bis auf eine Konstante $1/x_0$ das Spektrum $F(\mathrm{f})$ der ursprünglichen Funktion $f(x)$ in Abb. 4.14. Da aber n die Werte aller ganzen Zahlen annimmt, wird dieses Spektrum im Abstand $\frac{1}{x_0}$ unendlich oft wiederholt (Abb. 4.15).

Damit ist die obige Frage nach dem Einfluss der Abtastung auf das Spektrum, die wir uns am Anfang dieses Abschnittes gestellt hatten, beantwortet: Die Abtastung einer kontinuierlichen Funktion hat den Effekt, dass das Spektrum im Abstand $\frac{1}{x_0}$ unendlich oft wiederholt wird, während das Spektrum der unabgetasteten Funktion natürlich nur einmal vorhanden ist (Abb. 4.14).

Der Rest ist einfach. Das ursprüngliche Spektrum der kontinuierlichen Funktion $f(x)$ kann man aus dem Spektrum der abgetasteten Funktion $f(x_n)$ rekonstruieren, indem man sich eine der Wiederholungen herausgreift (Abb. 4.16). Auch dafür gibt es ein mathematisches Werkzeug, nämlich die Multiplikation des Spektrums der abgetasteten Funktion $f(x_n)$ mit einer Kastenfunktion der Höhe 1

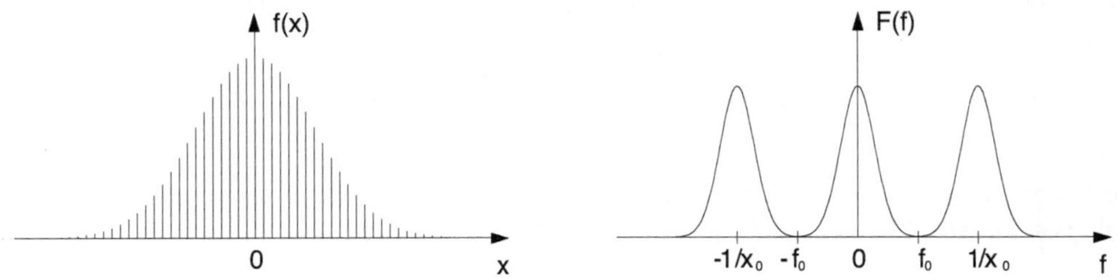

Abbildung 4.15: Die abgetastete Funktion $f(x_n)$ und ihr Spektrum

Im Vergleich zu Abb. 4.14 zeigt die Fouriertransformierte der abgetasteten Funktion $f(x_n)$ unendlich viele Wiederholungen von $F(f)$. Dieses Verhalten nennt man *Aliasing*.

und der Breite $2f_0$:

$$\Pi(f) = \begin{cases} 1 & \text{für } -f_0 \leq f \leq f_0 \\ 0 & \text{sonst} \end{cases} \tag{4.16}$$

also:

$$\mathcal{F}(f(x)) = \Pi(f) \cdot [F(\omega) * \mathcal{F}(\mathrm{III}(x))] \tag{4.17}$$

Mit dem ursprünglichen Spektrum ist aber auch der Informationsgehalt der unabgetasteten Funktion,

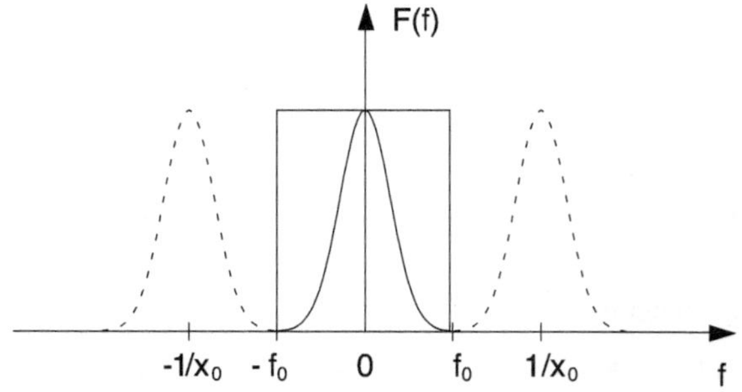

Abbildung 4.16: Rekonstruktion des Spektrums der kontinuierlichen Funktion

Das Spektrums der kontinuierlichen Funktion Abb. 4.14 wird rekonstruiert, indem durch Multiplikation mit einer Kastenfunktion eine der Wiederholungen in Abb. 4.15 herausgegriffen wird.

also beispielsweise einer Bildszene, wieder hergestellt worden. Wie aus Abb. 4.17 ersichtlich ist, funktioniert dies jedoch nur, wenn gilt:

$$\frac{1}{x_0} = 2f_0 \tag{4.18}$$

Daraus folgt die Gleichung, die als *Abtasttheorem* bekannt ist und die besagt, in welchem Abstand x_0 eine kontinuierliche Funktion oder das Bild nach dem Objektiv abgetastet werden muss, damit keine

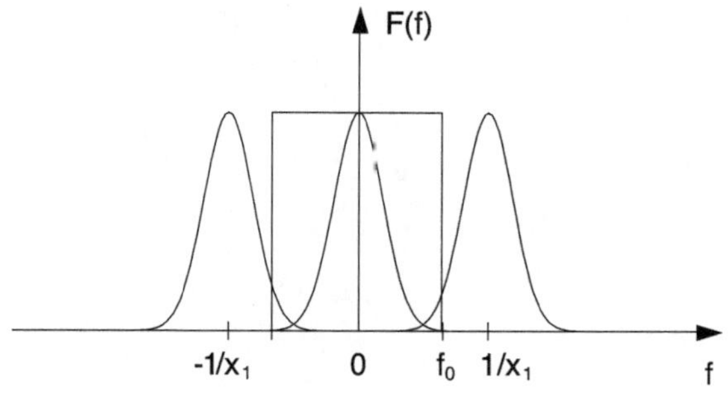

Abbildung 4.17: Das Spektrum eines unterabgetasteten Bildes

Information verloren geht:

$$x_0 = \frac{1}{2f_0} \qquad (4.19)$$

Wird andererseits im Abstand $x_1 > x_0$ abgetastet, wird also das Raster bei der Abtastung zu groß gewählt, so ist

$$\frac{1}{x_1} < \frac{1}{x_0} = 2f_0$$

Das Spektrum würde im Abstand $\frac{1}{x_1}$, also vor Erreichen der Grenzfrequenz, wiederholt werden (Abb. 4.17). Wie äußert sich nun aber eine Unterabtastung in einem Bild? Die vier Teilbilder in Abb. 4.18 zeigen eine Sinusfunktion, deren Frequenz jeweils von der rechten oberen Ecke zu der linken unteren Ecke zunimmt. Außerdem erhöht sich die Frequenz von Bild zu Bild. In allen Bildern ist das Abtasttheorem in der rechten oberen Ecke noch erfüllt, kann aber mit Erhöhen der Frequenz nicht mehr eingehalten werden. Es entstehen Schwebungen zwischen der Bildfrequenz und der Abtastfrequenz, die sich im Bild in einem Moiré-Muster zeigen. Diesen Effekt nennt man *Aliasing*. Im Ernstfall würde an den Stellen, an denen Aliasing auftritt, die Bildinformation verfälscht werden.

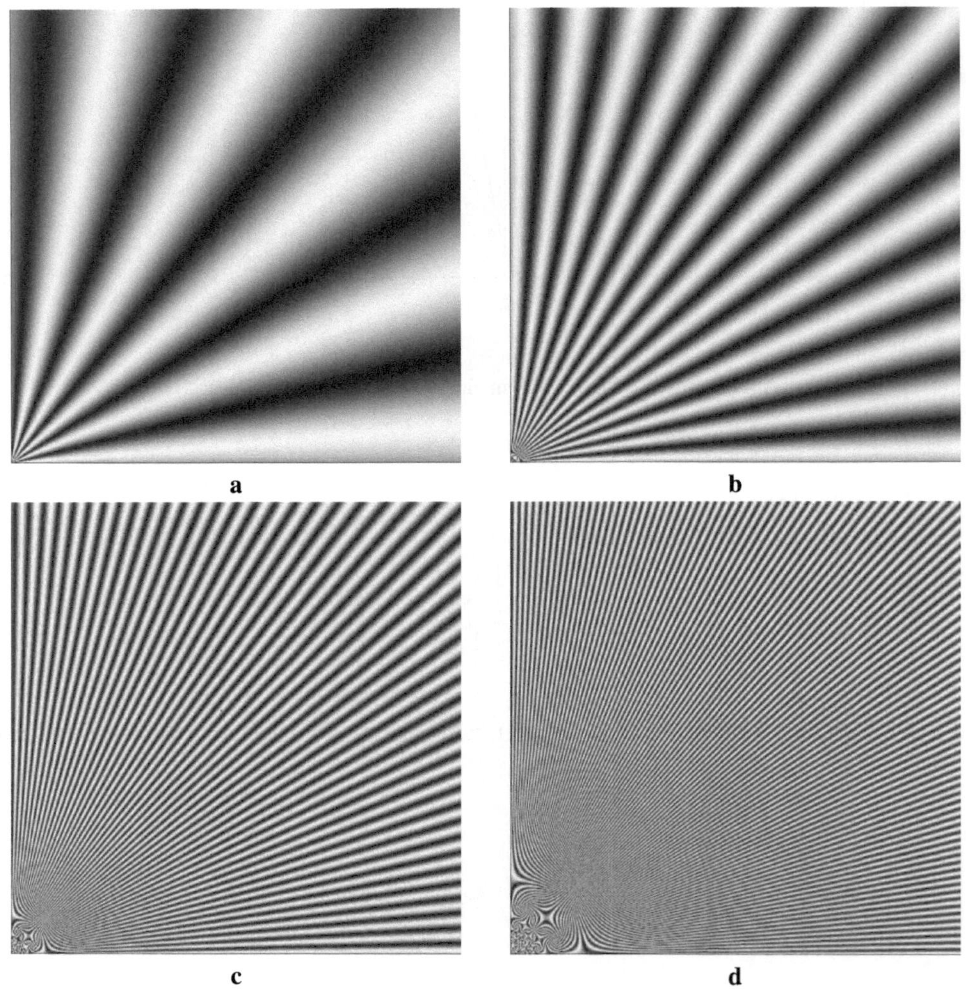

Abbildung 4.18: Auftreten von Aliasing bei Unterabtastung
Das Moiré-Muster in den linken unteren Ecken der Teilbilder entsteht durch Schwebungen zwischen der Bildfrequenz und der Abtastfrequenz.

Durch das folgende Beispiel erhalten Sie eine Vorstellung von den Größenordnungen:

Beispiel 4.4

Das Kameraobjektiv aus Bsp. 4.3 Seite 89 mit der Brennweite $f'= 50$ mm und der Blendeneinstellung k = 8 hätte bei grünem Licht (530 nm) eine Grenzfrequenz von $f_0 = 194$ mm^{-1}. Ein aufgenommenes Bild müßte also mit einer Abtastschrittweite von $x_0 = \frac{1}{2f_0} = 2.58\mu m$ abgetastet werden. Allerdings bezieht sich diese Größe auf das Bild, das *nach* dem Kameraobjektiv entstanden ist, das also im Vergleich zum Original verkleinert ist. Nehmen wir nun weiterhin an, dass die Optik einen Abbildungsmaßstab $m = 1/60$ (Gl. (3.9))bewirkt, dann ist die Gegenstandsgröße gleich der 60-fachen

Bildgröße, also $G = 60B$. Das Original müßte also mit der Rate $x_0 = 2.58\ \mu m \cdot 60 = 0.155$ mm abgetastet werden. In einem Bildspeicher mit 1024×1024 Pixeln könnte man dann ein Bild speichern, dessen Original die Abmessungen von ca. 15×16 cm besitzt. Dies ist allerdings nicht sehr groß. Die Einhaltung des Abtasttheorems ist also eine sehr speicherintensive Angelegenheit.

In der Praxis wird aus diesem Grund das Abtasttheorem nur dort eingehalten, wo es wirklich auf die größte Genauigkeit und Auflösung ankommt, beispielsweise bei Satellitenbildern und medizinischen Bildern. Alle anderen Bilder, besonders solche für den Einsatz beim Bildtelefon und bei Überwachungsaufgaben, sind meist weit unterabgetastet. Beim Bildtelefon, bei dem ein Teilnehmer lediglich von einem anderen Teilnehmer identifiziert werden soll, hilft uns unser eigenes visuelles System, das Gesichter selbst dann noch zuordnen kann, wenn sie stark unterabgetastet sind (Abb. 2.7 a).

4.4   Zusammenfassung

Will man Informationen aus Bildern gewinnen, so sollte man über das verwendete optische System und den Abtastvorgang genauestens Bescheid wissen, damit durch die Bildaufnahme und das Abtasten nicht relevante Informationen verloren gehen. Alle Informationen bleiben erhalten, wenn die Pixel des CCD-Chips das nach der Optik entstandene Bild B mindestens mit dem Kehrwert der doppelten Grenzfrequenz abtasten. Mit anderen Worten: Alle Objektstrukturen einer Szene, die mindestens zweimal abgetastet werden, erleiden beim Digitalisieren keinen Informationsverlust.

Dies gilt insbesondere, wenn die Bildinformation in kleinflächigen Strukturen konzentriert ist, wie dies beispielsweise bei Satellitenbildern oder medizinischen Bildern der Fall ist. Bilder, bei denen die Information aus größerflächigen Strukturen ausreicht, wie beispielsweise bei Bildern, die durch das Bildtelefon oder durch überwachungsanlagen übermittelt werden, können natürlich gröber abgetastet werden. Alle Objektstrukturen einer Szene, die mindestens zweimal abgetastet werden, erleiden beim Digitalisieren keinen Informationsverlust.

4.5   Aufgaben zu Abschnitt 4

Aufgabe 4.1

Ein Wandbild von 7.20 m $\times$ 4.80 m Größe wird frontal mit einer Kleinbildkamera formatfüllend aufgenommen. Das Diapositiv (36 mm $\times$ 24 mm) wird in einem Scanner mit einer Auflösung (horizontal und vertikal gleich) von 2400 dpi gescannt. Wie hoch oder breit muss ein Objekt auf dem Wandbild mindestens sein, damit es nach dem Abtasttheorem verlustfrei im digitalen Bild erscheint?
Hinweis: 1 Zoll = 25.4 mm

Aufgabe 4.2

a) Eigentlich ist die Fouriertransformation eine komplexe Operation und hat als Ergebnis ein komplexes Bild. Wir sehen aber kein komplexes Bild, sondern ein reelles - komplexe Bilder kann man nicht darstellen. Es ist das sog. *Powerspektrum*, d.h. in jedem Pixel wird das Betragsquadrat der komplexen Zahl zz^* gebildet. Nehmen wir an, im Pixel (200,200) steht nach der Fouriertransformation die Zahl $231,5645 - 149,0031j$. Was steht dort nach Bildung des Powerspektrums?

b) Da die Frequenz $(f_{x0}, f_{y0}) = (0,0)$ den den Offset enthält, ist sie immer sehr hoch im Vergleich zu den anderen Frequenzen. Würde man das Powerspektrum zur Darstellung auf die Grauwerte zwischen 0 und 255 normieren, könnte man die anderen Frequenzen nicht sehen. Es wird deshalb zur Darstellung vom Powerspektrum noch der natürliche Logarithmus gebildet und auf die nächste natürliche Zahl gerundet. Was steht also endgültig im Pixel (200,200)?

Aufgabe 4.3

a) Eine Zeichnung enthalte Linien mit der Strichbreite von 0.1 mm. Begründen Sie mit dem Abtast-Theorem, weshalb die Auflösung eines 300-dpi Scanners nicht ausreicht, um die Zeichnung zu scannen.

b) Welche Norm-Abtastrate muss Ihr Scanner mindestens leisten können, um die Zeichnung zu einzuscannen?

Hinweis: 1 Zoll = 25.4 mm

5 Bilder und Statistik

Bilder können als eine zufällige Grauwertverteilung betrachtet werden. Damit können aus Bildern sämtliche aus der Statistik bekannten Größen berechnet werden. Obwohl Informationen über den eigentlichen Bildinhalt dabei unberücksichtigt bleiben, lassen sich über statistische Aussagen für verschiedene Anwendungen wichtige Kenngrößen ableiten. Untersucht man beispielsweise die Oberfläche eines Werkstückes, so werden sich Kratzer oder Verunreinigungen durch eine Verbreiterung oder Symmetrieveränderung des Histogramms bemerkbar machen, so dass Erwartungswert (Mittelwert), Varianz, Schiefe und Exzess als Indikatoren verwendet werden können. Ein weiteres statistisches Phänomen ist das Rauschen. Es

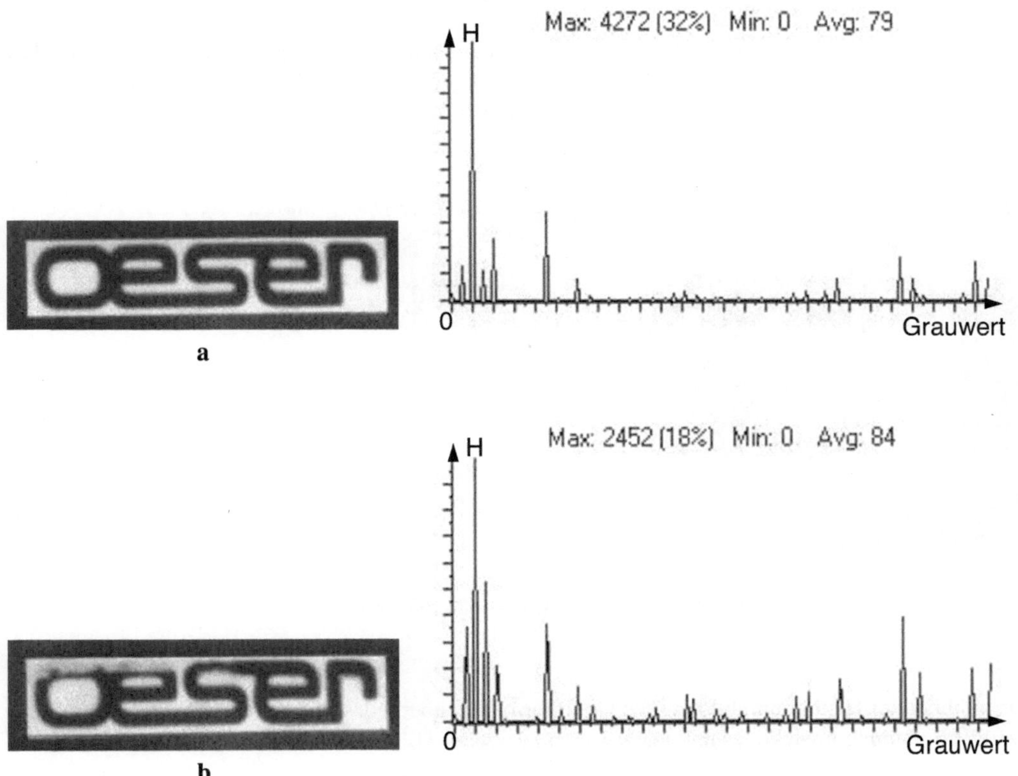

Abbildung 5.1: Statistische Informationen eines Bildes
Minimale Änderungen in einem Bild verschieben den Erwartungswert (Avg.) sowie andere statistische Größen

werden verschiedene Rauschquellen aufgezeigt, die bei der Bildaufnahme eine Rolle spielen, und es wird gezeigt, wie Rauschen in Grenzen gehalten werden kann.

Von diesen Größen im Zusammenhang mit Bildverarbeitung handelt dieses Thema. Ein weiteres statistisches Phänomen ist das Rauschen. Es werden verschiedene Rauschquellen aufgezeigt, die bei der Bildaufnahme eine Rolle spielen, und es wird gezeigt, wie Rauschen in Grenzen gehalten werden kann.

Es ist günstig, wenn Ihnen Parameter statistischer Verteilungen wie Mittelwert, Varianz usw. nicht unbekannt sind. Für den Abschnitt über das Rauschen werden wir den Begriff der Gaußverteilung und die Poissonverteilung benötigen. Für den Abschnitt über die invarianten Momente benötigen Sie etwas Integralrechnung, aber es ist nicht erforderlich, dass Sie Integrale selbst lösen können.

5.1 Das Grauwerthistogramm

Unter dem *Grauwerthistogramm* versteht man die Häufigkeitsverteilung der Grauwerte eines Bildes, aufgetragen gegen den Grauwert selbst. Es zeigt also zu jedem möglichen Grauwert in einem Bild die Anzahl der Pixel an, die diesen Grauwert tragen (Abb. 5.2).

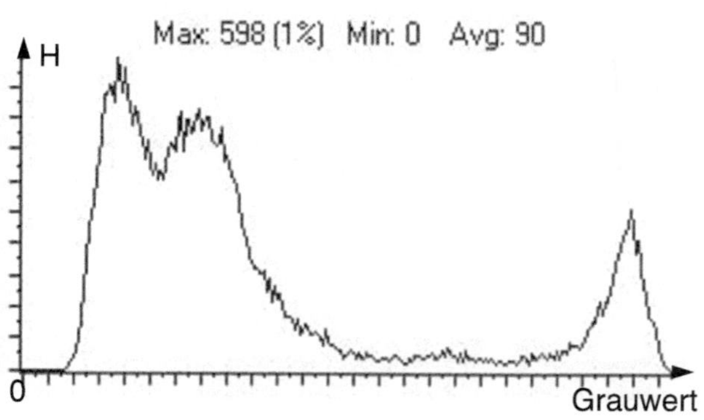

Abbildung 5.2: Ein Bild und das zugehörige Histogramm

Obwohl bei der Histogrammbildung die Ortsinformation über jedes Pixel verlorengeht, ist das Grauwerthistogramm ein wichtiges und leicht zu realisierendes Hilfsmittel zur

- Beurteilung der Beleuchtung
  Bei einem unterbelichteten Bild werden die Werte des Grauwerthistogramms zu niedrigeren Grauwerten hin verschoben sein. Insbesonders ergibt sich eine unnatürliche Anhäufung von Pixeln mit dem Grauwert 0, wie Abb. 5.5 a) zeigt. Das Gegenteil ist bei einem überbelichteten Bild der Fall (Abb. 5.5 b)). Die Anhäufung zeigt sich hier im höchsten Grauwert, während niedrige Grauwerte kaum besetzt sind.

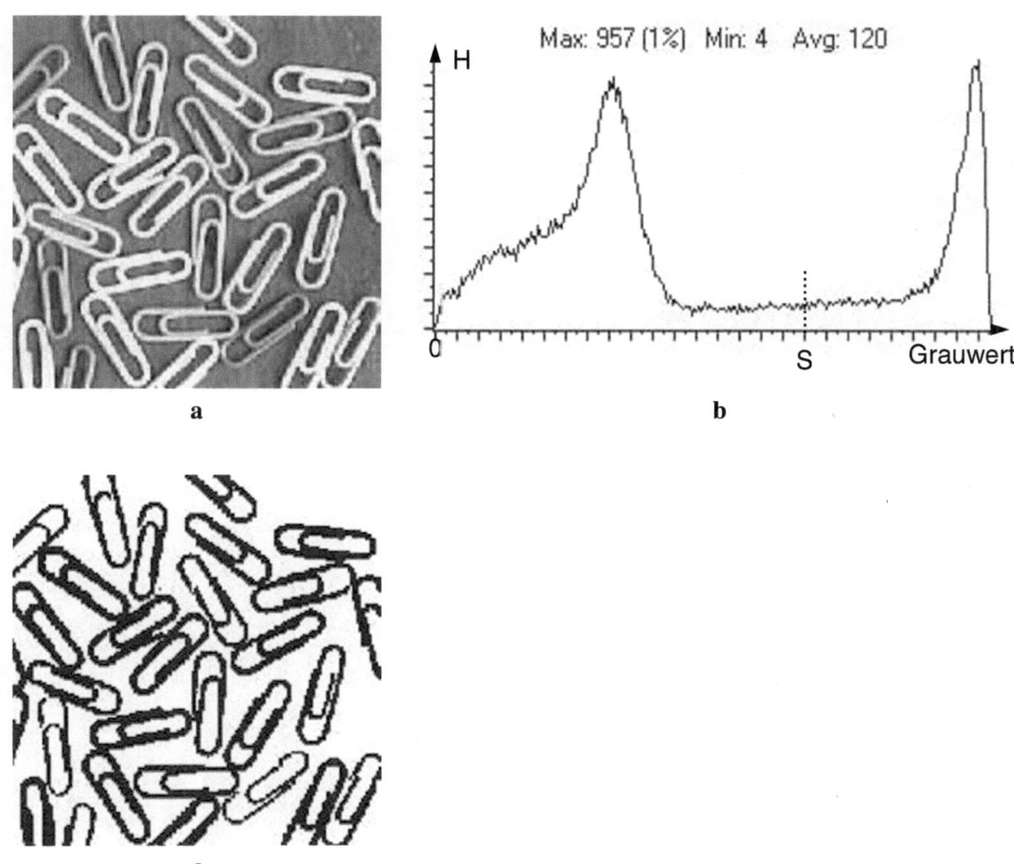

Abbildung 5.3: Ein Bild und sein bimodales Histogramm, zur Segmentierung geeignet
a) Originalbild, b) zugehöriges Histogramm, c) segmentiertes Bild

- Beurteilung der Dynamik und des Kontrastes
  Ebenso läßt sich anhand des Histogrammes eine Aussage über die Bildqualität treffen: Ein Bild mit guter Dynamik enthält alle oder nahezu alle der verfügbaren Grauwerte, ein Bild mit schlechter Dynamik hingegen nur einen Teil der verfügbaren Graustufen (Abb. 5.5 c)). Das Bild selbst wird als "fade" empfunden. In der Regel liegen bei einem Bild mit geringer Dynamik die Grauwerte des Hintergrunds und der Objekte sehr nahe beieinander, so dass bei einem solchen Bild meist auch der Kontrast (d.h. der Unterschied zwischen Bildhintergrund und den Objekten) schlecht ist. Das Histogramm eines kontrastreichen Bildes mit guter Dynamik zeichnet sich dadurch aus, dass im Idealfall alle Grauwerte mir der gleichen Häufigkeit besetzt sind. Dies ist natürlich nicht bei allen Szenen möglich, insbesondere dann nicht, wenn die Beleuchtungsverhältnisse vorgegeben sind. In Abschnitt 6 werden Sie lernen, wie die Dynamik und der Kontrast eines Bildes verbessert werden können.

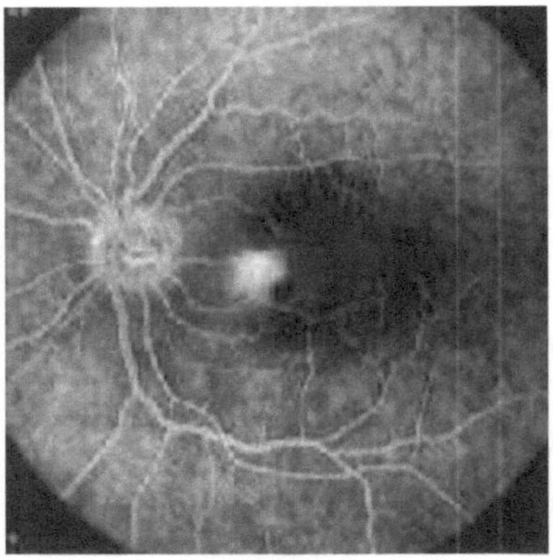

Abbildung 5.4: Ein Bild und sein bimodales Histogramm, nicht zur Segmentierung geeignet
a) Originalbild (Augenhintergrund), b) zugehöriges Histogramm, c) segmentiertes Bild

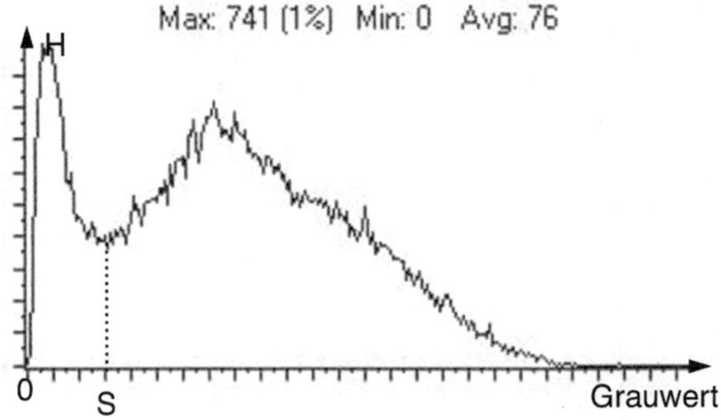

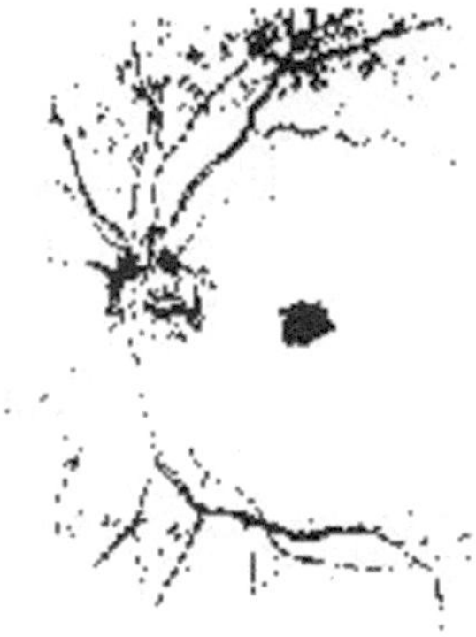

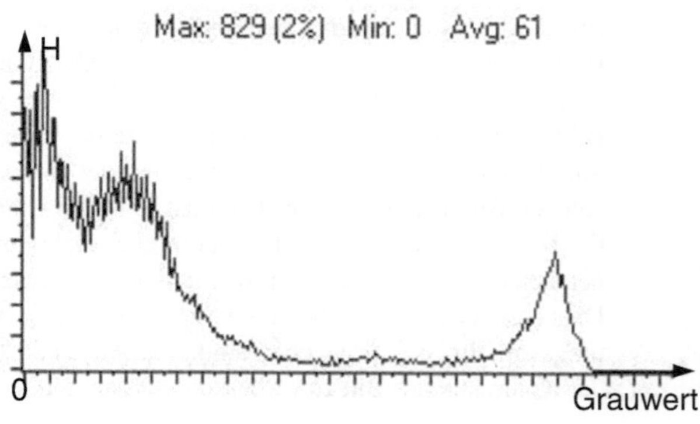

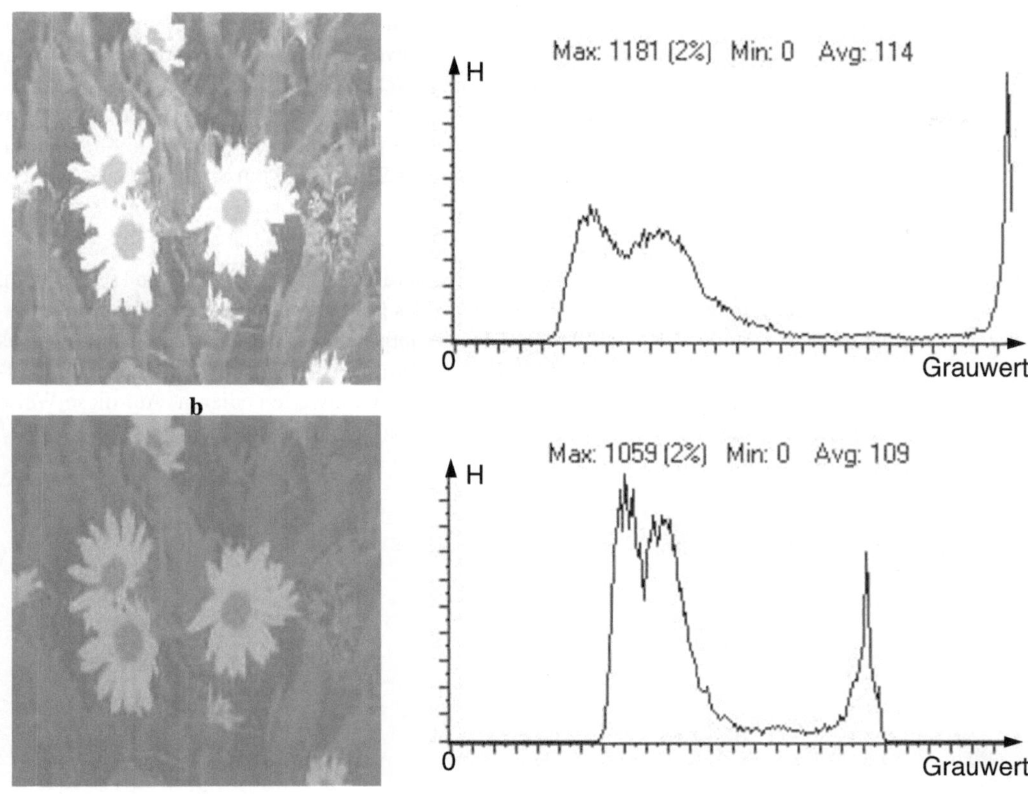

Abbildung 5.5: Histogramm
a) eines unterbelichteten Bildes, b) eines überbelichteten Bildes, c) eines kontrastarmen Bildes

- einfachen Segmentierung eines Bildes
  In der Bildverarbeitung ist man bestrebt, vor Auswertung der Bildinformation überflüssige Bildinhalte zu beseitigen. Ein solch überflüssiger Bereich kann beispielsweise der Bildhintergrund sein. Die Trennung von Bildhintergrund und Objekten nennt man Segmentierung. Sie ist in der Regel nicht einfach zu bewerkstelligen, es sei denn Objekt und Hintergrund sind im Grauwerthistogramm deutlich durch zwei Bereiche unterscheidbar, die dann durch eine zwischen die Maxima der beiden Bereiche gelegte Schwelle eindeutig getrennt werden können. Das Auftreten zweier solcher Bereiche nennt man *Bimodalität*. Abb. 5.3 a) zeigt ein Bild mit bimodalem Histogramm. In Abb. 5.3 b) ist deutlich der Peak des Hintergrunds (links) und der Objekte (rechts) zu erkennen. Legt man dazwischen eine Schwelle S und setzt alle Grauwerte auf der linken Seite von S zu 0, so bleiben nur noch die Objekte übrig, die dann einer weiteren Auswertung zugänglich sind. Der Hintergrund ist verschwunden. Interessieren bei einem gegebenen Problem nur die Objektformen, so kann man wie in Abb. 5.3 c), den verbliebenen Pixeln einen einheitlichen Wert (beispielsweise 1) zuweisen.

Häufiger als dieser Idealfall ist es jedoch, dass bei der Bestimmung der idealen Schwelle Probleme auftreten, weil sich die beiden Moden (Hintergrund und Objekte) überlappen oder weil Grauwerte des Hintergrundes identisch mit Objektgrauwerten sind, obwohl zwei getrennte Maxima im Histogramm auftreten. Abb. 5.4 zeigt einen solchen Fall. Es handelt um eine medizinische Aufnahme: ein Bild des Augenhintergrundes. Setzt man analog eine Schwelle S zwischen die beiden Maxima des Histogramms, so führt dies zu einer falschen Segmentierung. Helfen auch Optimierungsversuche bei der Positionierung von S nichts, so muss man andere Segmentierungsmethoden anwenden.

Bei Mehrkanalbildern (z.B. Echtfarbbildern) bildet man in der Regel für jeden Kanal ein Histogramm. Abb. 5.6 zeigt die Histogramme über die drei RGB-Kanäle des Echtfarbenbildes. Sie können dazu verwendet werden, die Farbanteile eines Echtfarbenbildes zu optimieren. Alternativ dazu kann man das Histogramm eines mehrkanaligen Bildes auch in einem mehrdimensionalen Koordinatensystem auftragen und die Häufigkeiten beispielsweise durch Farben oder Grauwerte codieren. Auf diese Weise können Korrelationen zwischen den einzelnen Kanälen sichtbar gemacht werden.

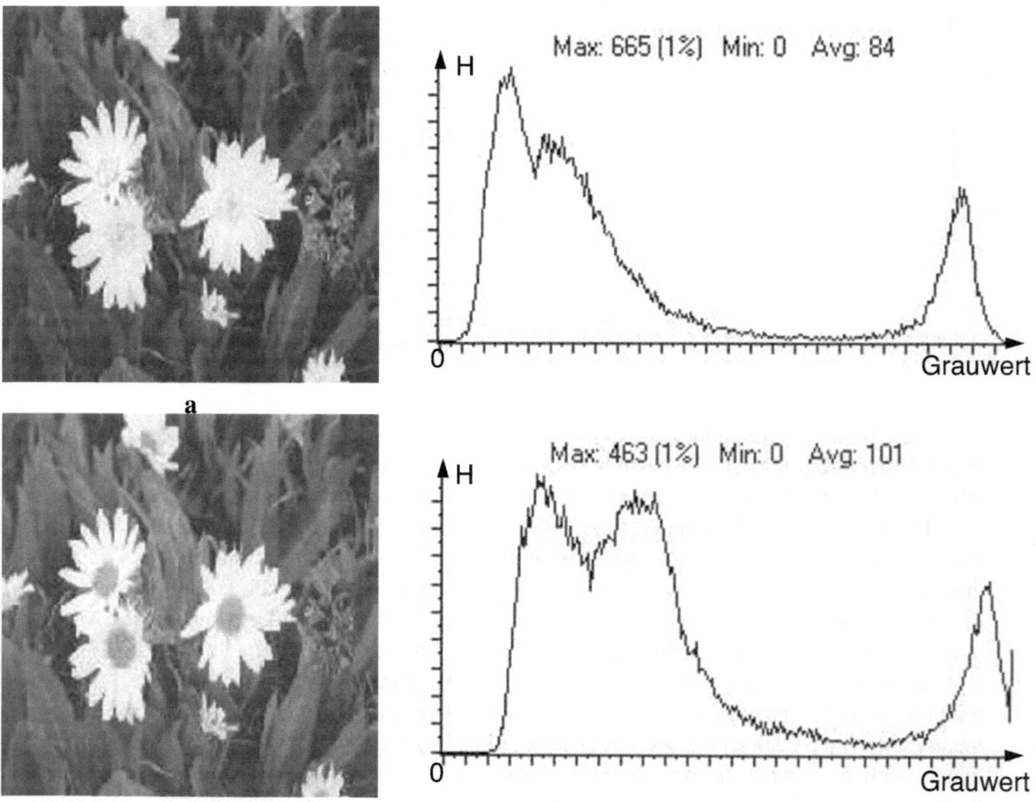

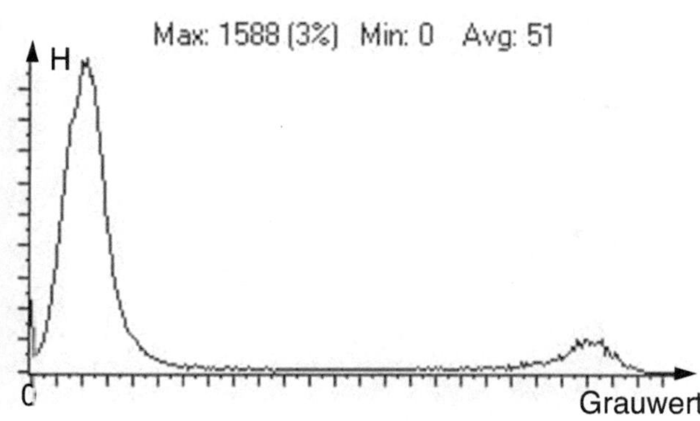

c

Abbildung 5.6: Histogramme eines mehrkanaligen Bildes
a) Rot-, b) Grün- und c) Blauanteil

Last, not least bleibt noch zu sagen, dass ein Grauwerthistogramm natürlich auch über einen beliebigen Unterbereich eines Bildes (eine sog. *Region of Interest (ROI)*) gebildet werden kann, um bestimmte Informationen zu extrahieren. Die Methode der Segmentierung mit adaptiven Schwellen arbeitet zum Beispiel mit Histogrammen über Teilbilder.

5.2   Grauwertprofile

Grauwertprofile stellen Grauwerte oder Grauwertsummen in Abhängigkeit des *Ortes* dar. Sie sollten nicht mit dem Histogramm verwechselt werden.

5.2.1   Das Linienprofil

Eine der einfachsten Aussagen über ein Bild erhält man, wenn man die Grauwerte entlang einer beliebigen Linie, beispielsweise einer Bildzeile oder einer Bildspalte betrachtet. Trägt man die Grauwerte einer Linie gegen die zugehörige Ortskoordinate auf, so erhält man eine Funktion $g_l(x)$, das sogenannte *Linienprofil*. In Abb. 5.7 ist die Funktion $g_l(x)$ direkt ins Bild eingezeichnet, zusammen mit der Linie, über die das Profil gebildet wurde. Ganz deutlich sind die Grauwertunterschiede der grünen und der Blütenblätter zu erkennen.

Beispiel 5.1

Aus dem Linienprofil kann man die Steilheit von Objektkanten erkennen. Sie ist ein Maß für die Fokussierung eines Bildes. Je besser ein Bild fokussiert ist, desto größer sind die Unterschiede benachbarter Grauwerte zwischen Objekten und Hintergrund, desto steiler also die Objektkanten im Linienprofil. Dies macht ein Vergleich zwischen Abb. 5.7a) und Abb. 5.7b) deutlich. In der Praxis

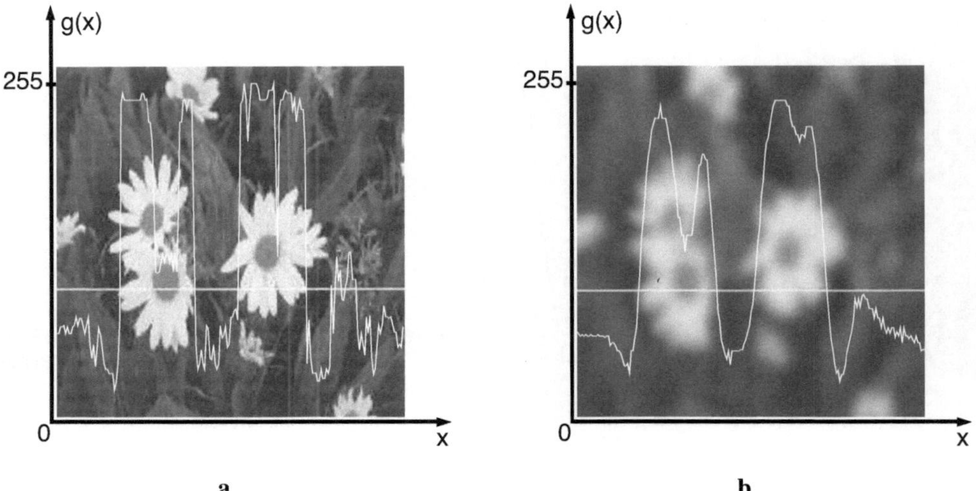

Abbildung 5.7: Das Linienprofil
a) eines gut fokussierten Bildes, b) eines schlecht fokussierten Bildes

bestimmt man die Fokussierung allerdings nicht aus dem Linienprofil direkt, sondern man betrachtet die Ableitung $g_l'(x)$ von $g_l(x)$. Je höher die Steigung der Funktion an den Kanten, desto größer ist der Betrag ihrer Ableitung. Summiert man über alle diese Beträge auf, so wird dieser Wert bei der optimalen Fokussierung maximal.

5.2.2 Das integrierte Zeilen- und Spaltenprofil

Das integrierte Zeilen- bzw. Spaltenprofil ist eine Variation der Linienprofile. Es wird über eine rechteckige Region of Interest berechnet. Das integrierte Zeilenprofil ist eine Funktion $g_{\text{ilp}}(x)$, die für jeden Ort auf der Zeile die Grauwerte der jeweiligen Spalte addiert und als Funktionswert darstellt. Analog ist das integrierte Spaltenprofil eine Funktion $g_{\text{icp}}(x)$, die für jeden Ort auf der Spalte die Grauwerte der jeweiligen Zeile addiert und als Funktionswert darstellt. Auf diese Weise kann man Objekte, insbesondere Drucke, auf Beschädigungen hin untersuchen (abgebrochene Stücke, fehlende Teile etc.).

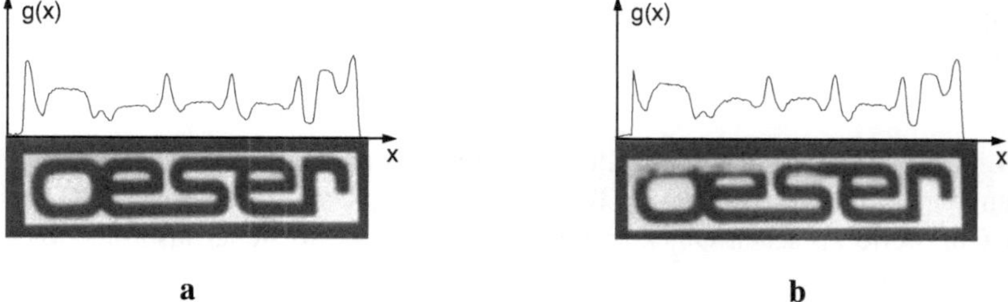

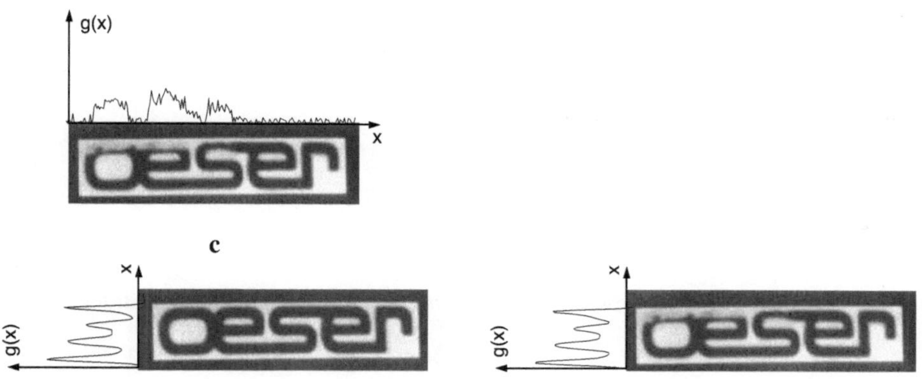

Abbildung 5.8: Erkennen eines beschädigten Druckes durch das integrierte Zeilen- und Spaltenprofil a) Integriertes Zeilenprofil eines unbeschädigten Druckes, b) Integriertes Zeilenprofil eines beschädigten Druckes, c) Differenzen zwischen a) und b) ergeben das Differenzprofil (vergrößert), d) Integriertes Zeilenprofil eines unbeschädigten Druckes, e) Integriertes Zeilenprofil eines beschädigten Druckes

Beispiel 5.2

Subtrahiert man das integrierte Zeilenprofil eines beschädigten Druckes von dem eines Referenzdruckes, so erhält man die Differenz der Zeilenprofile. Addiert man diese Werte auf, so ergibt sich ein Parameter, der sehr klein ist, wenn ein Druck unbeschädigt ist und mit zunehmender Beschädigung ansteigt. Analog wird mit dem Integrierten Spaltenprofil verfahren. Die beiden Parameter zusammen stellen in diesem Fall einen Indikator für die Druckqualität dar (Abb. 5.8).

5.3 Die Momente einer Grauwertverteilung

Das Konzept der Momente kommt aus der Mechanik bzw. aus der Statistik, kann aber ohne Probleme auf Bilder übertragen werden.

5.3.1 Eindimensionale Verteilungen

Zur Erläuterung der Theorie sollen zuerst eindimensionale Verteilungen betrachtet werden. Anschließend kann das Konzept leicht auf mehrdimensionale Verteilungen und Bilder erweitert werden. Abb. 5.9 zeigt eine (gewichtslose) Linie mit Gewichten verschiedener Masse. Die Frage nach dem Schwerpunkt der Gewichtsverteilung ist identisch mit der Frage nach dem Punkt, in dem die Linie unterstützt werden muss, um das Gleichgewicht herzustellen. Er berechnet sich aus der Gleichung

$$x_s = \frac{1}{\sum\limits_{k=1}^{5} m_k} \sum_{k=1}^{5} m_k x_k$$

$$= \frac{1}{15}(1\cdot2 + 3\cdot4 + 4\cdot1 + 5\cdot3 + 7\cdot5)$$

$$= 4.53$$

Ist nun f(x) eine kontinuierliche Gewichtsverteilung, so nennt man analog den Ausdruck

$$x_s = \frac{1}{\int\limits_a^b f(x)dx} \int_a^b x \cdot f(x)\,\mathrm{dx} \tag{5.1}$$

den *Schwerpunkt der Gewichtsverteilung f(x)*. Unter dem Bruchstrich steht die Summe aller Gewichte.

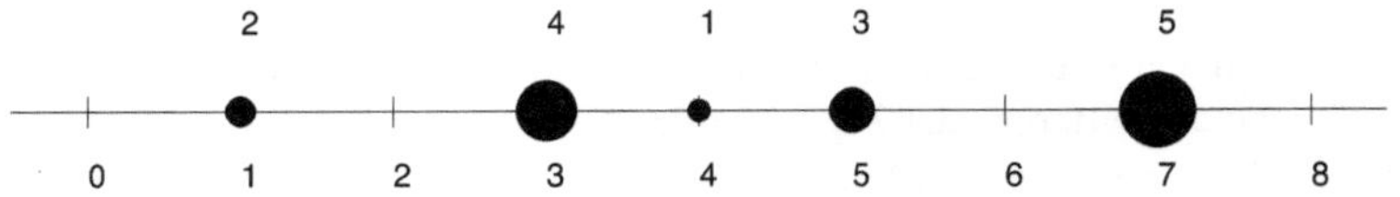

Abbildung 5.9: Linie mit eindimensionaler Gewichtsverteilung

Beispiel 5.3
In der Statistik nennt man den formal gleichen mathematischen Sachverhalt den *Erwartungswert*. Sei $h(x)$ die Wahrscheinlichkeit, dass ein Ereignis (z.B. eine Roulettkugel) den Wert x ($a \leq x \leq b$) annimmt (beispielsweise auf die Zahl 23 fällt) so wird der Ausdruck

$$x_s = \frac{1}{\int\limits_a^b h(x)dx} \int_a^b x \cdot h(x)\,\mathrm{dx}$$

Erwartungswert genannt. Im Falle einer diskreten Verteilung wird das Integral durch das Summenzeichen ersetzt.

Beispiel 5.4
In der Bildverarbeitung kann man den Schwerpunkt bzw. den Erwartungswert eines Histogramms berechnen:

$$x_s = \frac{1}{\sum\limits_{k=0}^{255} h_k} \sum_{k=0}^{255} k \cdot h_k$$

mit:

h_k: Häufigkeit des k-ten Grauwerts, Wert des Histogramms an der Stelle k

Beispiel 5.5

Analog erhält man aber auch den Schwerpunkt einer Bildzeile:

$$x_s = \frac{1}{\sum\limits_{x=0}^{N} g_x} \sum_{x=0}^{N} x \cdot g_x$$

mit:

g_x: Grauwert an der Stellex
$N + 1$: Länge der entsprechenden Bildzeile

Der Erwartungswert eines Histogramms ist zugleich der Mittelwert des zugehörigen Bildes und gibt an, ob es sich eher um ein helles oder um ein dunkles Bild handelt. Er ist ein erster Indikator für über- oder Unterbelichtung (vgl. Abb. 5.5).

Nachdem der Schwerpunkt x_s nun bekannt ist, berechnet man alle weiteren statistischen Größen in einem Koordinatensystem, dessen Nullpunkt im Schwerpunkt liegt. Die wichtigsten Größen sind die *Mittlere quadratische Abweichung (Varianz)*,

$$\sigma^2 = \frac{1}{\int\limits_{a}^{b} f(x)dx} \int_{a}^{b} (x - x_s)^2 \cdot f(x)\, \mathrm{dx} \tag{5.2}$$

Schiefe (Skewness), die den Grad der Asymmetrie angibt

$$s = \frac{1}{\sigma^3} \int_{a}^{b} (x - x_s)^3 \cdot f(x)\, \mathrm{dx} \tag{5.3}$$

und der *Exzess (Kurtosis)*, der anzeigt, wie weit eine Verteilung von der Gaußschen Normalverteilung abweicht.

$$e = \frac{1}{\sigma^4} \int_{a}^{b} (x - x_s)^4 \cdot f(x)\, \mathrm{dx} \tag{5.4}$$

Bei diskreten Verteilungen gehen natürlich alle Integrale wieder in Summen über.

Beispiel 5.6

In Abb. 5.9 ist $\sigma^2 = 4.38$, $s = -2.98$ und $e = 27.03$.

5.3.2 Zweidimensionale Verteilungen

Bilder sind jedoch in der Regel zweidimensionale Gebilde, und so sollten die statistischen Größen auf zwei Dimensionen erweitert werden, was keine große Schwierigkeit darstellt. Beispielsweise sind

$$x_s = \frac{1}{\int\limits_a^b \int\limits_c^d f(x,y)dxdy} \int\limits_a^b \int\limits_c^d x \cdot f(x,y)dxdy \tag{5.5}$$

$$y_s = \frac{1}{\int\limits_a^b \int\limits_c^d f(x,y)dxdy} \int\limits_a^b \int\limits_c^d y \cdot f(x,y)dxdy$$

die Koordinaten des Schwerpunktes einer zweidimensionalen Verteilung.

Im diskreten Fall gehen die Integrale wieder in die Summen über, und speziell in der Bildverarbeitung ist

$$x_s = \frac{1}{\sum\limits_{x=0}^{N} \sum\limits_{y=0}^{M} g(x,y)} \sum\limits_{x=0}^{M} \sum\limits_{y=0}^{N} x \cdot g(x,y)$$

$$y_s = \frac{1}{\sum\limits_{x=0}^{N} \sum\limits_{y=0}^{M} g(x,y)} \sum\limits_{x=0}^{M} \sum\limits_{y=0}^{N} y \cdot g(x,y)$$

mit:

$M+1, N+1$: Länge und Breite des Bildes oder eines Bildbereiches (*Region of Interest*)

$g(x,y)$: Grauwert an der Stelle(x,y)

der Schwerpunkt eines Grauwertbildes. Befindet sich im Bild(bereich) nach einer Segmentierung nur ein einziges Objekt, so wird durch die beiden Gleichungen der Schwerpunkt dieses Objekts berechnet.

Es ist jedoch nicht üblich, Varianz, Schiefe und Exzess in zwei oder mehr Dimensionen auszudrücken, sondern es erfolgt eine Verallgemeinerung in die Theorie der *Momente*.

5.3.3 Die zentralen Momente eines Objekts

Das m_{ik}-te Moment einer Verteilung ist definiert durch die Gleichung

$$m_{ik} = \int\limits_{-\infty}^{\infty} \int\limits_{-\infty}^{\infty} x^i y^k \cdot f(x,y)\,\mathrm{d}x\,\mathrm{d}y \tag{5.6}$$

bzw. durch

$$m_{ik} = \sum\limits_{x=0}^{M} \sum\limits_{y=0}^{N} x^i y^k \cdot g(x,y) \tag{5.7}$$

bei einer diskreten Grauwertverteilung, beispielsweise einem Bild. Speziell ist m_{00} die Summe über alle Grauwerte eines Bildes und $(x_s, y_s) = \left(\dfrac{m_{10}}{m_{00}}, \dfrac{m_{01}}{m_{00}} \right)$ der Schwerpunkt des Bildes.

Varianz, Schiefe und Exzess sowie andere statistische Größen sind charakteristisch für eine gegebene Grauwertverteilung. Sie dürfen daher nicht davon abhängen, an welcher Stelle im Bild die Grauwertverteilung liegt. Man berechnet deshalb solche Größen immer in einem Koordinatensystem, dessen Ursprung im Schwerpunkt (x_s, y_s) der Verteilung liegt. Der Übergang in dieses Koordinatensystem geschieht durch die Transformation

$$x \rightarrow \qquad x - x_s$$
$$y \rightarrow \qquad y - y_s$$

und man erhält die sog. *zentralen Momente*:

$$\mu_{ik} = \int\limits_{-\infty}^{\infty} \int\limits_{-\infty}^{\infty} (x - x_s)^i (y - y_s)^k \cdot f(x,y) \, \mathrm{d}x \, \mathrm{d}y \qquad (5.8)$$

bzw. in

$$\mu_{ik} = \sum_{x=0}^{M} \sum_{y=0}^{N} (x - x_s)^i (y - y_s)^k \cdot g(x,y) \qquad (5.9)$$

Die Summe $i + k$ wird die Ordnung eines Moments genannt. Prinzipiell können zu einer Verteilung Momente beliebig hoher Ordnung berechnet werden. Nimmt man zum Beispiel die Grauwertverteilung eines fotografierten Objektes, so charakterisieren sie dieses Objekt.

Beispiel 5.7
Abb. 5.10 zeigt die zentralen Momente eines Objekts bis zur Ordnung 3.

								5	6					
								4	5	4				
								5	5					
								5	6	5				
								6	7	6	5			
								7	8	7	8	7	6	6
				9	5	6	3	4	5	4	3	2	3	
			4	3	4	5	4	3	4	8	9	8		
		2	1	4	5	7	8	9	7	5	3			
		5	4	5	4	3								
		1	8	9	1									
			7	3	2									
				2	3		4							
					8	9								

0. Moment	00			
m	348			
μ	348			
1. Momente	10	01		
m	2682	2646		
μ	0	0		
2. Momente	20	11	02	
m	23796	18721	23368	
μ	3126.1	-1671.4	3249.3	
3. Momente	30	21	12	03
m	231492	157471	152279	227334
μ	-86.4	2302.7	-2398.2	245.2

Abbildung 5.10: Ein Bild und seine Momente m_{ik} sowie seine zentralen Momoente μ_{ik}

Zentrale Momente spielen auf dem Gebiet der Objekterkennung eine wichtige Rolle. Eine bestimmte Kombination bildet nämlich einen idealen Satz von Parametern, durch den es möglich ist, Gegenstände voneinander zu unterscheiden (z.B. Buchstaben, Ziffern, Werkteile usw.).

5.4   Bildrauschen

Wenn sich Rauschen schon nicht vermeiden läßt, so hätte man doch gerne, dass es sich "manierlich" benimmt. Das heißt

1. Rauschen sollte signalunabhängig sein
2. Rauschen sollte durch eine Gaußfunktion beschreibbar sein
3. Rauschen sollte additiv sein

In allen Fällen, in denen das nicht so ist, versucht man durch physikalische Vorkehrungen, den Einfluss einer bestimmten Rauschquelle zu unterdrücken. In den meisten Fällen gelingt dies auch, weil die Lichtintensitäten groß genug sind für ein brauchbares Signal-zu-Rauschverhältnis. Besonders zu kämpfen haben jedoch die Astronomen [3], weshalb man auch die besten Beiträge zum Thema Rauschen und Rauschbekämpfung auf ihren Internetseiten findet.

Ein Maß für das Rauschen ist das Signal-zu-Rauschverhältnis SNR. Für ein Intensitäts-Signal wird es in der Signalverarbeitung definiert als:

$$SNR = 10 \cdot \lg \frac{I_{\text{Signal}}}{I_{\text{Rauschen}}} \text{ dB} \tag{5.10}$$

mit:

SNR: Signal-zu-Rausch-Verhältnis
I_{Signal}:   Signalintensität
I_{Rauschen}:   Rauschintensität
σ: Standardabweichung

In der Bildverarbeitung wird das Signal-zu-Rauschverhältnis eines Bildes definiert als Verhältnis des mittleren Grauwertes g_μ zur Standardabweichung σ.

$$SNR = 10 \cdot \lg \frac{g_\mu}{\sigma} \text{ dB} \tag{5.11}$$

mit:

SNR: Signal-zu-Rausch-Verhältnis
g_μ: Mittlerer Grauwert
σ: Standardabweichung

Rauschen kann unter verschiedenen Gesichtspunkten betrachtet werden:

- danach, ob es additiv ist oder nicht
  Liegt additives Rauschen vor, so ist die Beschreibung einfach: Dann ist das Bild die Summe des idealen Bildes und des Rauschens.

$$g(x,y) = f(x,y) + n(x,y) \tag{5.12}$$

mit:

$g(x,y)$: reales Bild
$f(x,y)$: ideales Bild
$n(x,y)$: Rauschbild

und der Prozess ist linear. Alle nichtadditiven Rauschphänomene sind mathematisch weitaus komplizierter. Man versucht deshalb immer, solche Rauschquellen auszuschließen oder vergleichsweise so gering zu halten, dass ein lineares Rauschmodell zugrundegelegt werden kann.

- danach, ob Rauschen in einem Pixel des Kamerachips ein anderes in Mitleidenschaft zieht oder nicht (*korreliertes oder unkorreliertes Rauschen*)

Das kann man durch Aufstellen der *Kovarianzmatrix* des Fehlerbildes feststellen. Dazu nimmt man an, dass ein Bild mehrere Male aufgenommen und ein gemitteltes Bild $\bar{g}(x,y)$ berechnet wurde, ähnlich wie es in Abschnitt 7.1 beschrieben wird. Daraus kann man für jedes Bild $g_i(x,y)$ das zugehörige Fehlerbild

$$\tilde{g}(x,y) = g_i(x,y) - \bar{g}(x,y) \tag{5.13}$$

berechnen. Nun stelle man sich vor, dass alle Bildzeilen des Fehlerbildes $\tilde{g}(x,y)$ hintereinander liegen, so dass daraus ein eindimensionaler Vektor $\vec{g}$ entsteht. Die Multiplikation von $\vec{g}$ mit dem zugehörigen transponierten Vektor $\vec{g}^T$ ergibt die Kovaranzmatrix:

$$Cov_{ik} = \vec{g} \cdot \vec{g}^T \tag{5.14}$$

Verschwinden nun in Cov_{ik} alle Elemente außerhalb der Hauptdiagonalen, so handelt es sich um nichtkorreliertes Rauschen, andernfalls um korreliertes Rauschen.

- nach den Verteilungsparametern μ (Mittelwert) und σ^2 (Varianz)
- nach der Verteilungsfunktion

  - Die Häufigkeitsverteilung von additivem Rauschen ist eine Gaußfunktion mit 0 als Mittelwert, deren Breite durch die *Varianz* σ^2 bzw durch die *Standardabweichung* σ beschrieben wird:

$$G(x) = \frac{1}{\sqrt{2\pi}\sigma} e^{-\frac{(x-\mu)^2}{2\sigma^2}} \tag{5.15}$$

  mit:

  μ: Mittelwert

  σ: Standardabweichung

  Charakteristisch für die Gaußfunktion ist, dass ihre beiden Parameter μ und σ unabhängig voneinander sind und weder vom Gesamtumfang der Messung noch vom Anteil des Rauschens an der Gesamtmessung abhängen. Das Signal-zu-Rauschverhältnis ist durch Gl. (5.10) bzw. Gl. (5.11) gegeben.

  Meist ist additives Rauschen gleichmäßig über alle Frequenzen verteilt (*weißes Rauschen*), wohingegen bei einem idealen Bild niedrigere Frequenzen dominieren. Enthält es zusätzlich selbst noch hohe Frequenzen, so sind die in der Regel nicht sehr hoch besetzt und werden durch das Rauschen stark verfälscht.

  - Anders ist es bei der Poissonverteilung . Sie hat die Gleichung

$$P(k) = \frac{(np)^k}{k!} \cdot e^{-np} \tag{5.16}$$

  mit:

  p: Umfang der gesamten Messung

  n: Anteil des Rauschens an der gesamten Messung

Voraussetzung für die Poissonverteilung ist, dass die Anzahl der Rauschphotonen an der gesamten Messung sehr klein ist. Für den Mittelwert kann man berechnen: $\mu = np$, und die Standardabweichung einer Poissonverteilung ist die Wurzel des Mittelwertes: $\sigma = \sqrt{np}$ μ und σ sind also nicht unabhängig voneinander, sondern es ist $\sigma = \sqrt{\mu}$ und beide Parameter sind abhängig vom Umfang der gesamten Messung und von Anteil der Rauschens an der gesamten Messung. Für das Signal-zu-Rauschverhältnis gilt:

$$
\begin{aligned}
SNR &= 10 \cdot \lg \frac{\mu}{\sigma} \\
&= 10 \cdot \lg \frac{\mu}{\sqrt{\mu}} \\
&= 10 \cdot \lg \sqrt{\mu} \\
&= 5 \cdot \lg \mu
\end{aligned}
\tag{5.17}
$$

Das Signal-zu-Rauschverhältnis ist also bei einer Poisson-Verteilung vom Mittelwert μ abhängig.

Rauschen im Kamerachip muss sich jedoch nicht durch eine der beiden Verteilungsfunktionen beschreiben lassen. Besonders unangenehm ist es, wenn die Verteilungsfunktion überhaupt nicht bekannt ist. Dies ist beispielsweise dann der Fall, wenn die Oberflächenunebenheiten einer lichtstreuenden Fläche in der Größenordnung der Wellenlänge liegen, so dass sie Lichtinterferenzen erzeugt. Diese Störung äußert sich in Flecken (*engl. Speckles*) auf dem Bild und ist ein nichtlineares Phänomen.

- nach der Rauschursache

Photonenrauschen hat seine Ursache in der Quantennatur des Lichts. Die Anzahl der Photonen, die während der Belichtungszeit T auf die lichtempfindliche Fläche eines Pixels trifft, ist selbst bei gleicher Helligkeit niemals gleich. Bei niederen Lichtintensitäten ist der Effekt besonders einschneidend, und man kann nachweisen, dass die Verteilung durch eine Poisson-Verteilung beschrieben werden kann. Die drei Standardannahmen für das Rauschen gelten für das Photonenrauschen also nicht:

- Photonenrauschen ist nicht signalunabhängig (die Standardabweichung ist eine Funktion des Mittelwertes)
- Die Häufigkeitverteilung des Photonenrauschens ist keine Gaußfunktion
- Das Photonenrauschen ist nicht additiv.

Glücklicherweise kann man aber das Photonenrauschen vernachlässigen, wenn der Sensor ein relativ hohes Sättigungsniveau hat. Die Abhilfe bei Photonenrauschen sind also höhere Lichtintensitäten. Wo diese nicht zur Verfügung stehen, wie in der Astronomie, hilft man sich mit höheren Integrationszeiten. Dann nimmt das Thermische Rauschen überhand. Dies ist jedoch ein lineares Phänomen und kann mathematisch leichter gehandhabt bzw. durch Vorkehrungen reduziert werden.

Thermisches Rauschen resultiert aus der thermischen Energie der Elektronen im Halbleitermaterial. Gelangen diese durch thermische Bewegungen in das Leitungsband, so werden sie genauso ausgelesen wie Elektronen, die durch Umsetzen der Photonenenergie ins Leitungsband gelangt sind. Sie repräsentieren jedoch keine Lichtintensitäten.

Genaugenommen ist thermisches Rauschen die Überlagerung zweier Phänomene:

1. das Auftreten des Dunkelstroms, der eigentlich kein Rauschsignal ist, sondern ein Intensitätssignal, das direkt proportional zur Umgebungstemperatur ist,
2. und das Rauschen des Dunkelstroms, dessen Breite σ von der Integrationszeit, aber nicht von der Intensität des Dunkelstroms abhängt.

Die Wahrscheinlichkeitsverteilung thermischer Elektronen ist also eine Gaußverteilung. Physikalisch hilft man sich durch die Kühlung der Kamera. Bei Infrarot-Kameras ist eine Peltierkühlung serienmäßig vorgesehen. Aber auch Kameras, die mit sichtbarem Licht arbeiten, benötigen für längere Belichtungszeiten, z.B. in der Astronomie eine Kühlung. Sie werden in der Regel auf -80 Grad Celsius heruntergekühlt.

Ausleserauschen tritt auf, weil der Kondensator des FET-Transistors, welcher die Ladung eines Pixels aufintegriert und in eine Spannung umsetzt, nicht vollkommen entladen wird. Die Anzahl der auf dem Kondensator verbleibenden Elektronen liegt bei etwa 40 - 80. Dadurch wird bei der darauffolgenden Integration der Spannungswert verfälscht, was bei sehr niedrigen Intensitäten störend sein kann. Bei Anwendungen in der Astronomie hilft man sich durch zweifaches korreliertes Auslesen, d.h. die am Kondensator anliegende Spannung wird einmal vor der Integration der Ladungen und einmal nach der Integration abgegriffen (*Double Correlated Sampling*). Die Differenz der beiden Signale ist dann direkt proportional zu den aufintegrierten Ladungen.

Verstärkerrauschen Das Standardmodell dieser Art von Rauschen ist additiv mit Gaußscher Verteilung und signalunabhängig. In modernen elektronischen Schaltkreisen ist das Verstärkerrauschen in der Regel vernachlässigbar, es sei denn, es handelt sich um eine Echtfarbkamera, bei welcher der blaue Kanal mehr als die beiden anderen Kanäle verstärkt wird, was dort zu erhöhtem Rauschen führt.

Quantisierungsrauschen ist der Preis, der für die Digitalisierung gezahlt werden muss. Wenn der ADC im Video-Eingangsteil oder in der Aufnahmeapparatur die aufintegrierte Ladung digitalisiert, so wird das analoge Signal I_0 in Schritte abgestuft. Dabei gehen alle Signalschwankungen innerhalb einer Quantisierungsstufe verloren. Bei einer Quantisierung mit 8 Bit kann maximal $I_0/256$ aufgelöst werden, der Fehler ist also maximal $I_0/512$. Dies ist wieder eine Gaußverteilung um den Mittelwert $\mu = I_0$. Nimmt man an, dass dieser maximale Fehler $1/512 I_0$ etwa bei 3σ liegt, so erhält man:

$$\mu = I_0$$
$$\sigma = \frac{I_0}{3 \cdot 512}$$
$$SNR = 10 \cdot \lg \frac{\mu}{\sigma}$$
$$= 10 \cdot \lg \frac{I_0}{I_0/3 \cdot 512}$$
$$\approx 63 \text{ dB} \tag{5.18}$$

Rauschen durch Inhomogenitäten des Kamerachip spielt eine relativ kleine Rolle. Die Empfindlichkeit benachbarter Pixel moderner Kamerachips unterscheiden sich um weniger als 1%, und über den ganzen Chip hinweg variiert die Abweichung um weniger als 10%. Für normale Bilder ist dieser Einfluss weitgehend vernachlässigbar. In der Astronomie jedoch, wo noch Signale von sehr schwachen Galaxien aufgenommen werden müssen, hilft man sich durch Normierungsbilder (*flat field frames*). Es wird ein Bild einer Fläche mit homogener Helligkeit aufgenommen. Dieses Bild enthält dann nur die Inhomogenitäten des Kamerachips und wird von den anderen Bildern subtrahiert.

Zusammenfassend kann man sagen, dass alle Rauschprobleme nur bei kleinen Lichtintensitäten eine Rolle spielen. Dies ist hauptsächlich in der Astronomie der Fall [3].

5.5 Zusammenfassung

Obwohl statistische Größen eher abstrakte Aussagen über Bildinhalte machen, enthalten sie eine ganze Menge Information.

- Das Histogramm macht Aussagen über die Beleuchtung und den Kontrast und kann zur Segmentierung eingesetzt werden.
- Das Linienprofil kann kleine Grauwertunterschiede aufzeigen, die wiederum ein Maß für die Fokussierung sein können.
- Das integrierte Zeilen- oder Spaltenprofil kann kleine Beschädigungen eines Objekts detektieren
- Die zentralen Momente werden sind wichtige Parameter zur Beschreibung von Objekten .
- Die Ursachen des Bildrauschens müssen vor allem bei niederen Lichtintensitäten einer sehr genauen Untersuchung unterzogen werden. Es muss versucht werden, das Rauschen durch physikalische Vorkehrungen zu eliminieren bzw. aus den Bildern zu entfernen.

5.6 Aufgaben zu Abschnitt 5

Aufgabe 5.1

a) In Abb. 5.11 sind zwei Buchstaben abgebildet. Berechnen Sie die beiden Parameter κ_1 und κ_2.

b) In Abb. 5.12 sind die beiden Buchstaben verschoben. Berechnen Sie wieder die beiden Parameter κ_1 und κ_2. Sind sie translationsinvariant?

c) In Abb. 5.13 sind die beiden Buchstaben um 90° bzw. -90° gedreht. Berechnen Sie wieder die beiden Parameter κ_1 und κ_2. Sind sie rotationsinvariant bei Drehung um $\pm 90^o$?

Hinweise:

- Die schwarzen Pixel sind Objektpixel und haben den Grauwert 1, die weißen Pixel sind Pixel des Hintergrunds und haben den Grauwert 0

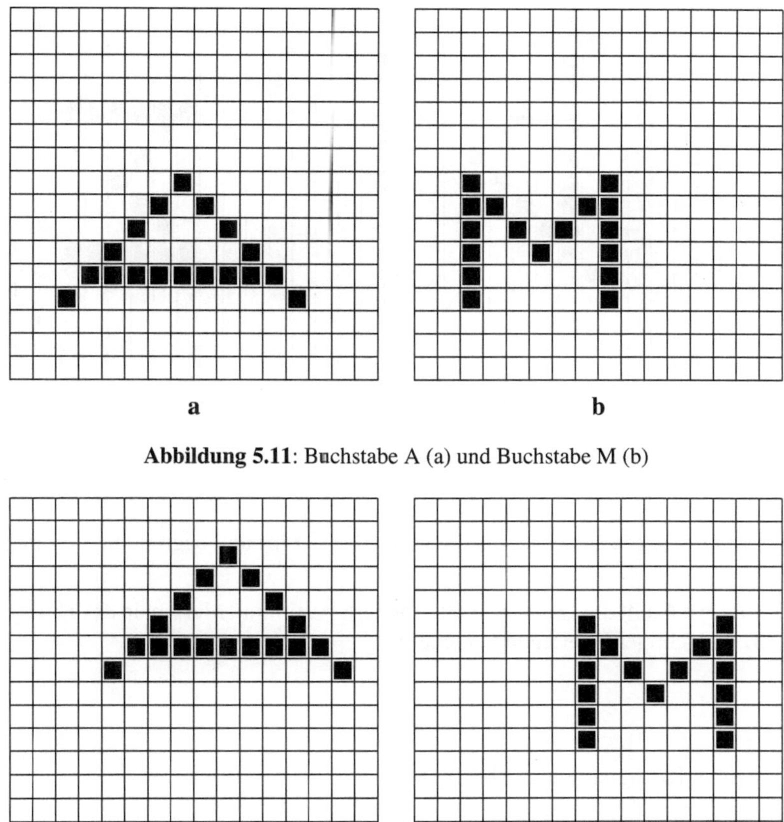

Abbildung 5.11: Buchstabe A (a) und Buchstabe M (b)

Abbildung 5.12: Buchstabe A (a) und Buchstabe M (b)

- Sie erleichtern sich die Arbeit etwas, wenn Sie dafür Excel verwenden.
- Bitte reichen Sie alle Zwischenergebnisse der Momente m_{ik} und der zentralen Momente μ_{ik} mit ein.

Aufgabe 5.2

Die Abbildungen 5.14a) und 5.14b) zeigen das Histogramm eines Bildes. Wie verändert sich das Histogramm, wenn

a) die beiden höchstwertigen Bitebenen (d.h. die beiden MSBs eines jeden Pixels) zu Null gesetzt werden? Skizzieren Sie das Ergebnis direkt in Abb. 5.14a) und begründen Sie Ihre Meinung.

b) die beiden niedrigstwertigen Bitebenen (d.h. die beiden LSBs eines jeden Pixels) zu Null gesetzt

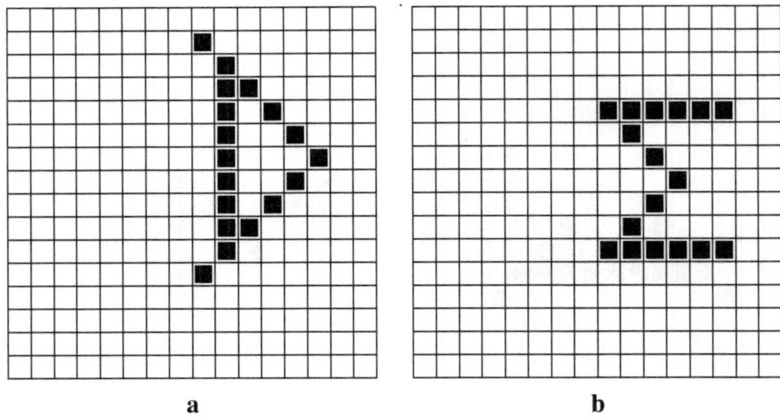

a   b

Abbildung 5.13: Buchstabe A (a) und Buchstabe M (b)

werden? Skizzieren Sie das Ergebnis direkt in Abb. 5.14b) und begründen Sie Ihre Meinung.

Hinweis zu a) und b): Nicht die genauen Werte sondern bestimmte Merkmale des Histogramms sind wichtig, die sich bei richtiger Überlegung ergeben!

Aufgabe 5.3

Gegeben sind die drei Histogramme in Abb. 5.15.

a) Beschreiben Sie ein 8-Bit Grauwertbild, welches das erste Histogramm a) besitzt.

b) Bestimmen Sie ein 24-Bit Farbbild, dessen RGB-Farb-Histogramme mit den Histogrammen Abb. 5.15a), b) und c) übereinstimmen[1],

   so dass das Bild

     1. nur zwei verschiedene Farben besitzt
     2. acht verschiedene Farben besitzt.

Hinweis: Die Länge einer Seite der Bilder sei 100 Pixel. Es können mehrere Lösungen möglich sein, Sie brauchen jedoch jeweils nur eine zu nennen.

Aufgabe 5.4

Die Bildmatrix in Abb. 5.16 sei ein Binärbild mit dem Grauwert 1 in den schwarzen Feldern und dem Grauwert 0 sonst.

a) Berechnen Sie den Schwerpunkt des Objekts und zeichnen Sie ihn in Abb. 5.16 ein.

---

[1]a): Histogramm der R-Komponente, b): Histogramm der G-Komponente, c): Histogramm der B-Komponente

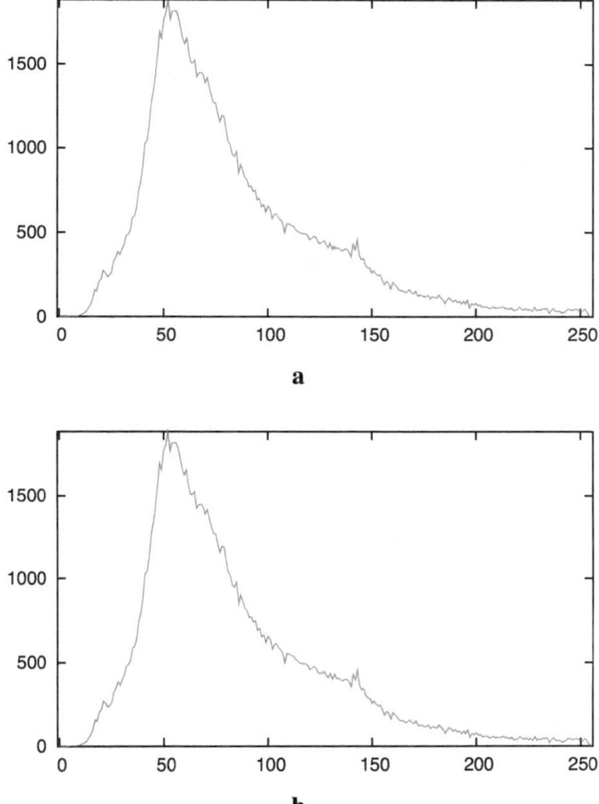

Abbildung 5.14: Histogramm eines Bildes und Vorlagen für Aufgabenteile a) und b) von Aufgabe 2

b) Der Schwerpunkt kann als Ursprung eines im Objekt liegenden Koordinatensystems gesehen werden. Wenn wir aber das Koordinatensystem vollständig haben wollen, brauchen wir noch zwei Achsen. Man könnte also durch den Schwerpunkt eine horizontale und eine vertikale Achse ziehen. Allerdings sind diese Achsen nicht rotationsinvariant: wenn das Objekt um den Schwerpunkt gedreht wird, bleiben sie horizontal und vertikal. Aus der Mechanik kennen wir Achsen, die durch das Objekt definiert werden: die Trägheitsachsen. Um diese zu erhalten, muss man also das durch den Schwerpunkt verlaufende Koordinatensystem noch um den Winkel φ drehen. Die Gleichung des Winkels, um welchen gedreht werden muss, ist

$$\tan(2\varphi) = \frac{2\mu_{11}}{\mu_{20} - \mu_{02}}$$

Berechnen Sie diesen Winkel.

c) Zeichnen Sie die neuen Achsen ebenfalls in Abb. 5.16 ein.

Hinweis: Das Pixel mit den Koordinaten (0,0) liegt in der linken, oberen Ecke.

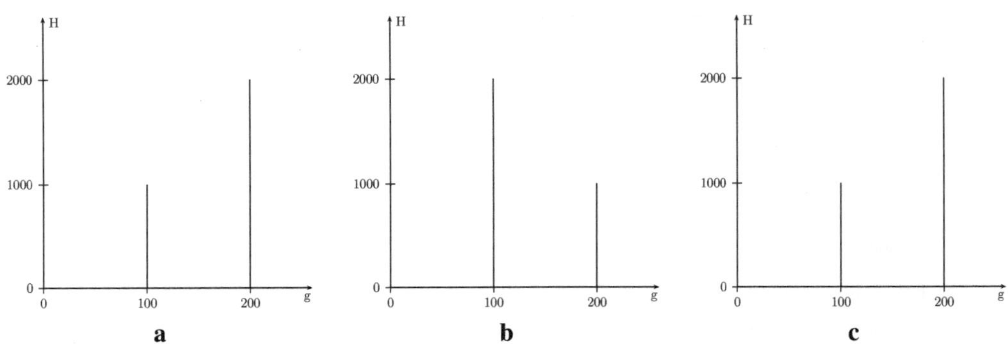

Abbildung 5.15: Drei Histogramme zu Aufgabe 3

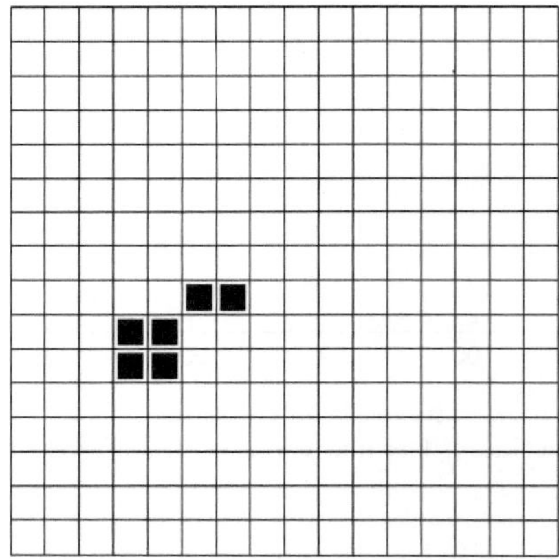

Abbildung 5.16: Zu Aufgabe 4: Wo liegt der Schwerpunkt und die Hauptträgheitsachsen dieses Objekts? (Objektpixel sind schwarz, Pixel des Hintergrunds weiß gekennzeichnet)

6 Unsichtbares wird sichtbar

Abb. 1.3 Seite 7 zeigt ein unlesbares Nummernschild, das durch Methoden der Bildverarbeitung sichtbar gemacht wurde. In Abschnitt 3.2.3.1 Seite 47 wurden zudem Lookup-Tabellen erwähnt, über die Grauwertbilder über Falschfarben bunt dargestellt werden können Von beiden Anwendungen wird bei diesem Thema die Rede sein. Grauwerte können über sog. *Skalierungsfunktionen* verändert werden. Darunter versteht man Funktionen, welche die Grauwerte oder Farben von Bildern oder Bildbereichen (*Regions of interest*) nach verschiedenen Zielkriterien modifizieren. Operationen dieser Art auf ein Bild werden auch *Punktoperationen* genannt, im Gegensatz zu Filteroperationen die auch die Umgebung eines Bildpunktes in Berechnungen mit einbeziehen. Punktoperationen können

- über die Eingangs-Lookup-Tabelle
- direkt im Grauwertbild
- über die Ausgangs-Lookup- Tabellen

berechnet werden. Im ersten Fall werden die Grauwerte schon bei der Bildaufnahme modifiziert, im zweiten Fall werden die Zahlenwerte einer existierenden Bildmatrix verändert, und im dritten Fall bleiben deren Zahlenwerte erhalten, es ändert sich lediglich das Aussehen des Bildes auf dem Bildschirm.

In den ersten beiden Fällen wird jedem Grauwert g_i aus dem Definitionsbereich (in der Regel die Werte $[0 \dots 255]$) über eine Funktion $f(g_i)$ ein neuer Grauwert g_i' zugewiesen:

$$g_i' = f(g_i) \tag{6.1}$$

mit:

g_i: alter Grauwert

g_i': neuer Grauwert

Im dritten Fall geschieht dies dreimal: jeweils für die Grundfarbe *rot*, *grün* und *blau*:

$$g_{ir}' = f_r(g_i) \tag{6.2}$$
$$g_{ig}' = f_g(g_i)$$
$$g_{ib}' = f_b(g_i)$$

mit:

g_i: alter Grauwert

g_{ir}': Rotkomponente des neuen Grauwertes

g_{ig}': Grünkomponente des neuen Grauwertes

g_{ib}': Blaukomponente des neuen Grauwertes

In allen drei Fällen ist jedoch das Prinzip das gleiche. Wir können also für die folgende Beschreibung Gleichung 6.1 zugrundelegen.

Der Graph der Funktion $g_i' = f(g_i)$ wird *Intensitäts-Transformationskennlinie* oder *Intensitäts-Skalierungskennlinie* genannt. Auf der horizontalen Achse werden die alten, auf der vertikalen Achse die neuen Grauwerte aufgetragen (Abb. 6.1). Grundsätzlich ist der Phantasie bei der Wahl einer für spezifische Aufgaben geeigneten Intensitäts-Skalierungskennlinie keine Grenzen gesetzt. Hier sei nur eine

Auswahl herausgegriffen. Für die folgenden Beispiele sei der zugrundeliegende Definitionsbereich die Grauwertmenge [0 ... 255]. Alle Konstanten sind so gewählt, dass der Wertebereich der jeweiligen Kennlinie ebenfalls die Grauwertmenge [0 ... 255] umfasst. Das Konzept kann aber leicht auf jede beliebige Grauwertmenge im Definitions- und Wertebereich erweitert werden. Dieser Abschnitt

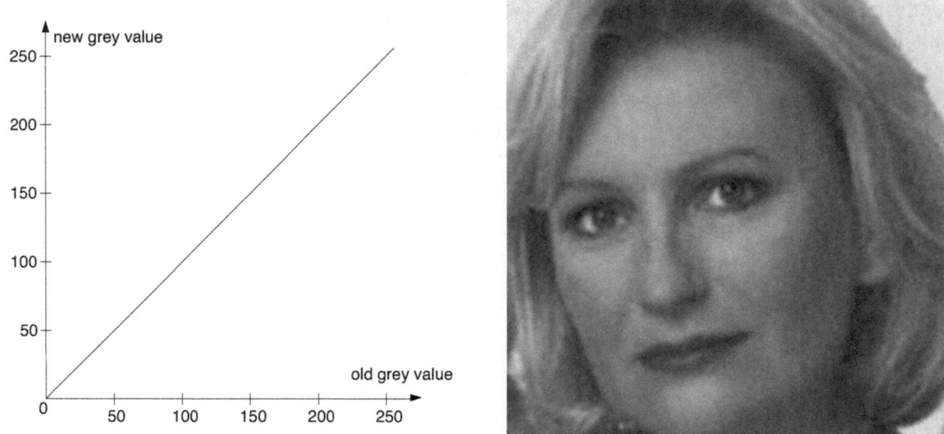

Abbildung 6.1: Intensitäts-Skalierungskennlinie
Auf der horizontalen Achse werden die alten, auf der vertikalen Achse die neuen Grauwerte aufgetragen.

beschäftigt sich mit genau diesen Funktionen und mit Fragen wie: "Wie macht man nicht sichtbare Bildteile sichtbar?", "Wie erhält man aus über- oder unterbelichtetem Bildmaterial trotzdem gute Ergebnisse?", "Wie wird ein Grauwertbild bunt?" Sie benötigen außer der üblichen Mittelstufenmathematik keine besonderen Kenntnisse.

6.1 Lineare Grauwertkorrekturen

Am einfachsten zu realisieren ist eine lineare Korrektur, bei der die Grauwerte über den gesamten Bereich oder abschnittsweise über eine lineare Funktion $g' = a_1 g + a_2$ übertragen werden.

- **Die Invertierung der Grauwerte**:
  Die einfachste lineare Punktoperation ist die Invertierung der Grauwerte. Dabei wird die Reihenfolge der Grauwerte umgekehrt, so dass der Grauwert "weiß" den Wert 0 und "schwarz" den Wert 255 hat (Abb. 6.2). Das Ergebnis hat Ähnlichkeit mit dem Negativ eines Schwarz-Weiß-Fotos.

$$g'_i = 255 - g_i \tag{6.3}$$

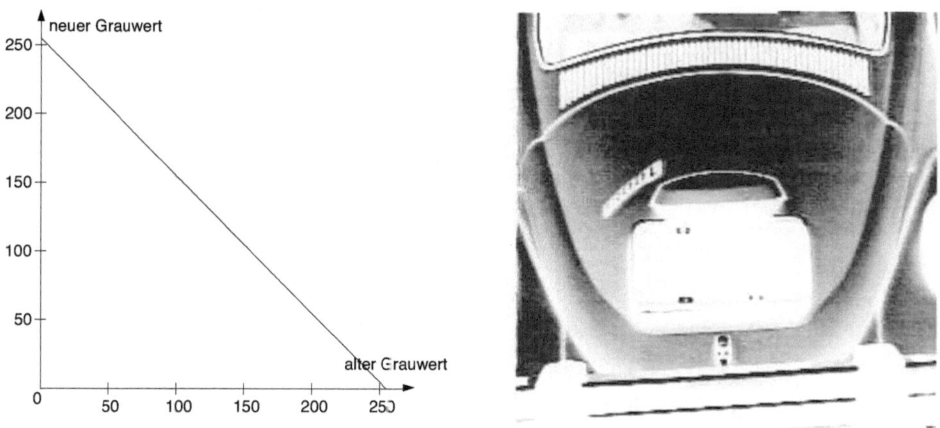

Abbildung 6.2: Invertierung der Grauwerte

- **Clipping**:
  Eine befriedigende Verbesserung kontrastarmer Bilder erreicht man bereits durch einfaches Abschneiden (engl. *to clip*) der gewöhnlich informationsarmen, sehr hellen und sehr dunklen Bereiche und durch Dehnung des mittleren Grauwertbereiches (Abb. 6.3 a).

$$g_i' = \begin{cases} 0 & \text{für } 0 \leq g_i \leq g_0 \\ \dfrac{255}{g_1 - g_0}(g_i - g_0) & \text{für } g_0 < g_i < g_1 \\ 255 & \text{für } g_1 \leq g_i \leq 255 \end{cases} \qquad (6.4)$$

mit:

g_0: Grauwertschwelle

g_1: Grauwertschwelle

Selbstverständlich können auch mehrere Bereiche ausgeblendet und die verbleibenden Bereiche über verschieden große Intervalle gestreckt werden.

- **Die Binarisierung**:
  Ein Spezialfall des Clippings ist die Binarisierung eines Bildes. Ausgehend von einer in der Regel aus dem Histogramm gefundenen Grauwertschwelle g_s wird das Bild in zwei Bereiche unterteilt, nämlich den Vordergrund- und den Hintergrundbereich (Abb. 6.3 b). In der Regel erhält der Vordergrundbereich (d.h. die Objekte) den Grauwert 255, der Hintergrundbereich den Grauwert 0.

$$g_i' = \begin{cases} 0 & \text{für } g_i < g_s \\ 255 & \text{für } g_i \geq g_s \end{cases} \qquad (6.5)$$

mit:

g_s: Grauwertschwelle

- **Posterizing**
  Selbstverständlich ist das Konzept der Binarisierung auch auf mehrere Grauwertbereiche er-

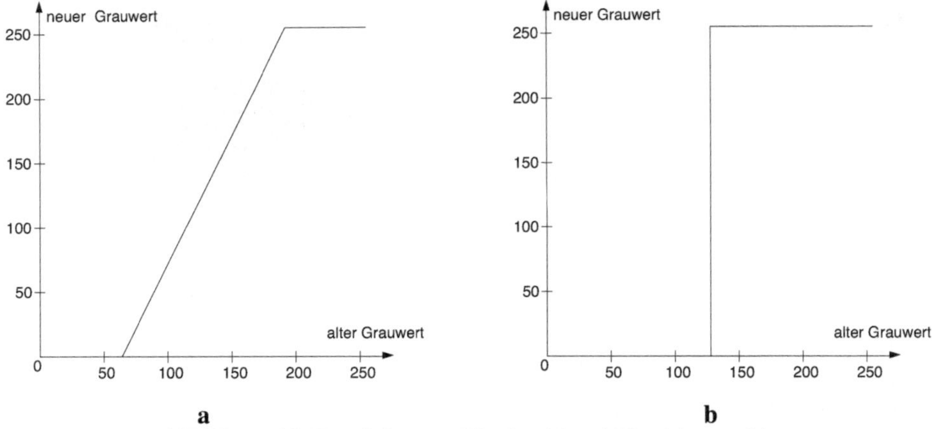

Abbildung 6.3: Kennlinien von Clipping (a) und Binarisierung (b).

weiterbar (Abb. 6.4):

$$g_i' = \begin{cases} g_1 & \text{für } 0 \leq g_i < g_{s1} \\ g_2 & \text{für } g_{s1} \leq g_i < g_{s2} \\ \vdots & \\ g_n & \text{für } g_{s(n-1)} \leq g_i \leq 255 \end{cases} \tag{6.6}$$

mit:

g_k: Grauwertschwellen

Posterizing wird in der Regel dort angewandt, wo Bilddaten komprimiert werden müssen. Deshalb sind in der Regel nicht mehr als $n = 4$ Grauwertbereiche sinnvoll.

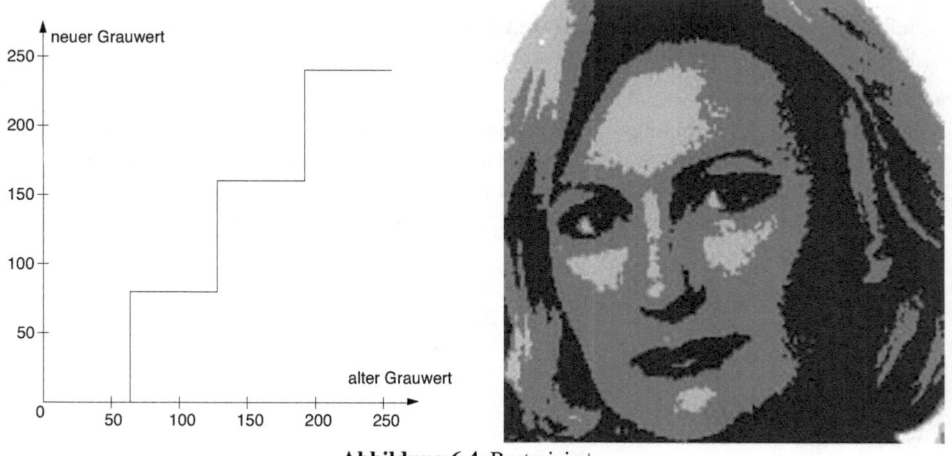

Abbildung 6.4: Posterizing

6.2 Nichtlineare Grauwertkorrekturen

Neben linearen Funktionen können auch beliebige nichtlineare Funktionen zur Grauwertmodifikation verwendet werden.

- **Die Wurzelfunktion**
  Eine Dehnung der Grauwertdynamik bei dunklen Bildbereichen und eine Stauchung bei hellen Bildbereichen kann durch die Wurzelfunktion erreicht werden (Abb. 6.5 a):

$$g_i' = \sqrt{255 \cdot g_i} \tag{6.7}$$

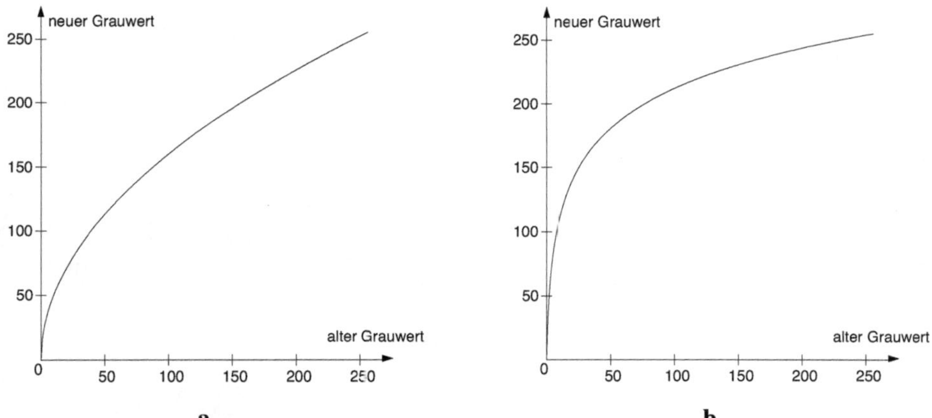

Abbildung 6.5: Skalierungskennlinien von Wurzel (a) und Logarithmus (b)

- **Die Logarithmusfunktion**
  Die Logarithmusfunktion wirkt ähnlich wie die Wurzelfunktion, nur ungleich stärker.

$$g_i' = a \cdot \ln(g_i + 1) \qquad \text{mit:} a = 45.9859. \tag{6.8}$$

Diese Skalierungsfunktion wendet man bevorzugt an, um fouriertransformierte Bilder darzustellen, da in der Regel die niedrigen Frequenzen wesentlich höhere Werte haben als hohe Frequenzen (Abb. 6.5 b).

- **Die Quadratfunktion und Exponentialfunktion**
  Den umgekehrten Effekt, also eine Kontrastanhebung in hellen Bereichen, läßt sich durch die Verwendung der Quadratfunktion und der Exponentialfunktion erzielen (Abb. 6.6 a und b).

$$g_i' = \frac{g_i^2}{255} \qquad \text{bzw.} \tag{6.9}$$

$$g_i' = (e^{a \cdot g_i} - 1) \tag{6.10}$$

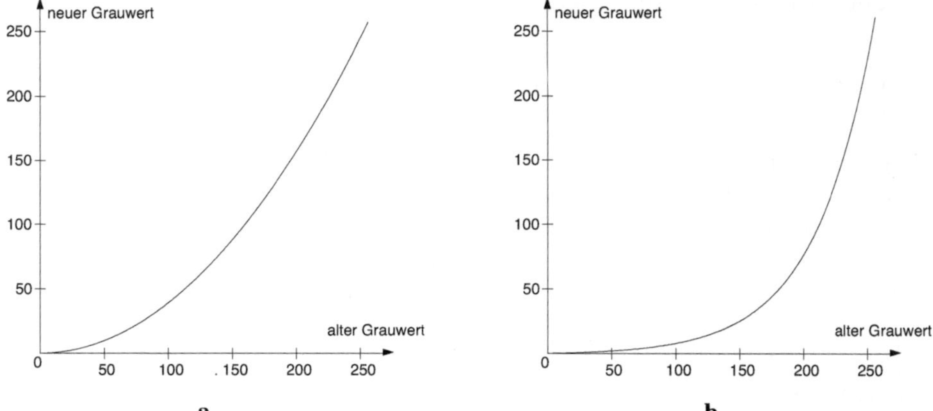

Abbildung 6.6: Skalierungskennlinien von Quadrat (a) und Exponentialfunktion (b)

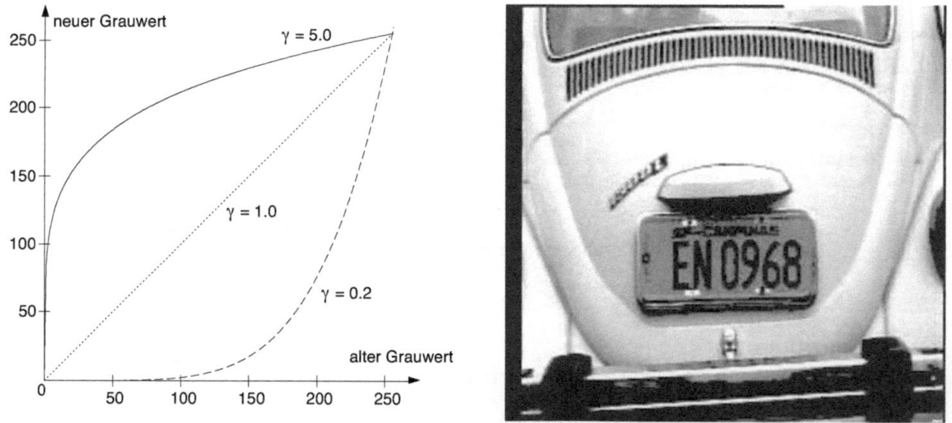

Abbildung 6.7: Kennlinie verschiedener Gammafunktionen
Das rechte Bild wurde mit $\gamma = 5.0$ berechnet. Das Original ist in Abb. 1.3 zu sehen.

- **Gammakorrektur**:
Die Gammakorrektur wird in der Regel zur Korrektur der Empfindlichkeitskennlinie von Kameras angewandt. In diesem Zusammenhang ist auch der Term *Gammafaktor* üblich. Genaugenommen handelt es sich jedoch nicht um eine Skalierungskurve, sondern um eine Kurvenschar mit dem Parameter γ (Abb. 6.7). Sie hat die Gleichung:

$$g_i' = 255 \cdot \left(\frac{g_i}{255}\right)^{1/\gamma} \qquad \text{mit:} \gamma \in \mathbb{R}^+ \tag{6.11}$$

Für $0 < \gamma < 1$ ergibt sich eine Stauchung der niederen und eine Dehnung der hohen Grauwerte, für $\gamma = 1$ werden die Grauwerte nicht verändert, und für $\gamma > 1$ ergibt sich eine Dehnung der niederen und eine Stauchung der hohen Grauwerte. Der Gammafaktor einer Kamera liegt meist zwischen 4 und 5 und sollte aus ihren Unterlagen hervorgehen.

- **Histogrammskalierung**:
Oft wird dem relativ zeitaufwendigen interaktiven Einstellen der Intensitätsskalierungskennlinie eine automatische Skalierung vorgezogen. Dann muss man das Verfahren nach einem Zielkriterium auswählen. Das häufigste Zielkriterium ist, dass die Grauwerte des Bildes gleichmäßig über den Grauwertbereich verteilt ist, d.h., dass alle Grauwerte nahezu gleich oft vorkommen. Im Idealfall hätte also das Histogramm eines Bildes für alle Grauwerte dieselbe Häufigkeit. Um dies zu erreichen, muss man die Grauwertbereiche mit großer Häufigkeit dehnen und die mit kleiner Häufigkeit stauchen. Dies leistet die folgende Skalierungsfunktion:

$$g_i' = \frac{n_g}{m \cdot n} \cdot \sum_{k=0}^{i} H(k) - 1 \tag{6.12}$$

mit:
n_g: Anzahl aller möglichen Grauwerte
$H(k)$: Histogrammwert des k-ten Grauwertes
m, n: Bildgröße in x- und in y-Richtung

Abb. 6.8 und Abb. 1.3 zeigen das Resultat einer Histogrammskalierung.

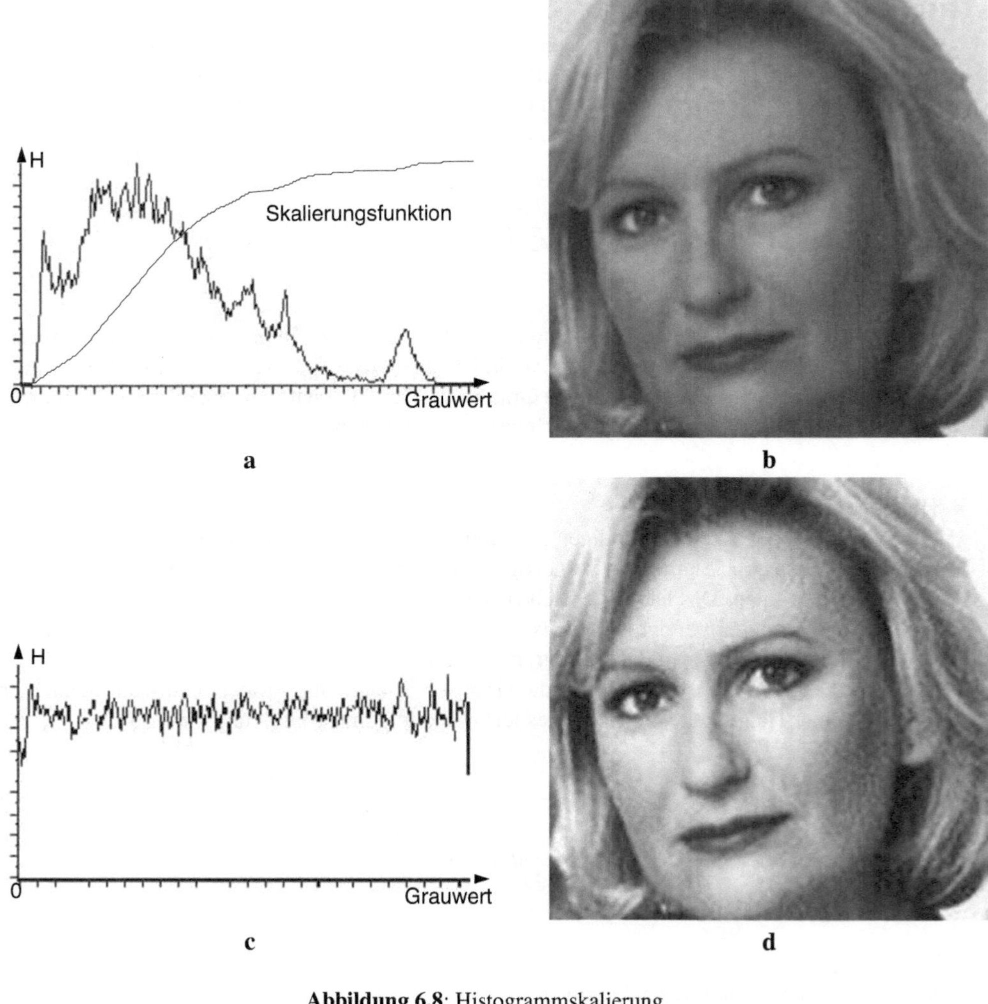

Abbildung 6.8: Histogrammskalierung
a)   Originalbild   b)   Histogramm die aus dem Histogramm berechnete Skalierungskennlinie
c)   Berechnetes Bild   d)   resultierendes Histogramm

6.3   Zusammenfassung

Fassen wir zusammen:

- Punktoperationen verändern die Farben oder Grauwerte von Bildern, damit der subjektive Eindruck eines Bildes für einen menschlichen Betrachter optimiert wird. Dadurch sieht ein Bild zwar "besser" aus, es ist aber zu beachten, dass durch eine solche Operation weder die Anzahl der Grauwerte noch die Bildinformation erhöht wird.

- Der Graph einer Punktoperation heißt *Intensitäts-Skalierungskennlinie*. Man unterscheidet lineare und nichtlineare Kennlinien. Besonders interessant sind Kennlinien, die sich aus dem Histogramm selbst erzeugen. Entscheidend für die Wahl der Kennlinie ist jedoch die Qualität des vorliegenden Bildes und das erwartete Resultat.

- Natürlich können alle Punktoperationen nicht nur auf das ganze Bild, sondern auch lokal auf einen interessierenden Bereich angewendet werden. Dies ist besonders dann interessant, wenn ein Bild insgesamt zwar einen hohen Dynamikbereich hat, sich die Grauwerte in bestimmten Bildbereichen aber nicht besonders unterscheiden.

6.4   Aufgaben zu Abschnitt 6

Aufgabe 6.1

Abbildung 6.9: Aufgabe 1: Ein Bild und sein Histogramm

Das Bild habe einen Grauwertbereich zwischen 0 und 255. Wie heißt die Funktionsgleichung der Punktoperation, die

a) die Grauwerte der Blätter

b) die Grauwerte der Blütenblätter

über den gesamten Grauwertbereich streckt? Zeichnen Sie beide Skalierungskennlinien.

Aufgabe 6.2

Gegeben sei das Bild in Abb. 6.10 mit 4 Bit Pixeltiefe.

8	1	1	2	4	4	3	4
0	5	0	8	5	3	5	3
5	5	9	2	7	5	1	4
2	3	0	5	6	1	5	7
0	3	5	5	2	3	5	2
2	0	2	2	7	9	3	0
1	1	1	1	8	4	2	0
5	1	1	0	3	5	3	3

Abbildung 6.10: Aufgabe 2: Eingangsbild für Histogramm und Histogrammskalierung

a) Wie sieht das Histogramm dieses Bildes aus? Tragen Sie das Histogramm in die Tabelle ein:

Grauwert	0	1	2	3	4	5	6	7	8	9	10	11	12	13	14	15
Häufigkeit																

b) Wenden Sie auf dieses Bild eine Histogrammskalierung an. Tragen Sie die alten und die neuen Grauwerte in die Tabelle ein:

Alter Grauwert	0	1	2	3	4	5	6	7	8	9	10	11	12	13	14	15
Neuer Grauwert																

Hinweis: Falls Sie Hilfstabellen zur Berechnung erstellen möchten, tragen Sie diese bitte in Ihre Klausurbögen ein und geben sie mit ab.

c) Finden Sie das neue Histogramm des Bildes. Tragen Sie es in die Tabelle ein:

Grauwert	0	1	2	3	4	5	6	7	8	9	10	11	12	13	14	15
Häufigkeit																

Aufgabe 6.3

Beschreiben Sie die Änderung eines Grauwert-Histogrammes, wenn

a) alle Pixel eines Bildes zufällig vertauscht werden
b) eine Inversion des Bildes durchgeführt wird
c) eine Binarisierung des Bildes durchgeführt wird
d) ein Histogrammausgleich durgeführt wird
e) eine Gammakorrektur durchgeführt wird (unterscheiden Sie die Änderungen für $0 < \gamma < 1$, $\gamma = 1$, $\gamma > 1$).

Aufgabe 6.4

Lookup-Tabellen werden dazu benutzt, ein Bild "anders" aussehen zu lassen, als die Grauwerte im Bild angeben. Die wirklichen Grauwerte und die dargestellten Grauwerte sind über eine Skalierungsfunktion verknüpft.

Das kann zur Simulation von arithmetischen Bildoperationen zwischen zwei Grauwertbildern $g_1(x,y)$ und $g_2(x,y)$ eingesetzt werden - beispielsweise zur Multiplikation zweier Bilder, die ja, wenn sie tatsächlich ausgeführt wird, ziemlich zeitintensiv ist.

Nehmen wir der Einfachheit halber an, $g_1(x,y)$ und $g_2(x,y)$ seien Bilder von je 4 Bit Tiefe. $g_1(x,y)$ werde von der Kamera im niederwertigen Halbbyte und $g_2(x,y)$ im höherwertigen Halbbyte eines Bildes eines Bildes $g(x,y)$ von 8 Bit Tiefe abgelegt[1] und nehmen wir der Einfachheit halber an, sowohl $g_1(x,y)$ also auch $g_2(x,y)$ seien größer oder gleich 0.

a) Nehmen wir an, $g_1(14,16) = 11$, $g_2(14,16) = 13$. Welcher Wert $g(14,16)$ steht in Pixel $(x_0,y_0) = (14,16)$?

b) Welche Grauwertbereiche umfassen die Bilder $g_1(x,y)$, $g_2(x,y)$, und $g_{(}x,y)$, wenn $g(x,y)$ erzeugt wird wie in a) beschrieben?

c) Wir wollen eine *Mittelwertbildung* simulieren, d.h. wir wollen, dass $g(x,y)$ aussieht, als sei die Operation $g(x,y) = \dfrac{g_1(x,y) + g_2(x,y)}{2}$ durchgeführt worden. Beispielsweise soll in Pixel $(x_0,y_0) = (14,16)$ der Wert $g(14,16) = \dfrac{g_1(14,16) + g_2(14,16)}{2} = 12$ stehen, der ja, wie wir aus a) wissen, nicht der Wert ist der in $g(14.16)$ tatsächlich steht. Wie sieht die Gleichung $g' = f(g)$ der Skalierungsfunkton aus, welche die richtige Lookup-Tabelle erzeugt?

d) Die Mittelwertbildung ist ja noch nicht sehr zeitaufwändig, aber die Anzeige des Powerspektrums und des Phasenspektrums von Fourier-transformierten Bildern kann ziemlich ekelhaft werden, besonders, wenn die Fouriertransformation online während der Bildaufnahme durchgeführt wird. Angenommen, in $g_1(x,y)$ stehe der Realteil und in $g_2(x,y)$ der Imaginärteil eines Fouriertransformierten Bildes. Wir wollen das *Powerspektrum* $p(x,y) = g_1^2(x,y) + g_2^2(x,y)$ anzeigen. Wie sieht die Gleichung $g' = f(g)$ der Skalierungsfunkton aus, welche die richtige Lookup-Tabelle erzeugt?

e) Wie d), aber wir wollen das *Phasenspektrum* $\varphi(x,y) = \arctan\left(\dfrac{g_2(x,y)}{g_1(x,y)}\right)$ anzeigen. Wie sieht die Gleichung $g' = f(g)$ der Skalierungsfunkton aus, welche die richtige Lookup-Tabelle erzeugt? Gibt es bei der Berechnung des arctan etwas zu beachten und wie könnte man dieses kleine Nebenproblem lösen?

f) Wie d), aber wir wollen den *Logarithmus* des Powerspektrums $\ln(p(x,y))$ anzeigen. Wie sieht die Gleichung $g' = f(g)$ der Skalierungsfunkton aus, welche die richtige Lookup-Tabelle erzeugt? Gibt es bei der Berechnung des ln etwas zu beachten und wie könnte man dieses kleine Nebenproblem lösen?

g) In Wirklichkeit arbeiten wir natürlich nicht auf Bilderen mit 4 Bit Tiefe, sondern $g_1(x,y)$ und $g_2(x,y)$ hätten jeweils 8 Bit=1 Byte Tiefe, wie normale Graustufenbilder. Wie groß (in

---

[1] $g_1(x,y)$ und $g_2(x,y)$ existieren nicht als eigenständige Bilder!

kBytes) wäre die Lookup Tabelle, wenn wir Operationen zwischen zwei Graustufenbilder simulieren wollen?

Hier sind einige
Hinweise:

- Anstelle der Gleichung für die Skalierungsfunktion können Sie auch einige Zeilen in einem (Pseudo-)Code einer Programmiersprache (Syntax ist nicht so wichtig wie die Logik!) als Antwort geben.
- Versuchen Sie zuerst mit Excel, ob es funktoniert. Die Excel-Datei muss nicht eingereicht werden.
- Wichtig ist es, dass die Werte, die angezeigt werden sollen, im Bereich zwischen 0 and 255 liegen!

Aufgabe 6.5

Ein 8-Bit-Bild mit 256 Grauwerten besteht aus 8 Bitebenen (Abb. 6.11).

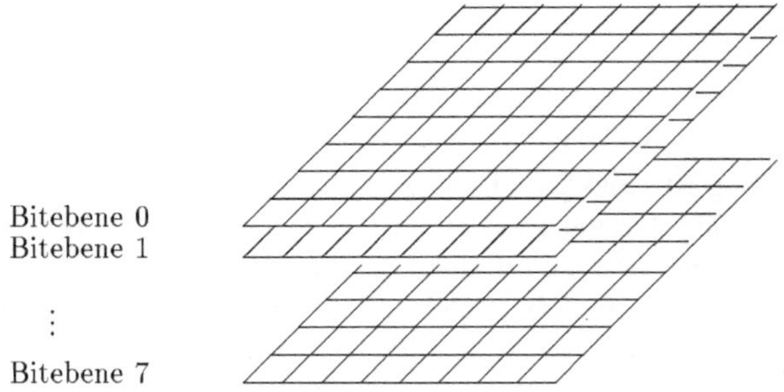

Abbildung 6.11: Aufgabe 5: Ein Bild in Bitebenen unterteilt

a) Welche logische Operation würde die Bitebene Nr. 2 zeigen?
b) Diese Operation kann direkt im Bild vorgenommen werden, oder aber auch in der Lookup-Tabelle. Wie sieht die Lookup-Tabelle aus, mit deren Hilfe die gesetzten Bits (1) der zweiten Bitebene eines Bildes weiß anzeigt werden und die nicht gesetzten Bits (0) schwarz? Geben Sie eine Gleichung für die Skalierungsfunktion an.

Hinweis: zur Zählung der Bitebenen: Bitebene 0 trage das LSB (*least significant bit*), Bitebene 7 das MSB (*most significant bit*) eines Pixels.

Aufgabe 6.6

Der zulässige Grauwertbereich eines Bildes sei $100 \leq g_i \leq 200$.

Welche Gleichungen haben die drei Komponenten R_i', G_i' und B_i' einer Skalierungskennlinie, welche die Grauwerte innerhalb des zulässigen Bereiches in Grautönen darstellt und bei Über- oder Unterschreitung des zulässigen Bereiches warnt, indem der Unterlauf rot und der Überlauf blau dargestellt wird?

7 Bildarithmetik und -logik

Aus der Mathematik ist bekannt, dass Matrizen unter bestimmten Operationen eine abelsche oder nichtabelsche Gruppe bilden. Bilder sind im Grunde nichts anderes als Matrizen, können also theoretisch denselben Operationen unterworfen werden. Beispielsweise kann man sowohl Matrizen als auch Bilder mit einer Konstanten $\lambda \in \mathbb{R}$ multiplizieren. Dies wäre eine Punktoperation mit linearer Intensitätskennlinie $g_i' = \lambda \cdot g_i$ (siehe Abschnitt 6).

Bildverknüpfungen verarbeiten immer zwei oder mehr Eingangsbilder zu einem Ergebnisbild. Natürlich wird man Bilder nur solchen Verknüpfungen unterwerfen, die für die Bildverarbeitung sinnvoll sind. Eine Multiplikation wie sie unter Matrizen definiert ist, kann zwar theoretisch auch zwischen zwei Bildern berechnet werden, ergibt aber kein brauchbares Resultat. Alle Bildverknüpfungen finden punktweise statt, d.h. es ist

$$g'(x,y) = f(g_1(x,y), g_2(x,y), \ldots, g_n(x,y)) \tag{7.1}$$

mit:
$g'(x,y)$:   Ergebnisbild
$g_1(x,y) \ldots g_n(x,y)$: Eingangsbilder
f: Verknüpfungsvorschrift

Bilder können also wie Zahlen addiert, subtrahiert, multipliziert und dividiert werden. Auch logische Operationen zwischen einzelnen Bits eines Pixels sind möglich. Jede Operation dient natürlich einem betimmten Zweck. Im folgenden werden die einzelnen Operationen und ihre Wirkung beschrieben.

7.1 Arithmetische Bildoperationen

Arithmetische Bildverknüpfungen berechnen ein Ergebnisbild aus mehreren Eingangsbildern durch eine arithmetische Operation.

- **Die Mittelung von Bildern**
  Bei der Mittelung von Bildern (*Averaging*) werden die Grauwerte korrespondierender Bildpunkte verschiedener Bilder mit denselben relativen Pixeladressen addiert und anschließend durch die Anzahl der Bilder dividiert:

$$g'(x,y) = \frac{1}{n} \sum_{k=1}^{n} g_k(x,y) \tag{7.2}$$

mit:
$g'(x,y)$: Ergebnisbild
$g_k(x,y)$: Eingangsbilder
n: Anzahl der Eingangsbilder

Bei modernen Bildverarbeitungssystemen ist die Mittelung meist direkt bei der Bildaufnahme möglich.

Durch die Mittelung von Bildern können zufällige Bildstörungen wie z.B. Rauschen weitgehend unterdrückt werden. Oft wird dadurch die Bildinformation überhaupt erst sichtbar. Abb. 7.1 zeigt die Aufnahme eines Sternhaufens. Die Spiralstruktur des Nebels zeigt sich nach der Mittelung über mehrere Bilder.

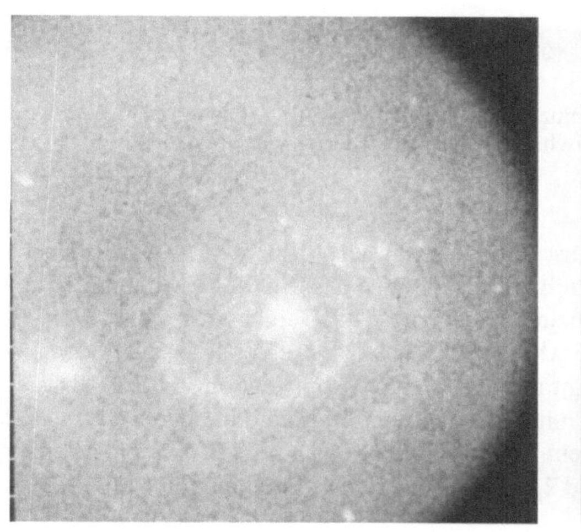

a   b

Abbildung 7.1: Mittelung von Bildern: Aufnahme eines Sternhaufens
a) Ein Bild ohne Mittelung; b) Mittelung über 4 Bilder [6]

- **Die Differenzbildung von Bildern**
  Bei der Differenzbildung werden zwei Bilder pixelweise voneinander subtrahiert.

$$g'(x,y) = g_1(x,y) - g_2(x,y) \tag{7.3}$$

mit:
$g'(x,y)$:　　　　　Ergebnisbild
$g_1(x,y)$, $g_2(x,y)$: Eingangsbilder

Bei dieser Operation ist es möglich, dass das Ergebnisbild negative Grauwerte enthält. Durch eine anschließende Punktoperation, welche die Grauwerte in einen geeigneten positiven Grauwertbereich transformiert, können diese eliminiert werden. Die Differenzbildung zweier Bilder liefert deren Unterschiede.

Sie kann zu vielfältigen Zwecken eingesetzt werden:

Beispiel 7.1
Differenzbildung zur Segmentierung eines Bildes:

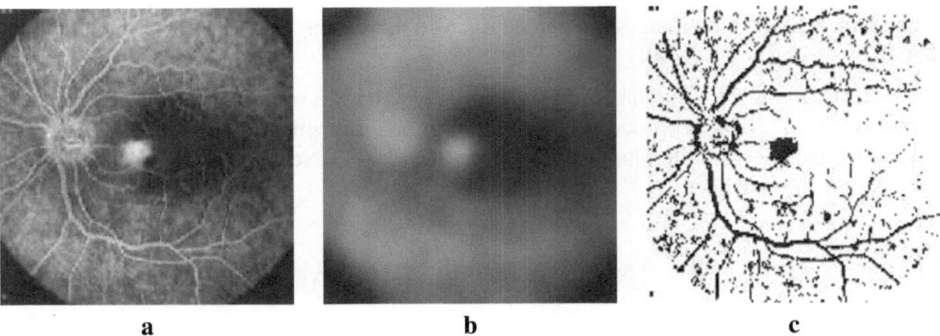

a   **b**   **c**

Abbildung 7.2: Bildsubtraktion: Segmentierung von Blutgefäßen im Augenhintergrund
a) Eingangsbild, b) Bild mit künstlicher Unschärfe, c) Differenzbild zwischen a) und b)

Oft kann die Segmentierung nicht, wie in Abschnitt 5.1 beschrieben, über ein bimodales Histogramm vorgenommen werden. Abb. 2.2 a) zeigt beispielsweise das Bild des Augenhintergrundes mit Blutgefäßen. Will man für eine medizinische Diagnose die Durchblutung feststellen, so müssen die Adern segmentiert werden. Wie Abb. 5.4c) Seite 104 gezeigt hat, ist eine Segmentierung der Blutgefäße über das Histogramm und eine Grauwertschwelle in diesem Fall aussichtslos, da die Grauwerte der Blutgefäße mit denen der übrigen Membran identisch sind. In Abb. 2.2 b) wurde das Eingangsbild mit einem Unschärfefilter (einem sog. *Tiefpassfilter* (siehe Abschnitt 8.1)) bearbeitet und dann von Bild 2.2 a) subtrahiert. Das Ergebnis zeigt Abb. 2.2 c). Die Adern wurden segmentiert.

Ein anderer Weg, der bei der Segmentierung von Blutgefäßen beschritten werden kann, ist der folgende: Man synchronisiert die Aufnahmeapparatur mit dem EKG und nimmt in der systolischen und in der diastolischen Phase des Herzschlags jeweils ein Bild auf. Diese beiden Bilder werden voneinander subtrahiert. Durch den Herzschlag weiten sich die Blutgefäße, während das umliegende Gewebe in Ruhe bleibt. Nach der Subtraktion enthält das Ergebnisbild nur die Blutgefäße (Abb. 7.3).

Beispiel 7.2
Differenzbildung zur Detektion von Bewegung:
Abb. 7.4 zeigt eine Fotografie einer befahrenen Autobahn. Es sollen die Fahrzeuge für eine Zählung segmentiert werden. Wiederum ist die Segmentierung über eine Schwelle unmöglich. Die beiden Abbildungen 7.4 a) und 7.4 b) wurden im Abstand von mehreren Minuten aufgenommen. Bildet man die Differenz der beiden Bilder, so zeigt das Ergebnis lediglich die bewegten Fahrzeuge.

Beispiel 7.3
Differenzbildung zur Detektion von Veränderungen:
Durch die Subtraktion zweier Bilder kann man Veränderungen, die zwischen zwei Aufnahmen erfolgt sind, feststellen. In der Medizin wird diese Methode eingesetzt, um krankhafte Prozesse an Organen festzustellen, die über Monate hinweg beobachtet werden müssen. Durch die Differenzbildung können die aufgetretenen Veränderungen quantifiziert werden.

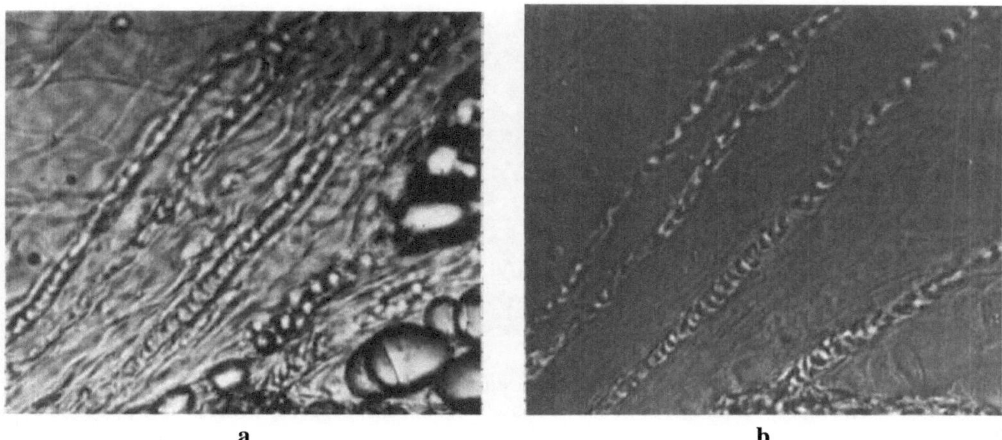

a

b

Abbildung 7.3: Bildsubtraktion: Segmentierung von Blutgefäßen aus der Magenschleimhaut
a) Bild aus der diastolischen Phase, b) Ergebnis nach der Subtraktion des Bildes aus der systolischen Phase [6]

Beispiel 7.4
Differenzbildung zur Beseitigung von systematischen Bildfehlern:
Sind Bilder mit systematischen Fehlern wie z.B. Beleuchtungsinhomogenitäten behaftet, so lassen sich diese ebenfalls durch Bildsubtraktion beheben. Dies ist besonders bei mikroskopischen Aufnahmen ein Problem, da die Beleuchtung des Mikroskops oft nur schwer zu justieren ist.

Zur Behebung dieses Fehlers nimmt man ein Leerbild ohne Präparat auf, welches nur die Beleuchtungsverteilung zeigt. Dieses subtrahiert man von allen anderen weiterhin aufgenommenen Bildern und eliminiert so die Beleuchtungsinhomogenität.

- **Multiplikation und Division zweier Bilder**
  Bei der Multiplikation zweier Bilder werden die Grauwerte korrespondierender Bildpunkte mit denselben relativen Pixeladressen multipliziert bzw. dividiert.

$$g'(x,y) = g_1(x,y) \cdot g_2(x,y) \text{bzw.} \tag{7.4}$$

$$g'(x,y) = \frac{g_1(x,y)}{g_2(x,y)} \tag{7.5}$$

Die Anwendungen dieser Operationen sind nicht so zahlreich wie die der Bildaddition bzw. -subtraktion. Die Multiplikation hat jedoch eine sehr wichtige Anwendung bei der Erstellung des Phasen- und Betragsbildes nach einer Fouriertransformation.

Für bestimmte Anwendungen werden Bilder mit Hilfe der Fouriertransformation in den Ortsfrequenzraum transformiert (siehe Abschnitt 4). Dies ist eine komplexe Operation – durch die Fouriertransformation eines Bildes entstehen also zwei Bilder: das Real- und das Imaginärbild: $g_{ik} = a_{ik} + jb_{ik}$. Bekanntlich kann man eine komplexe Zahl auch in der Form

$$a + jb = r \cdot e^{j\varphi}$$

$$\text{mit: } r = \sqrt{a^2 + b^2}$$

a   b   c

Abbildung 7.4: Bildsubtraktion: Bestimmung der Anzahl der Fahrzeuge
a) Autobahnabschnitt mit Fahrzeugen, b) Autobahnabschnitt ohne Fahrzeuge, c) Differenzbild zwischen a) und b)

$$\varphi = \arctan\left(\frac{b}{a}\right)$$

mit:

r: Betrag

φ: Phase

darstellen. Entsprechend kann ein komplexes Bild statt in Real- und Imaginärbild in ein Betragsbild und ein Phasenbild aufgeteilt werden. Für diese Berechnung benötigt man die Bildmultiplikation und -division: Für das Betragsbild werden das reelle und das imaginäre Bild jeweils mit sich selbst *multipliziert*, die Ergebnisbilder werden *addiert* und daraus wird wiederum die Wurzel gezogen (Punktoperation). Für das Phasenbild wird das imaginäre Bild durch das reelle *dividiert* und auf das Ergebnis wird der Arcustangens (Punktoperation) angewendet.

7.2   Logische Bildoperationen

Logische Bildverknüpfungen werden bitweise durchgeführt, d.h. die einzelnen Bits korrespondierender Pixel in Gleichung 7.6 werden logisch verknüpft. Bekanntlich lassen sich mit Hilfe der UND- und der ODER- Funktion sämtliche logischen Funktionen darstellen. Es genügt also, diese beiden Funktionen zu beschreiben.

$$g'(x,y) = g_1(x,y) \wedge g_2(x,y) \text{bzw.}$$
$$g'(x,y) = g_1(x,y) \vee g_2(x,y) \tag{7.6}$$

Abbildung 7.5: Die Logische UND-Verknüpfung zeigt die einzelnen Bitebenen eines Bildes
a) Eingangsbild, b) Bitebene 0 bis i) Bitebene 7

- **Bit-UND**

  Die UND – Verknüpfung ist eine logische Funktion von zwei Eingangsparametern, die dann
  den Wert WAHR annimmt, wenn beide Parameter den Wert WAHR haben. Auf die Bits eines
  Bildpixels angewandt heißt das, da ein Bit eines Pixels des Ergebnisbildes dann und nur dann
  gesetzt wird, wenn die entsprechenden Bits in den beiden Eingangsbildern gesetzt sind. Die
  UND – Funktion kann dazu verwendet werden, bestimmte Bildbereiche auszumaskieren oder
  bestimmte Bitebenen (vgl. Abb. 3.44) zu selektieren. Durch Verknüpfung eines Bildes mit dem
  binären Wert 1000 0000 = 128 wird beispielsweise die Bitebene mit dem höchstwertigen Bit
  herausmaskiert, durch Verknüpfung mit 0000 0001 = 1 die mit dem niedrigstwertigen (vgl.
  Abb. 7.5) und mit 0010 1100 = 44 erhält man die zweite, die dritte und die fünfte Bitebene. Auf
  diese Weise kann z.B. für eine Bildkompression die Bitebene mit der geringsten Information

gefunden werden, die unter bestimmten Umständen aus Ersparnigründen vernachlässigt werden kann.

- **Bit-oder**
  Die ODER – Verknüpfung ist eine logische Funktion von zwei Eingangsparametern, die dann den Wert WAHR annimmt, wenn eine oder beide Parameter den Wert WAHR haben. Auf die Bits eines Bildpixels angewandt heißt das, dass ein Bit eines Pixels des Ergebnisbildes dann gesetzt wird, wenn die entsprechenden Bits in mindestens einem der beiden Eingangsbildern gesetzt sind.

  Die ODER – Funktion dient dazu, zwei Bilder zu mischen, so dass sich hellere Bereiche durchsetzen.

7.3   Zusammenfassung

- Bei arithmetischen oder logischen Bildverknüpfungen entsteht ein Ergebnisbild aus mindestens zwei Eingangsbildern.
- Es werden jeweils korrespondierende Pixel nach arithmetischen oder logischen Gesetzen verknüpft.
- Eine typische Anwendung der Bildaddition ist die Eliminierung zufälliger Störungen wie Rauschen
- Bildsubtraktion zeigt Veränderungen auf und eliminiert systematische Störungen wie Beleuchtungsunsymmetrien.
- mit der UND-Verknüpfung können einzelne Bitebenen selektiert werden.

7.4   Aufgaben zu Abschnitt 7

Aufgabe 7.1

Gegeben sind einige 8-Bit Grauwert-Bilder mit identischer Größe:
$g_1(x,y)$: ein schwarzes Bild mit grauem Streifen (Grauwert 127) an der linken Kante,
$g_2(x,y)$: ein schwarzes Bild mit grauem Streifen (Grauwert 127) an der rechten Kante,
$g_3(x,y)$: ein schwarzes Bild mit grauem Streifen (Grauwert 127) an der oberen Kante,
$g_4(x,y)$: ein schwarzes Bild mit grauem Streifen (Grauwert 127) an der unteren Kante,
$g_5(x,y)$: ein Bild mit uniformem Grauwert 1 Die Farbe Schwarz habe den Grauwert 0, die Farbe Weiß den Grauwert 255. Geben Sie die Bildverknüpfungen an, die zu folgenden Ergebnissen führen:

a) Es soll ein Bild entstehen, welches schwarz ist und einen grauen ($g = 127$) Rahmen besitzt.

b) Es soll ein Bild entstehen, welches grau ist ($g = 128$) und einen weißen Rahmen besitzt.

c) Es soll ein Bild entstehen, das graue $(g = 128)$ Ränder, weiße Ecken $(g = 255)$ und ein fast schwarzes $(g = 1)$ Inneres besitzt.

d) Es soll ein schwarzes Bild entstehen mit grauen $(g = 127)$ Ecken

Aufgabe 7.2

Gegeben seien ein 8-Bit Grauwertbild $g_1(x,y)$ mit einem Objekt und beliebigem Hintergrund, und eine Maske $g_m(x,y)$ der gleichen Größe mit Werten 255 an den Positionen des Objektes und Wert 0 sonst. Mit Hilfe dieser beiden Bilder soll eine Segmentierung realisiert werden.

a) Erläutern Sie, wie durch logische Bildverknüpfungen eine Segmentierung des Objektes in $g_1(x,y)$ erfolgen kann

b) Erläutern Sie, wie durch arithmetische Bildverknüpfungen eine Segmentierung des Objektes in $g_1(x,y)$ erfolgen kann.

Aufgabe 7.3

Gegeben sind zwei Bilder $g_1(x,y)$ und $g_2(x,y)$ gleicher Größe mit jeweils einem Objekt, welches sich an verschiedenen Positionen befinden. Der Hintergrund in den Bildern ist schwarz (Grauwert $g = 0$). Es soll ein Bild entstehen, das beide Objekte enthält:

a) Geben Sie an, wie eine solche Verschmelzung durch arithmetische Operationen realisiert werden kann.

b) Geben Sie an, wie eine solche Verschmelzung durch logische Operationen realisiert werden kann.

Aufgabe 7.4

Es soll ein "Bluescreen"-Effekt für Grauwertbilder realisiert werden. Statt des blauen Hintergrunds soll ein beliebiger (bekannter) Hintergrund durch einen neuen ersetzt werden. Wir stellen uns hierzu drei Bilder gleicher Größe vor: Bild $g_1(x,y)$ enthält einen bekannten Hintergrund. Bild $g_2(x,y)$ entspricht Bild $g_1(x,y)$, jedoch ist ein Teil des Hintergrundes durch ein Objekt verdeckt. Bild $g_3(x,y)$ enthält einen neuen Hintergrund. Das Ziel ist ein Bild, in dem das Objekt vor dem neuen Hintergrund von Bild $g_3(x,y)$ sichtbar ist. Überlegen Sie, wie mit den Techniken der letzten beiden Einheiten ein solches Bluescreen-System realisiert werden kann. Welche Probleme können dabei auftreten?

8 Lineare Filteroperatoren

Filter operieren nicht nur auf Bildpunkten, sondern beziehen auch deren Umgebung mit ein, im Gegensatz zu den in Abschnitt 6 behandelten Punktoperationen, und im Gegensatz zu den arithmetischen und logischen Bildoperationen in Abschnitt 7 und benötigen daher wesentlich mehr Rechenzeit. Während Punktoperationen (Abschnitt 6) ohne Nachteile direkt das Eingangsbild verändern können, arbeiten Filter immer von einem Eingangsbild in ein Ergebnisbild. Alle Veränderungen dürfen nur im Ergebnisbild vorgenommen werden, da sonst die Filter abhängig von der Durchlaufrichtung wären.

Ein einfaches Beispiel für eine Filteroperation ist die Glättung eines Bildes durch die Mittelung des Grauwertes eines Bildpunktes in der Position (x,y) mit den Grauwerten seiner 8 Nachbarpunkte.

Man unterscheidet lineare und nichtlineare Filter. Für lineare Filter gilt:

$$h = \alpha \cdot h_1 + \beta \cdot h_2 \tag{8.1}$$

mit:

$h, h_1\ h_2$: Filteroperatoren
α, β: Konstanten, $\alpha, \beta \in \mathbb{R}$

Jede Linearkombination von linearen Filtern h_1 und h_2 ergibt also wieder ein lineares Filter h. Sie kennen Linearkombinationen beispielsweise aus der Vektorrechnung: Jede Linearkombination von Vektoren eines Vektorraumes ergibt wieder einen Vektor.

Lineare Filter sind eine sehr wichtige Filterklasse. Mathematisch gesehen handelt es sich dabei im Grunde um eine Faltung. Wie Sie schon aus Abschnitt 4 wissen, ist eine Faltung im Ortsraum äquivalent zu einer Multiplikation im Ortsfrequenzraum. Alle linearen Filter im Ortsraum haben also eine "Schwester" im Ortsfrequenzraum.

Filter können zur Bildverbesserung aber auch zur Kantendetektion eingesetzt werden. In diesem Abschnitt werden Sie einzelne lineare Filter und ihre Wirkung kennenlernen.

Es wird die partielle Ableitung und die Fouriertransformation benötigt, außerdem sollte der Begriff der Korrelation und der Faltung nicht unbekannt sein. Zum Verständnis des Gaußfilters ist die Kenntnis der Binomialkoeffizienten nützlich.

8.1 Tiefpaßfilter

Tiefpaßfilter glätten ein Bild, d.h. sie entfernen Grauwertkanten und -spitzen sowie Rauschen aus einem Bild. Das sind Anteile, die sich bei einer Fouriertransformation des Bildes in den hohen Ortsfrequenzen niederschlagen würden und heißen deshalb *hochfrequente* Anteile.

Übrig bleiben *niederfrequente* Anteile, also Bildflächen, in denen der Grauwert wenig variiert. Beispiele für Tiefpaßfilter sind das Mittelwertfilter und das Gaußfilter.

8.1.1 Das Mittelwertfilter

Die einfachste Form der Glättung der Grauwerte eines Bildes ist die Berechnung des Mittelwertes einer vorgegebenen Umgebung eines Bildpunktes. Aus Symmetriegründen wird meist eine quadratische Umgebung mit 3×3, 5×5 oder 7×7 etc. Bildpunkten verwendet.

Ist $g(x,y)$ die diskrete Bildfunktion des Eingangsbildes, so entsteht das geglättete Bild über eine 3×3 - Umgebung durch die Operation in Gl. (8.2)

$$g'(x,y) = \frac{1}{9}\left(g(x-1,y-1) + g(x,y-1)\right) + g(x+1,y-1)$$
$$+ \ g(x-1,y) - g(x,y) + g(x+1,y)$$
$$+ \ g(x-1,y+1) + g(x,y+1) + g(x+1,y+1)) \tag{8.2}$$

also durch die Mittelung des Bildpunktes an der Stelle (x,y) mit seinen 8 Nachbarn.

Alle linearen Filteroperationen, auch die Mittelwertfilterung, werden mit Hilfe von *Filterkernen* durchgeführt (Abb. 8.1). Dabei werden für jedes Pixel des Ergebnisbildes alle unter dem Kern befindlichen Pixel des Eingangsbildes mit dem jeweiligen Filterkoeffizienten gewichtet (d.h. multipliziert) und addiert.

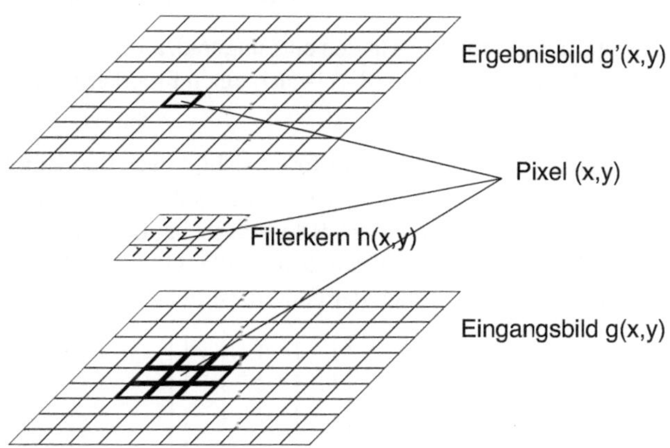

Abbildung 8.1: Arbeitsweise eines Filters
Für jedes Pixel des Ergebnisbildes g'(x,y) werden alle unter dem Kern befindlichen Pixel des Eingangsbildes g(x,y) mit den Filterkoeffizienten gewichtet (d.h. multipliziert) und addiert. Diese Operation nennt man *Kreuzkorrelation*

Diese Operation nennt man *Kreuzkorrelation* eines Bildes g(x,y) mit einem Filter h(x,y). Mathematisch wird eine Kreuzkorrelation durch folgenden Ausdruck beschrieben:

$$g(x,y) \circ h(x,y) = \int\limits_{v=-\infty}^{\infty} \int\limits_{u=-\infty}^{\infty} g(x+u,y+v)h(u,v)\,\mathrm{d}u\,\mathrm{d}v \tag{8.3}$$

oder in der diskreten Form für ein Filter der Größe (2m+1) $\times$ (2m+1)

$$g(x,y) \circ h(x,y) = \sum_{v,u=-m}^{m} \sum_{u=-m}^{m} g(x+u,y+v)h(u,v)$$

mit:

$h(x,y)$: Filterkern

und speziell für ein Filter der Größe 3 $\times$ 3

$$g(x,y) \circ h(x,y) = \sum_{v=-1}^{1} \sum_{u=-1}^{1} g(x+u,y+v)h(u,v)$$

Anschliessend wird durch die Summe der Filterkoeffizienten dividiert, damit der resultierende Grauwert nicht zu hohe Werte annimmt.

Der Filterkern des Mittelwertfilters der Größe 3$\times$3 hat also die Form:

$$h_{\mathrm{mw}\,3}(x,y) = \frac{1}{9} \begin{bmatrix} 1 & 1 & 1 \\ 1 & 1 & 1 \\ 1 & 1 & 1 \end{bmatrix} \tag{8.4}$$

mit:

$h_{\mathrm{mw}\,n}(x,y)$: Filterkernder Größe $n \times n$ des Mittelwertoperators (Mittelwertfilter) (n ungerade)

Filterkerne haben in der Regel aus Symmetriegründen eine ungeradzahlige Kantenlänge, und die Mitte liegt immer auf dem zu verändernden Pixel. Gl. (8.4) besitzt einen Filterkern der Größe 3$\times$3, Gl. (8.4) einen Filterkern der Größe 5$\times$5.

Abb. 8.2a) zeigt ein verrauschtes Bild und 8.2b) das Ergebnisbild nach der Mittelung mit dem Filter Gl. (8.4). Die Auswirkungen verschiedener Filter lassen sich jedoch am besten in der Pseudo-3D-Darstellung veranschaulichen. Sie sollen an einem Bild veranschaulicht werden, welches nur Rauschen enthält (Abb. 8.3a). Abb. 8.3b) zeigt die Wirkung von Filter Gl. (8.4). Je mehr Umgebungspixel mitgenommen werden, desto besser ist natürlich der Glättungseffekt.

$$h_{\mathrm{mw}\,5}(x,y) = \frac{1}{25} \begin{bmatrix} 1 & 1 & 1 & 1 & 1 \\ 1 & 1 & 1 & 1 & 1 \\ 1 & 1 & 1 & 1 & 1 \\ 1 & 1 & 1 & 1 & 1 \\ 1 & 1 & 1 & 1 & 1 \end{bmatrix} \tag{8.5}$$

Abb. 8.4 a) zeigt die Filterung von Abb. 8.3a) mit dem 5$\times$5 Filterkern von Gl. (8.5), Abb. 8.4 b) die Filterung desselben Bildes mit einem Filterkern der Größe 7$\times$7.

Filter können natürlich auch öfter hintereinander angewendet werden. Abb. 8.5 a) zeigt die dreimalige Filterung des Bildes Abb. 8.3a), Abb. 8.5 b) die fünfmalige Filterung mit dem Filterkern in Gl. (8.4).

Für den Randbereich eines Bildes ergeben sich dabei Probleme, da z.B. ein Grauwert in der Position $(-1,-1)$ nicht definiert ist. Als Abhilfe bieten sich mehrere Möglichkeiten an:

- Der Randbereich kann im Ergebnisbild weggelassen werden. Dies ist besonders dann akzeptabel, wenn das verwendete Filter die Größe 3 $\times$ 3 besitzt. Für größere Filter ist dies jedoch

a   b

Abbildung 8.2: Verrauschtes Bild und Ergebnisbild nach Mittelwertfilterung mi einem 3×3-Kern

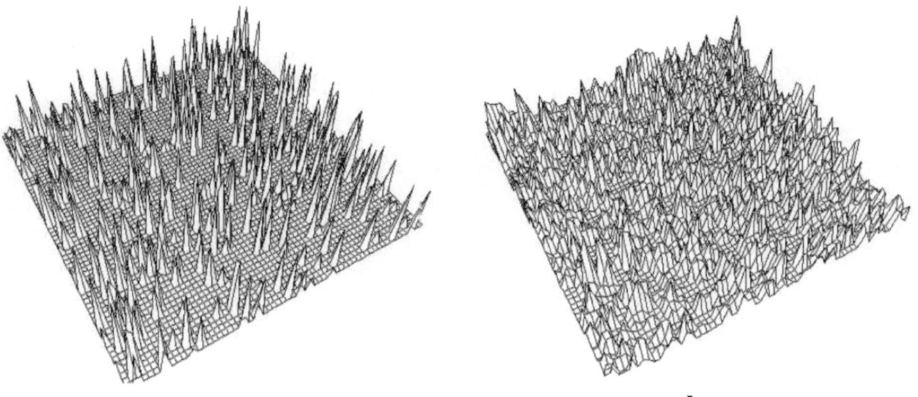

a   b

Abbildung 8.3: Rauschbild und Ergebnisbild nach Mittelwertfilterung mit 3×3-Kern

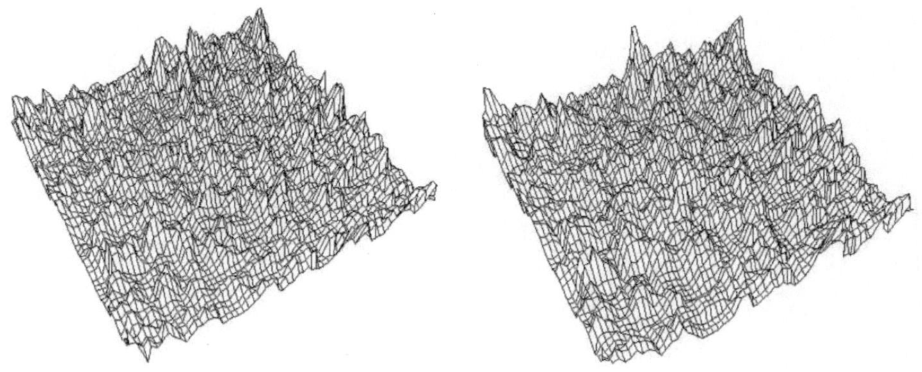

a   **b**

Abbildung 8.4: Ergebnisbild nach Mittelwertfilterung von Abb. 8.3a)
a) mit einem 5×5-Kern, b) mit einem 7×7-Kern

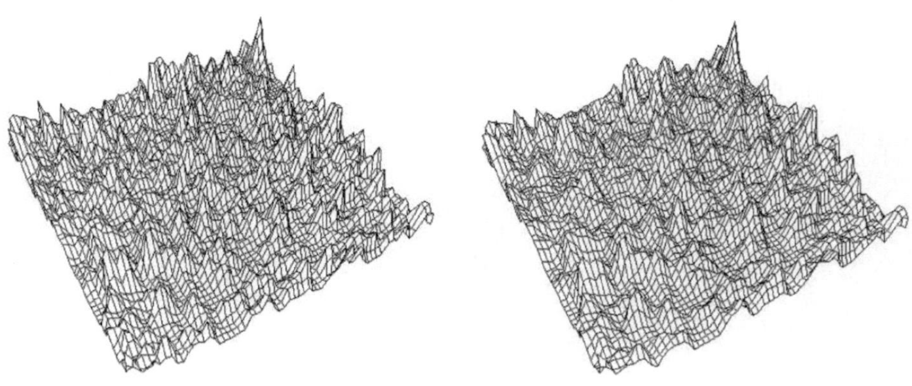

a   **b**

Abbildung 8.5: Ergebnisbild Mittelwertfilterung von Abb. 8.3a) mit einem 3×3-Kern
a) dreimalige Filterung, b) fünfmalige Filterung

störend. Beispielsweise würde bei einem Filter der Größe 9×9 acht Zeilen und Spalten des Randbereiches wegfallen.

- Alle Randbildpunkte können unverändert von $g(x,y)$ nach $g'(x,y)$ übernommen werden.

- Der Bildrand kann mit einem konstanten Grauwert, etwa dem Mittelwert des Bildes aufgefüllt werden.

- Die Mittelung am Rand kann über entsprechend weniger Pixel vorgenommen werden.

- Die Mittelung am Rand kann unsymmetrisch vorgenommen werden. Das hieße zum Beispiel für den linken Rand, dass das 3×3-Filter etwas modifiziert und die Mittelung folgendermaßen vorgenommen werden würde:

$$g'(x,y) = \frac{1}{9}(g(x,y-1) + g(x+1,y-1) + g(x+2,y-1)+ \tag{8.6}$$

$$g(x,y) + g(x+1,y) + g(x+2,y)+$$

$$g(x,y+1) + g(x+1,y+1) + g(x+2,y+1)$$

Das Mittelwertfilter ist nur *ein* Beispiel eines linearen Filters. Andere Filter entstehen dadurch, dass der Filterkern mit unterschiedlichen Koeffizienten belegt wird.

8.1.2 Das Gaußfilter

Durch Modifikationen des Mittelwertfilters kann man nun verschiedene Veränderungen bewirken. Legt man einen 3×3-Filterkern zugrunde, so kann eine Modifikation für $h(x,y)$ folgendermaßen aussehen:

$$h(x,y) = \frac{1}{10}\begin{bmatrix} 1 & 1 & 1 \\ 1 & 2 & 1 \\ 1 & 1 & 1 \end{bmatrix} \tag{8.7}$$

mit:

$h_{\mathrm{ga}\,n}(x,y)$: Filterkernder Größe $n \times n$ des Gaußoperators (Gaußfilter) (n ungerade)

Der Grauwert in der Mitte des Kerns wird doppelt gewichtet. Das bewirkt, aus Gründen, die weiter unten dargelegt werden, eine bessere Glättung. Ein weiteres Beispiel dazu ist das *Gauß–* Filter der Größe 3×3:

$$h_{\mathrm{ga}\,3}(x,y) = \frac{1}{16}\begin{bmatrix} 1 & 2 & 1 \\ 2 & 4 & 2 \\ 1 & 2 & 1 \end{bmatrix} \tag{8.8}$$

Das Ergebnis der Filterung wird, wie beim Mittelwertfilter, durch die Summe der Kernelemente dividiert, um das überlaufen des Grauwertbereiches zu verhindern. Abb. 8.6 zeigt die Glättung des Bildes in Abb. 8.3 a) mit dem Filter Gl. (8.8) im Vergleich zur Glättung mit dem Mittelwertfilter gleicher Größe.

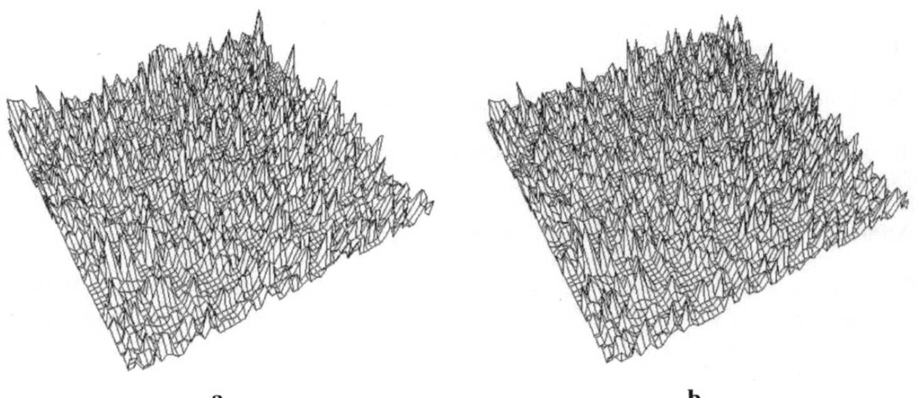

a   **b**
Abbildung 8.6: Mittelwert- und Gaußfilterung von Abb. 8.3a) mit jeweils einem 3×3-Kern
a) Mittelwertfilterung, b) Gaußfilterung Es sind keine großen Unterschiede zwischen a) und b) sichtbar

Wie die Abbildung zeigt, ist die bessere Glättung durch das Gaußfilter allerdings bei dieser Filtergröße mehr Wunschdenken als Wirklichkeit. Die folgenden Ausführungen belegen diesen Sachverhalt.

Transformiert man Gl. (8.4) in den Ortsfrequenzraum, so ergibt sich Abb. 8.7 a), bei der Fouriertransformation von Gl. (8.8) erhält man Abb. 8.7 b). Beide Filter haben eine ähnliche Form und erhöhen bzw. unterdrücken fast die gleichen Frequenzen. Daher kann, wenn das Gaußfilter auf ein Bild angewendet wird, das Resultat nicht besser sein als bei einer Filterung mit dem Mittelwertfilter.

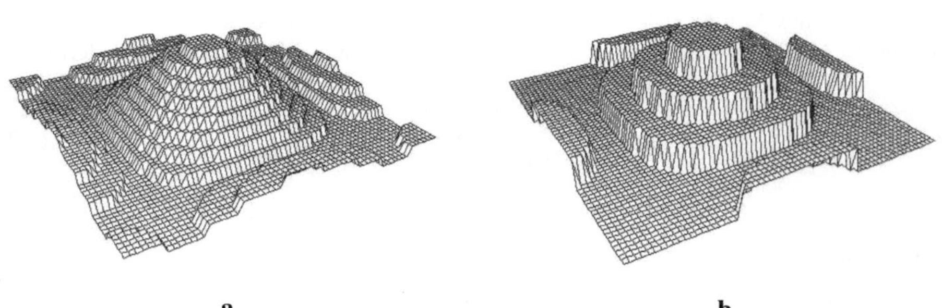

a   **b**
Abbildung 8.7: Fouriertransformierte
a) des 3×3 Mittelwertfilters nach Gl. (8.4), b) des 3×3 Gaußfilters nach Gl. (8.8)

Erst bei größeren Kernen zeigt sich im Vergleich zum entsprechenden Mittelwertfilter der gleichen Größe die Glättungsqualitäten des Gaußfilters.

Die Werte eines Filterkerns einer bestimmten Größe m×m des Gaußfilters werden über die Binomialkoeffizienten eines Binoms der Ordnung m - 1 berechnet. In Gl. (8.8) ist beispielsweise m = 3. Ein

Binom der Ordnung m - 1 = 2 ist

$$(a+b)^2 = 1a^2 + 2ab + 1b^2 \tag{8.9}$$

Die Kanten des Filterkerns erhalten die Werte der Binomialkoeffizienten:

$$\begin{bmatrix} 1 & 2 & 1 \\ 2 & & 2 \\ 1 & 2 & 1 \end{bmatrix}$$

Der mittlere Wert wird so gesetzt, dass über die mittlere Zeile oder Spalte hinweg wieder Binomialkoeffizienten stehen, diesmal jedoch mit dem Faktor 2 multipliziert. So entsteht der Kern in Gl. (8.8). Analog enthält man ein Gaußfilter mit einem Filterkern der Größe 5×5 aus einem Binom der Ordnung 5 - 1 = 4.

$$(a+b)^4 = 1a^4 + 4a^3b + 6a^2b^2 + 4ab^3 + 1b^4 \tag{8.10}$$

Es hat die Werte

$$h_{\text{ga}\,5}(x,y) = \frac{1}{256} \begin{bmatrix} 1 & 4 & 6 & 4 & 1 \\ 4 & 16 & 24 & 16 & 4 \\ 6 & 24 & 36 & 24 & 6 \\ 4 & 16 & 24 & 16 & 4 \\ 1 & 4 & 6 & 4 & 1 \end{bmatrix} \tag{8.11}$$

Abb. 8.8 zeigt, dass Mittelwert- und Gaußfilter dieser Größe im Ortsfrequenzraum schon recht unterschiedlich aussehen. Bei zunehmender Größe werden sich diese Unterschiede noch verstärken. Fasst

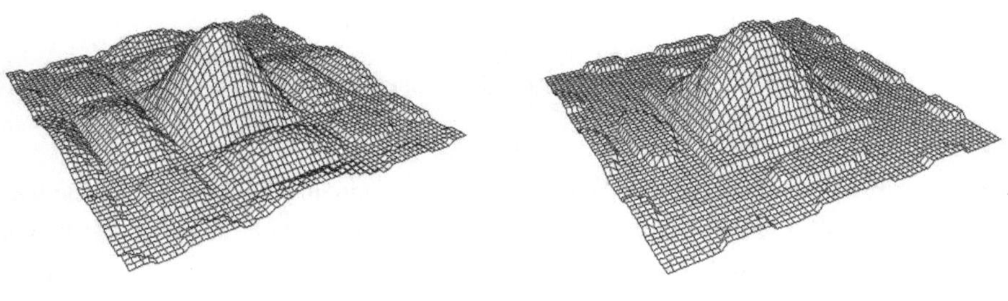

a   b

Abbildung 8.8: Fouriertransformierte
a) des 5×5 Mittelwertfilters nach Gl. (8.5), b) des 5×5 Gaußfilters nach Gl. (8.11)

man nämlich die Binomialkoeffizienten als Häufigkeiten auf, so entsteht eine Verteilungsfunktion, die mit zunehmendem Binomgrad zuerst einer Poisson- dann einer Gaußverteilung immer ähnlicher wird. Das ist die Binomialverteilung. Sie ist die diskrete Approximation der Gaußverteilung, deren Approximationsgüte mit der Größe des Filterkerns steigt. Daher kommt der Name *Gaußfilter*. Bei genügend hoher Filtergröße kann man Filter wie in Gl. (8.11) und größere als Gaußfunktion ansehen. Die Gaußfunktion ist die einzige Funktion, die im Orts- und im Ortsfrequenzraum die gleiche Form hat (Abb. 8.9). Eine Gaußfunktion im Ortsfrequenzraum ist ein fast perfekter Tiefpaß.

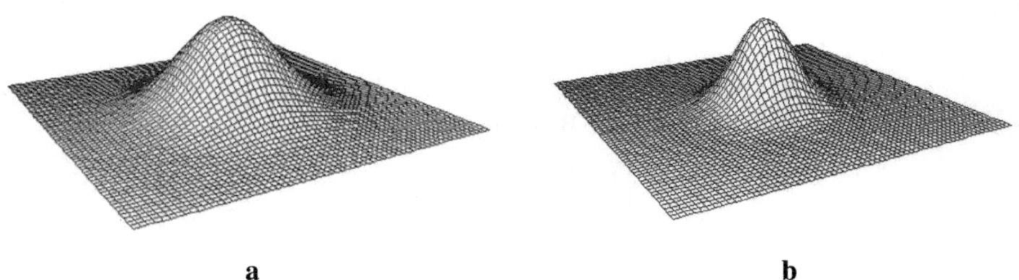

a   **b**
Abbildung 8.9: Die Gaußfunktion und ihre Fouriertransformierte

Wie kommt nun aber beim Gaußfilter die im Vergleich zum Mittelwertfilter gleicher Größe bessere Glättung zustande? Sehen wir uns das Mittelwertfilter im Ortsfrequenzraum an. Abb. 8.10 a)

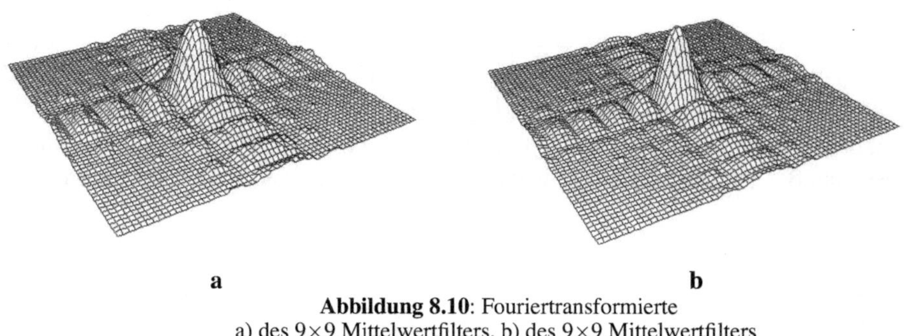

a   **b**
Abbildung 8.10: Fouriertransformierte
a) des 9×9 Mittelwertfilters, b) des 9×9 Mittelwertfilters

zeigt die Fouriertransformierten eines großen Mittelwertfilters mit einem Filterkern der Größe 9×9,
Abb. 8.10 b) die eines Mittelwertfilters mit einem Filterkern der Größe 11×11. Das Filter ist eine
zweidimensionale Version einer Funktion der Form $f(\omega) = \dfrac{\sin \omega}{\omega}$ handelt, also eine Sinusfunktion,
deren Amplitude zwar mit zunehmendem ω kleiner wird, aber für Filter in einer brauchbaren Größe
nicht ganz verschwindet. Dieses Filter wird also niemals alle hohen Frequenzen in dem Maße unterdrücken, wie es das Gaußfilter tut. Aus diesem Grund ist man geneigt, bei allen Glättungsproblemen
eher ein Gaußfilter als ein Mittelwertfilter anzusetzen.

8.2   Faltung und Korrelation

Vielleicht kennen Sie die Ausdrücke *Tiefpassfilter* (bzw. *Hochpaßfilter*) schon aus einem anderen Zusammenhang. In der Signaltheorie beschreiben sie das Verhalten von Wechselstromschaltungen in

Abhängigkeit von der Frequenz. Ein Tiefpaßfilter ist durchlässig für tiefe Frequenzen, ein Hochpaßfilter für hohe und ein Bandpaßfilter für ein bestimmtes Frequenzband.

In der Tat haben lineare Filter eine enge Verbindung zum Ortsfrequenzraum. Vom Ortsraum (also von der Funktion $g(x,y)$) in den Ortsfrequenzraum gelangt man über die zweidimensionale Fouriertransformation. Damit gelten alle Sätze über die Fouriertransformation auch für Bilder, beispielsweise der Faltungssatz. Dieser Zusammenhang läßt sich folgendermaßen verdeutlichen: Dreht man einen zweidimensionalen Filterkern um 180° (Abb. 8.11) so wird aus der *Kreuzkorrelation*

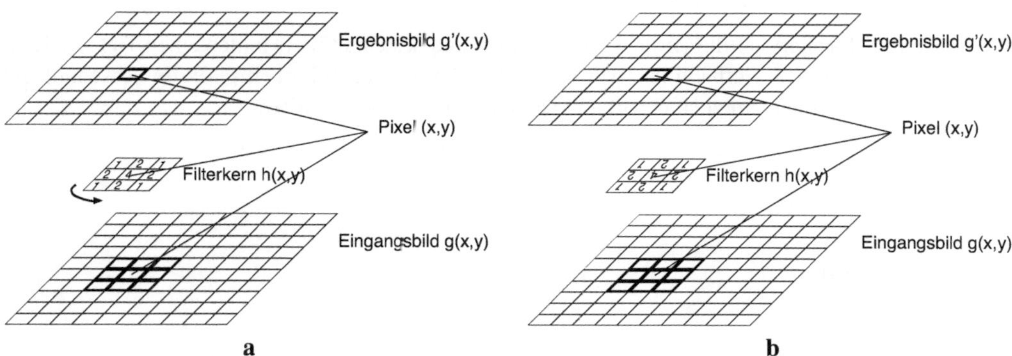

Abbildung 8.11: Kreuzkorrelation und Faltung in zwei Dimensionen am Beispiel des Gaußfilters
a) Drehen des Filterkerns um 180° macht aus einer Kreuzkorrelation ... b) ... eine Faltung

$$g(x,y) \circ h(x,y) = \sum_{v,u=-1}^{1} \sum_{u=-1}^{1} g(x+u,y+v)h(u,v)$$

eine *Faltung* eines Bildes g(x,y) mit einem Filterkern h(x,y). Beispielsweise erhalten wir für ein Filter der Größe 3 × 3,

$$g(x,y) * h(x,y) = \sum_{v,u=-1}^{1} \sum_{u=-1}^{1} g(x-u,y-v)h(u,v)$$

und, allgemeiner, für ein Filter der Größe (2m+1) × (2m+1) oder ganz allgemein und mathematisch korrekt:

$$g(x,y) * h(x,y) = \int_{v=-\infty}^{\infty} \int_{u=-\infty}^{\infty} g(x-u,y-v)h(u,v)\,\mathrm{d}u\,\mathrm{d}v \tag{8.12}$$

Aufgrund des Faltungssatzes der Fouriertransformation

$$\mathcal{F}\left[g(x,y) * h(x,y)\right] = G(\omega_x,\omega_y) \cdot H(\omega_x,\omega_y) \tag{8.13}$$

mit:

$g(x,y)$:   Bildfunktion
$h(x,y)$:   Filterkern
$G(\omega_x, \omega_y)$: Fouriertransformierte des Bildes $g(x,y)$
$H(\omega_x, \omega_y)$: Fouriertransformierte des Filterkerns $h(x,y)$

ist eine Faltung mit einem Filter h(x,y) im Ortsraum äquivalent zu einer Multiplikation zwischen dem fouriertransformierten Bild und dem fouriertransformierten Filter im Ortsfrequenzraum. Statt im Ortsraum das Bild mit dem um 180° gedrehten Filterkern zu falten (oder, was dasselbe ist, mit dem nichtgedrehten Filterkern zu korrelieren) kann man die Fouriertransformierte des Bildes mit der Fouriertransformierten des Filterkerns multiplizieren.

Alle fouriertransformierten Filterkerne des Mittelwert- und des Gaußfilters bilden einen Tiefpaß. Deshalb heißen diese Filter Tiefpaßfilter. Alle fouriertransformierten Filterkerne, die in Abschnitt 8.3 behandelt werden, bilden einen Hochpaß und heißen deshalb Hochpaßfilter.

8.3   Hochpaßfilter

Hochpaßfilter betonen hochfrequente Anteile, d.h. Kanten und Spitzen in einem Bild. Alle Hochpaßfilter basieren auf der ersten oder zweiten Ableitung der Bildfunktion $g(x,y)$ in unterschiedlicher Richtung mit unterschiedlicher Gewichtung der einzelnen Bildpunkte. Filter, die auf der ersten Ableitung beruhen, werden auch *Gradientenfilter* genannt, die der zweiten Ableitung *Laplace Filter*. Beide Bezeichnungen stammen aus der Vektoranalysis.

Das Ergebnisbild enthält nach der Filterung in der Regel positive und negative Grauwerte. Es muss anschließend durch eine Punktoperation auf ein positives Grauwertintervall, beispielsweise auf das Intervall $[0\ldots255]$ normiert werden, oder es wird der Betrag $|g'(x,y)|$ gebildet. Da die Filterung auch hier über m×m − Nachbarschaften ausgeführt wird, ergeben sich für den Randbereich eines Bildes die gleichen Schwierigkeiten, da der Grauwert beispielsweise in der Position (-1,-1) nicht definiert ist. Als Abhilfe kann man jedoch auch hier die auf Seite 146 beschriebenen Möglichkeiten einsetzen.

8.3.1   Gradientenfilter

Roberts-, Prewitt- und Sobel – Operator beruht auf der ersten Ableitung. Die partiellen Ableitungen einer differenzierbaren kontinuierlichen Funktion $g(x,y)$ sind folgendermaßen definiert:

$$\frac{\delta g(x,y)}{\delta x} = \lim_{\Delta x \to 0} \frac{g(x+\Delta x, y) - g(x,y)}{\Delta x}$$

$$\frac{\delta g(x,y)}{\delta y} = \lim_{\Delta y \to 0} \frac{g(x, y+\Delta y) - g(x,y)}{\Delta y}$$

(8.14)

Bei einer Funktion mit diskreten Variablen x und y bzw. einem Bild mit den Grauwerten g(x,y) kann jedoch Δx und Δy minimal 1 werden und man kann für die Richtungsableitungen schreiben:

$$\frac{\delta g(x,y)}{\delta x} = g(x+1,y) - g(x,y) \tag{8.15}$$

$$\frac{\delta g(x,y)}{\delta y} = g(x,y+1) - g(x,y) \text{oder}$$

$$\frac{\delta g(x,y)}{\delta x} = g(x,y) - g(x-1,y) \tag{8.16}$$

$$\frac{\delta g(x,y)}{\delta y} = g(x,y) - g(x,y-1)$$

Die entsprechenden Filterkerne haben das folgende Aussehen:

$$h_{ab\,1}(x,y) = \begin{bmatrix} 0 & 0 & 0 \\ 0 & -1 & 1 \\ 0 & 0 & 0 \end{bmatrix} \qquad h_{ab\,2}(x,y) = \begin{bmatrix} 0 & -1 & 0 \\ 0 & 1 & 0 \\ 0 & 0 & 0 \end{bmatrix}$$

$$\tag{8.17}$$

$$h_{ab\,3}(x,y) = \begin{bmatrix} 0 & 0 & 0 \\ -1 & 1 & 0 \\ 0 & 0 & 0 \end{bmatrix} \qquad h_{ab\,4}(x,y) = \begin{bmatrix} 0 & -1 & 0 \\ 0 & 1 & 1 \\ 0 & 0 & 0 \end{bmatrix}$$

mit:

$h_{ab\,n}(x,y)$: Filterkernder Größe $n \times n$ des Differenzenoperators (Ableitungsfilter) (n ungerade)

Filter $h_{ab\,1}$ und $h_{ab\,3}$ sprechen besonders auf vertikale Kanten an, Filter $h_{ab\,2}$ und $h_{ab\,4}$ auf horizontale Kanten. Sämtliche Filter haben in diesen Beispielen die Größe 3×3, damit sie untereinander besser verglichen werden können. Entsprechende Filter sind natürlich auch in der Größe 5×5, 7×7 usw. realisierbar. Gl. (8.17) wird *Ableitungs-* oder *einfacher Differenzenoperator* genannt. Von diesem Operator ausgehend sind unzählige Variationen möglich.

Der Roberts-Operator

Der Roberts-Operator berechnet die Differenzen in diagonaler Richtung:

$$h_{ro\,1}(x,y) = \begin{bmatrix} 0 & -1 & 0 \\ 1 & 0 & 0 \\ 0 & 0 & 0 \end{bmatrix} \qquad h_{ro\,2}(x,y) = \begin{bmatrix} -1 & 0 & 0 \\ 0 & 1 & 0 \\ 0 & 0 & 0 \end{bmatrix}$$

$$\tag{8.18}$$

$$h_{ro\,3}(x,y) = \begin{bmatrix} 0 & 1 & 0 \\ -1 & 0 & 0 \\ 0 & 0 & 0 \end{bmatrix} \qquad h_{ro\,4}(x,y) = \begin{bmatrix} 1 & 0 & 0 \\ 0 & -1 & 1 \\ 0 & 0 & 0 \end{bmatrix}$$

mit:

$h_{ro\,n}(x,y)$: Filterkernder Größe $n \times n$ des Robertsoperators (Robertsfilter) (n ungerade)

Der Differenzenoperator und der Roberts-Operator haben die gleichen Nachteile: Das Ergebnisbild ist um ein halbes Abtastintervall verschoben, und beide Operatoren sind sehr rauschempfindlich, da Rauschpunkte durch die Differenzenbildung noch verstärkt werden. Benötigt wird ein Operator, der ableitet und gleichzeitig mittelt.

Der Prewitt-Operator

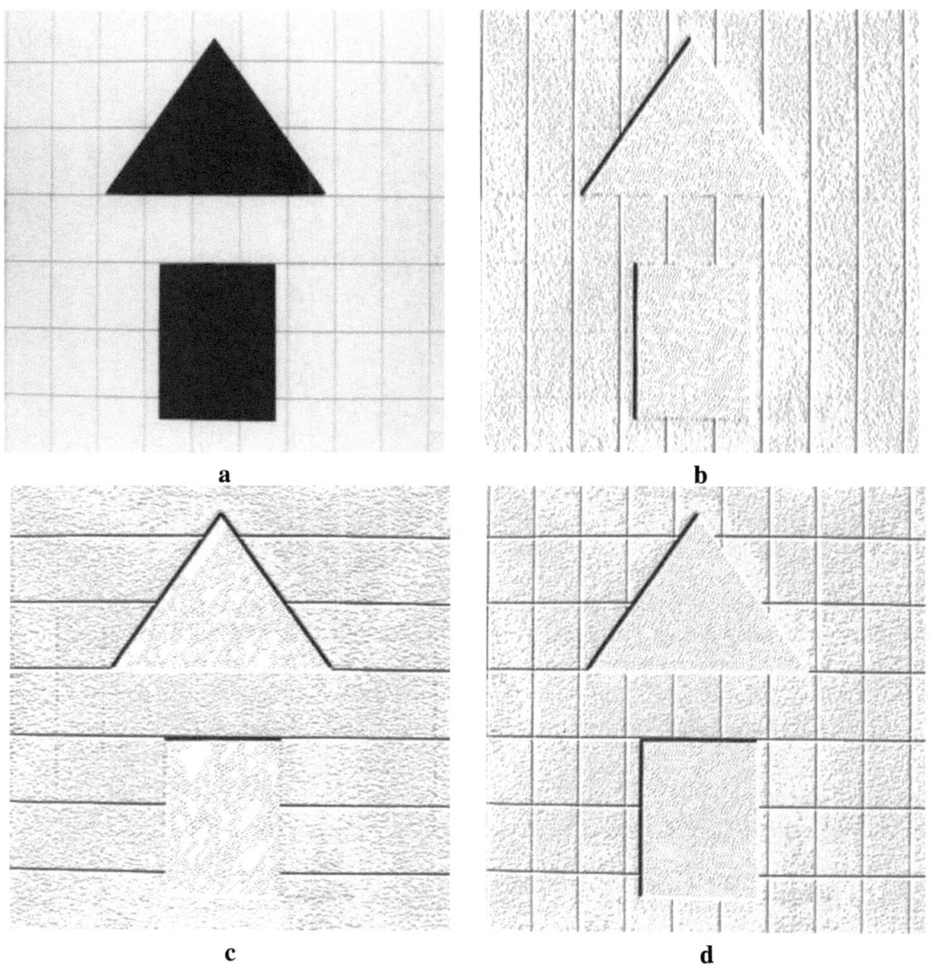

Abbildung 8.12: Das Prewitt-Filter
a) Original b) Filterung mit dem Kern $h_{pr_1}(x,y)$ c) Filterung mit dem Kern $h_{pr_2}(x,y)$ d) Filterung mit dem Kern $h_{pr_4}(x,y)$

Der Prewitt-Operator hebt wie der Differenzen- und der Roberts-Operator die Kanten der Objekte eines Bildes hervor, aber er nimmt auch gleichzeitig eine Mittelung vor, so dass zufällige

Störungen wie Rauschen unterdrückt werden (Abb. 8.12).

Die entsprechenden Filterkerne haben das folgende Aussehen:

$$h_{\text{ro}\,1}(x,y) = \begin{bmatrix} -1 & 1 & 0 \\ -1 & 1 & 0 \\ -1 & 1 & 0 \end{bmatrix} \qquad h_{\text{ro}\,2}(x,y) = \begin{bmatrix} -1 & -1 & -1 \\ 1 & 1 & 1 \\ 0 & 0 & 0 \end{bmatrix}$$

oder

$$h_{\text{ro}\,3}(x,y) = \begin{bmatrix} 0 & -1 & 1 \\ 0 & -1 & 1 \\ 0 & -1 & 1 \end{bmatrix} \qquad h_{\text{ro}\,4}(x,y) = \begin{bmatrix} 0 & 0 & 0 \\ -1 & -1 & -1 \\ 1 & 1 & 1 \end{bmatrix}$$

oder etwa, was einer Differenzenbildung über zwei Punkte entspricht:

$$h_{\text{pr}\,1}(x,y) = \begin{bmatrix} -1 & 0 & 1 \\ -1 & 0 & 1 \\ -1 & 0 & 1 \end{bmatrix} \qquad h_{\text{pr}\,2}(x,y) = \begin{bmatrix} -1 & -1 & -1 \\ 0 & 0 & 0 \\ 1 & 1 & 1 \end{bmatrix}$$

Rotation um $45°$ ergibt die folgenden anderen beiden Komponenten, die empfindlich sind für Kanten in Richtung der Hauptdiagonalen und der Nebendiagonalen:

$$h_{\text{pr}\,3}(x,y) = \begin{bmatrix} 0 & -1 & -1 \\ 1 & 0 & -1 \\ 1 & 1 & 0 \end{bmatrix} \qquad h_{\text{pr}\,4}(x,y) = \begin{bmatrix} 1 & 1 & 0 \\ 1 & 0 & -1 \\ 0 & -1 & -1 \end{bmatrix}$$

mit:

$h_{\text{pr}\,n}(x,y)$: Filterkernder Größe $n \times n$ des Prewittoperators (Prewittfilter) (n ungerade)

Die Filterkerne $h_{\text{pr}\,1}$ bis $h_{\text{pr}\,4}$ sind unter dem Namen *Prewitt-Filter* bekannt. $h_{\text{pr}\,1}(u,v)$ ist für vertikale Kanten empfindlich, $h_{\text{pr}\,2}(u,v)$ für horizontale Kanten, die beiden anderen sind empfindlich für Kanten in Richtung der beiden Diagonalen.

Alle Filterkerne des Prewitt-Operators bewirken eine Ableitung in eine Richtung und senkrecht dazu eine Mittelung über jeweils 3 Pixel durch ein Mittelwertfilter.

Der Sobel-Operator

Ein ebenfalls sehr häufig verwendetes Kantenfilter ist der Sobel-Operator. Die Mittelung erfolgt wie beim Prewitt-Filter senkrecht zur Ableitungsrichtung, jedoch nicht durch ein Mittelwertfilter, sondern durch ein Gaußfilter über 3 Pixel. Die Filterkerne haben die Form:

$$h_{\text{so}\,1}(x,y) = \begin{bmatrix} -1 & 0 & 1 \\ -2 & 0 & 2 \\ -1 & 0 & 1 \end{bmatrix} \qquad h_{\text{so}\,2}(x,y) = \begin{bmatrix} -1 & -2 & -1 \\ 0 & 0 & 0 \\ 1 & 2 & 1 \end{bmatrix}$$

mit:

$h_{\text{so}\,n}(x,y)$: Filterkernder Größe $n \times n$ des Sobeloperators (Sobelfilter) (n ungerade)

$h_{\text{so}\,1}(u,v)$ ist empfindlich für vertikale Kanten, $h_{\text{so}\,2}(u,v)$ für horizontale. Rotation um $45°$ ergibt wiederum die diagonalen Komponenten.

$$h_{\text{so}\,3}(x,y) = \begin{bmatrix} 0 & -1 & -2 \\ 1 & 0 & -1 \\ 2 & 1 & 0 \end{bmatrix} \qquad h_{\text{so}\,4}(x,y) = \begin{bmatrix} 2 & 1 & 0 \\ 1 & 0 & -1 \\ 0 & -1 & -2 \end{bmatrix}$$

Wir erinnern uns, dass eine Linearkombination von linearen Filtern wieder ein lineares Filter ergibt (Gl. (8)). Das kann man beim Sobel-Filter sehr schön sehen: Sobel-Filter können aus der Addition zweier Prewitt-Filter erzeugt werden. Beispielsweise ist

$$h_{\mathrm{so}\,1}(x,y) \quad = \quad -h_{\mathrm{pr}\,3}(x,y) - h_{\mathrm{pr}\,4}(x,y)$$

$$\begin{bmatrix} -1 & 0 & 1 \\ -2 & 0 & 2 \\ -1 & 0 & 1 \end{bmatrix} \quad = \quad - \begin{bmatrix} 0 & -1 & -1 \\ 1 & 0 & -1 \\ 1 & 1 & 0 \end{bmatrix} \quad + \quad - \begin{bmatrix} 1 & 1 & 0 \\ 1 & 0 & -1 \\ 0 & -1 & -1 \end{bmatrix}$$

Man kann also, statt ein Bild zuerst mit $-h_{\mathrm{pr}\,3}(u,v)$ und dann mit $-h_{\mathrm{pr}\,4}(u,v)$ zu filtern, gleich mit $h_{\mathrm{so}\,1}(u,v)$ filtern und erhält das gleiche Resultat. Analog kann mit den anderen Filterkernen des Sobel- bzw. Prewitt-Filters verfahren werden.

Umgekehrt kann eine zeitintensive Filterung mit einem großen Filterkern und vielen Multiplikationen zerlegt werden in die Nacheinanderausführung von Filterungen mit einfachen Filterkernen.

8.3.2   Template-Matching

Erweitert man den Prewitt- und den Sobeloperator auf 8 Filterkerne, indem man die jeweilige Grundversion, also beispielsweise h_{pr_1} immer um ein Element rotiert, so erhält man Sätze von 8 Operatoren, die jeweils empfindlich sind für die linke, die rechte, die obere und die untere Kante. Außerdem sind sie in der Lage, zwischen vier diagonalen Kanten zu unterscheiden. Solche Filter werden *Template matching Filter* (Template: engl. *Schablone*) genannt. Bei der Template-Filterung wird das Bild nacheinander mit allen Variationen des Filterkerns gefaltet. Das Resultat mit dem höchsten Betrag enthält die gesuchte Kante und wird in das Ergebnisbild übernommen.

In der Praxis setzt man dafür jedoch nicht den Sobel- oder Prewittoperator ein, sondern Filter, bei denen die Empfindlichkeit noch erhöht ist. Sie sind unter dem Namen *Kompaß-Gradient* und *Kirsch-Operator* bekannt (Gl. (8.19) und Gl. (8.20) Seite 159). Erlaubt man auch größere Filterkerne, so kann kann man das Filter an jede gewünschte Kantenrichtung angleichen. Man nimmt dazu eine real im Bild vorhandene Kante, welche extrahiert werden soll, als Muster und entwirft ein entsprechendes Filter. Das geschieht folgendermaßen: Man erstellt mit einem geeigneten Zeichenprogramm ein neues Bild, dessen Kantenlänge ein Vielfaches der Kantenlänge des zu entwickelnden Filterkerns ist. In dieses Bild zeichnet man eine Linie von geeigneter Dicke und mit der gleichen Richtung der zu extrahierenden Kante im Bild. Dann verwischt man sie einige Male mit einem Mittelwert- oder Gauß-filter und verkleinert das Bild auf die gewünschte Filtergröße. Anschließend werden die Pixel auf der einen Seite der Linie (per Hand oder per Programm) auf negative Werte mit gleichem Betrag gesetzt, die Pixel der Linie selbst auf 0. Die Ableitungsrichtung im Bild liegt dann senkrecht zur Nulllinie im Filterkern.

Der Kompaß-Gradient

$$h_{co\,1}(x,y) = \begin{bmatrix} 1 & 1 & 1 \\ 1 & -2 & 1 \\ -1 & -1 & -1 \end{bmatrix} \qquad h_{co\,2}(x,y) = \begin{bmatrix} 1 & 1 & 1 \\ -1 & -2 & 1 \\ -1 & -1 & 1 \end{bmatrix}$$

$$h_{co\,3}(x,y) = \begin{bmatrix} -1 & 1 & 1 \\ -1 & -2 & 1 \\ -1 & 1 & 1 \end{bmatrix} \qquad h_{co\,4}(x,y) = \begin{bmatrix} -1 & -1 & 1 \\ -1 & -2 & 1 \\ 1 & 1 & 1 \end{bmatrix}$$

$$h_{co\,5}(x,y) = \begin{bmatrix} 0 & -1 & 0 \\ 1 & 0 & 0 \\ 0 & 0 & 0 \end{bmatrix} \qquad h_{co\,6}(x,y) = \begin{bmatrix} -1 & 0 & 0 \\ 0 & 1 & 0 \\ 0 & 0 & 0 \end{bmatrix}$$

$$h_{co\,7}(x,y) = \begin{bmatrix} 0 & 1 & 0 \\ -1 & 0 & 0 \\ 0 & 0 & 0 \end{bmatrix} \qquad h_{co\,8}(x,y) = \begin{bmatrix} 1 & 0 & 0 \\ 0 & -1 & 1 \\ 0 & 0 & 0 \end{bmatrix}$$

$$(8.19)$$

Der Kirsch-Operator

$$h_{kir\,1}(x,y) = \begin{bmatrix} 5 & 5 & 5 \\ -3 & 0 & -3 \\ -3 & -3 & -3 \end{bmatrix} \qquad h_{kir\,2}(x,y) = \begin{bmatrix} -3 & 5 & 5 \\ -3 & 0 & 5 \\ -3 & -3 & -3 \end{bmatrix}$$

$$h_{kir\,3}(x,y) = \begin{bmatrix} -3 & -3 & 5 \\ -3 & 0 & 5 \\ -3 & -3 & 5 \end{bmatrix} \qquad h_{kir\,4}(x,y) = \begin{bmatrix} -3 & -3 & -3 \\ -3 & 0 & 5 \\ -3 & 5 & 5 \end{bmatrix}$$

$$h_{kir\,5}(x,y) = \begin{bmatrix} -3 & -3 & -3 \\ -3 & 0 & 5 \\ -3 & -3 & -3 \end{bmatrix} \qquad h_{kir\,6}(x,y) = \begin{bmatrix} -3 & -3 & -3 \\ 5 & 0 & -3 \\ 5 & 5 & -3 \end{bmatrix}$$

$$h_{kir\,7}(x,y) = \begin{bmatrix} 5 & -3 & -3 \\ 5 & 0 & -3 \\ 5 & -3 & -3 \end{bmatrix} \qquad h_{kir\,8}(x,y) = \begin{bmatrix} 5 & 5 & -3 \\ 5 & -0 & -3 \\ -3 & -3 & -3 \end{bmatrix}$$

$$(8.20)$$

8.3.3 Der Laplace-Operator

Der Laplace-Operator beruht auf der zweiten Ableitung des Bildes. Er kommt aus der Vektoranalysis und hat die folgende Definition:

$$\nabla^2 g(x) = \frac{\delta^2 g(x,y)}{\delta x^2} + \frac{\delta^2 g(x,y)}{\delta y^2} \tag{8.21}$$

Er ist die Summe der beiden zweiten Richtungsableitungen in x- bzw. y – Richtung. Bekanntlich liegt bei einer Funktion ein Maximum oder ein Minimum vor, wenn die zweite Ableitung nicht verschwindet. Der Laplace – Operator hebt also Schatten, die an den Rändern von Objekten entstehen, hervor und ist somit ebenfalls ein wirkungsvolles Werkzeug zur Erkennung von Objektkanten.

Nach den obigen Auführungen gilt:

$$\frac{\delta^2 g(x,y)}{\delta x^2} = \frac{\delta}{\delta x}\left(g(x+1,y) - g(x,y)\right)$$
$$= \frac{\delta}{\delta x}\left(g(x+1,y)\right) - \frac{\delta}{\delta x}\left(g(x,y)\right)$$
$$= g(x+1,y) - g(x,y) - g(x,y) + g(x-1,y)$$
$$\frac{\delta^2 g(x,y)}{\delta x^2} = g(x+1,y) - 2g(x,y) + g(x-1,y) \tag{8.22}$$

analog

$$\frac{\delta^2 g(x,y)}{\delta y^2} = g(x,y+1) - 2g(x,y) + g(x,y-1) \tag{8.23}$$

Damit ergibt sich für den Laplace – Operator:

$$\nabla^2 g(x,y) = g(x+1,y) + g(x-1,y) - 4g(x,y) + g(x,y+1) + g(x,y-1) \tag{8.24}$$

und das Laplace – Filter hat die Form:

$$h_{\mathrm{lp}\,1}(x,y) = \begin{bmatrix} 0 & 1 & 0 \\ 1 & -4 & 1 \\ 0 & 1 & 0 \end{bmatrix} \tag{8.25}$$

mit:

$h_{\mathrm{lp}\,n}(x,y)$: Filterkernder Größe $n \times n$ des Laplaceoperators (Laplacefilter) (n ungerade)

Es ist empfindlich für horizontale und vertikale Kanten. Da diagonale Kanten auch horizontale und vertikale Anteile haben, sind sie ebenfalls sichtbar, allerdings nicht so stark wie horizontale und vertikale Kanten.

Dreht man dieses Filter um 45°, so ergibt sich

$$h_{\mathrm{lp}\,2}(x,y) = \begin{bmatrix} 1 & 0 & 1 \\ 0 & -4 & 0 \\ 1 & 0 & 1 \end{bmatrix} \tag{8.26}$$

Es ist empfindlich für diagonale Kanten. Hier werden horizontale und vertikale Kanten schwächer dargestellt (Abb. 8.13).

Die Addition dieser beiden Filter ergibt:

$$h_{\mathrm{lp}\,3}(x,y) = h_{\mathrm{lp}\,1}(x,y) + h_{\mathrm{lp}\,2}(x,y)$$
$$\begin{bmatrix} 1 & 1 & 1 \\ 1 & -8 & 1 \\ 1 & 1 & 1 \end{bmatrix} = \begin{bmatrix} 0 & 1 & 0 \\ 1 & -4 & 1 \\ 0 & 1 & 0 \end{bmatrix} + \begin{bmatrix} 1 & 0 & 1 \\ 0 & -4 & 0 \\ 1 & 0 & 1 \end{bmatrix}$$

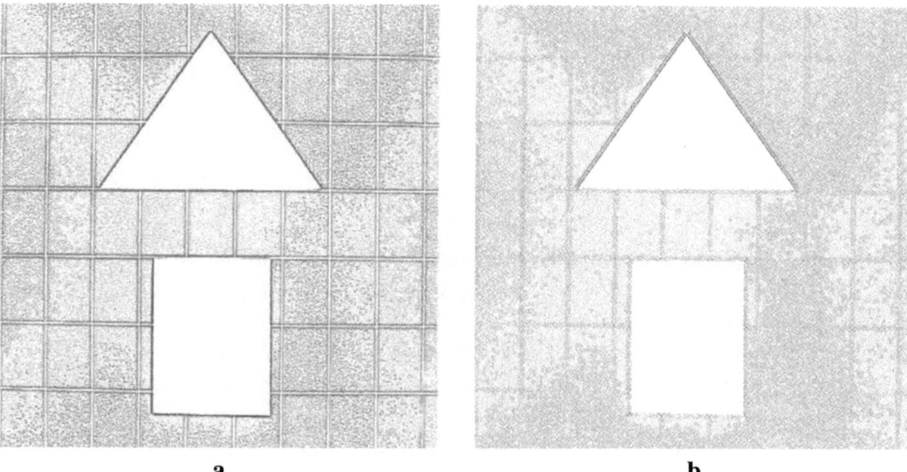

a										b

Abbildung 8.13: Das Laplace-Filter
(Eingangsbild siehe Abb. 8.12)a). a) Filterung mit dem Kern $h_{lp_1}(x,y)$ b) Filterung mit dem Kern $h_{lp_4}(x,y)$

Es ist für alle Kanten gleichermaßen empfindlich.

Es kann aber auch jede Linearkombination der obigen Filter gebildet werden. Subtrahiert man beispielsweise von Gl. (8.26) das Doppelte von Gl. (8.25), so erhält man

$$h_{\text{lp}\,4}(x,y) = h_{\text{lp}\,2}(x,y) - 2h_{\text{lp}\,1}(x,y)$$

$$\begin{bmatrix} 1 & -2 & 1 \\ -2 & 4 & -2 \\ 1 & -2 & 1 \end{bmatrix} = \begin{bmatrix} 1 & 0 & 1 \\ 0 & -4 & 0 \\ 1 & 0 & 1 \end{bmatrix} + -2 \cdot \begin{bmatrix} 0 & 1 & 0 \\ 1 & -4 & 1 \\ 0 & 1 & 0 \end{bmatrix}$$

8.4   Zusammenfassung

Bei der linearen Filterung wird das Bild im Ortsraum einer Faltung unterzogen. Jede Linearkombination von linearen Filtern ist wieder ein lineares Filter. Je nach Größe der Kerne und Besetzung der Kernelemente haben die Filter verschiedene Wirkung auf das Eingangsbild.

- Tiefpaßfilter bewirken eine Glättung des Eingangsbildes
- Hochpaßfilter detektieren Kanten im Eingangsbild. Hochpaßfilter können so programmiert werden, dass sie richtungsempfindlich sind, d.h. Kanten bestimmter Richtungen detektieren.

Lineare Filter haben ihr Pendant im Ortsfrequenzraum.

8.5   Aufgaben zu Abschnitt 8

Aufgabe 8.1

Gegeben sei der Filterkern $h(u,v) \; = \; \begin{bmatrix} 0 & 0 & 0 \\ 1 & -2 & 1 \\ 0 & 0 & 0 \end{bmatrix}$

a) Um was für ein Filter handelt es sich (Tiefpaß, Hochpaß, Bandpaß etc.)?

b) Filtern Sie das Bild in Abb. 8.14a) mit dem Filterkern. Für welche Kanten (horizontale, vertikale, diagonale) ist er empfindlich?
   Hinweis: Bei dieser Filterung können negative Grauwerte auftreten. Obwohl ein Bild normalerweise keine negativen Grauwerte enthält, können Sie sie in dieser theoretischen Aufgabe einfach im Ergebnisbild stehen lassen.

c) Zeigen Sie, dass dieses Filter aus der zweiten Ableitung des Bildes nach x entsteht

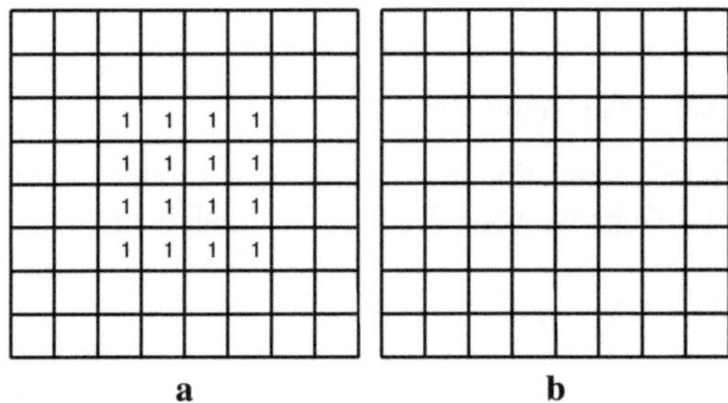

a   b

Abbildung 8.14: Aufgabe 1: Eingangsbild für die Filterung. Die Pixel ohne Werte haben den Grauwert 0.
a) Eingangsbild b) Vorlage für das Ergebnisbild

Aufgabe 8.2

Wie sieht das Gaußfilter mit einem Filterkern der Größe 7×7 aus?

Aufgabe 8.3

Geben Sie den Effekt von linearer Filterung mit folgenden Filterkernen an:

a) $\dfrac{1}{3}\begin{bmatrix} 1 & 1 & 1 \end{bmatrix}$ b) $\dfrac{1}{9}\begin{bmatrix} 1 & 1 & 1 \\ 1 & 1 & 1 \\ 1 & 1 & 1 \end{bmatrix}$ c) $\begin{bmatrix} 1 & 1 & 1 \\ 1 & -8 & 1 \\ 1 & 1 & 1 \end{bmatrix}$ d) $\begin{bmatrix} 1 & 0 & -1 \\ 1 & 0 & -1 \\ 1 & 0 & -1 \end{bmatrix}$

9 Morphologische Operationen

Morphologie ist die Lehre von den Gestalten und Formen. Morphologische Bildoperationen verändern die Form von Objekten in einem Bild. Alle morphologischen Operationen beziehen, ähnlich wie die linearen Filter, die *Nachbarschaft* eines Bildpunktes mit ein. Deren Größe und Form kann dabei frei definiert werden.

Ein Bildpunkt zusammen mit seinen Nachbarn bildet das sog. *strukturierende Element*. Abb. 9.1 zeigt einige Beispiele von strukturierenden Elementen. Es wird, ähnlich wie ein Filterkern eines linearen Filters, über das Bild g(x,y) bewegt, und die Pixel, die innerhalb des strukturierenden Elements liegen, werden in die morphologische Operation mit einbezogen. Der Bildpunkt unter dem *Zentrum* (x_0,y_0) des strukturierenden Elements wird durch die Operation verändert (Abb. 9.2). Das Zentrum kann,

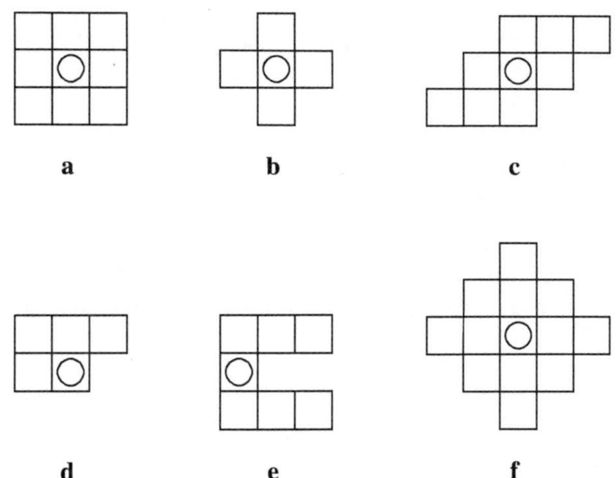

Abbildung 9.1: Beispiele für strukturierende Elemente
Das Zentrum (x_0,y_0) ist mit einem Kreis gekennzeichnet

muss jedoch nicht notwendigerweise in der Mitte liegen. Das Resultat einer morphologischen Operation wird an der entsprechenden Stelle des Ergebnisbildes $g'(x,y)$ gespeichert. Das strukturierende Element kann in verschiedenen Bildverarbeitungssystemen unterschiedlich implementiert sein. Die gebräuchlichsten Realisierungen sind

- als kleines Binärbild, welches die Pixel enthält, die bei der jeweiligen Operation berücksichtigt werden, ähnlich wie in Abb. 9.1.
- als eine Ascii-Datei mit Koordinaten, wobei das Zentrum die Koordinaten (0,0) hat. Beispielsweise hätte zu Abb. 9.1 c) korrespondierende Datei des strukturierenden Elements den Inhalt (0;-1), (1;-1), (2;-1), (-1;0), (0;0), (1;0), (-2;1), (-1;1), (0;1) .

Morphologische Operationen benötigen also ein Eingangsbild und ein strukturierendes Element. Für

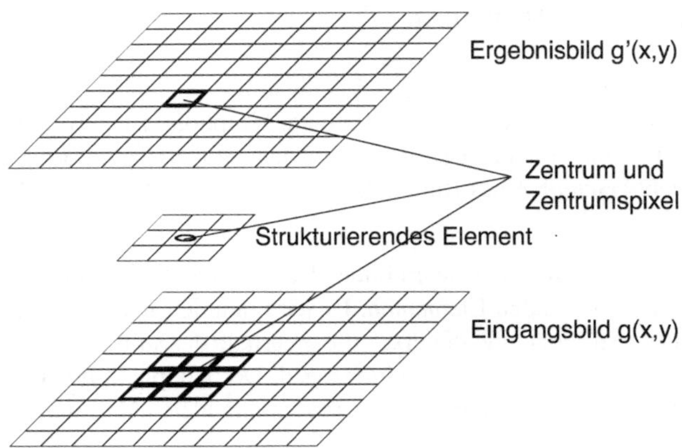

Abbildung 9.2: Strukturierendes Element
Das strukturierende Element definiert die Nachbarschaft eines Bildpunktes. Für jedes Pixel des Ergebnisbildes g'(x,y) werden alle unter dem strukturierenden Element befindlichen Pixel des Eingangsbildes g(x,y) in die Berechnung mit einbezogen.

die folgenden Erläuterungen wird ein strukturierendes Element der Größe 3×3 mit dem Zentrum in der Mitte (Abb. 9.1 a) zugrundegelegt.

Weiterhin sollte erwähnt werden, dass auch morphologische Filter immer ein Ergebnisbild produzieren. Das wird oft vergessen, wenn von dem ”Löschen” oder ”Hinzufügen” eines Pixels die Rede ist. Dies darf natürlich nie im Eingangsbild geschehen, da sonst die Filter abhängig von der Durchlaufrichtung wären.

9.1 Morphologische Operationen im Grauwertbild

Die wichtigsten morphologischen Operationen im Grauwertbild sind die sog. *Rangordnungsfilter*. Allen Rangordnungsfiltern ist gemeinsam, dass die Grauwerte innerhalb eines strukturierenden Elementes der Größe nach geordnet werden. Die verschiedenen Effekte entstehen durch die Auswahl eines speziellen Grauwertes in dieser geordneten Folge (eines *Ranges*).

9.1.1 Das Medianfilter

Unter den Rangordnungsfilter ist das *Medianfilter* von besonderer Bedeutung. Es ist dazu geeignet, sporadische Bildstörungen wie etwa einzelne gestörte Bildpunkte, ganze Bildzeilen, aber auch Rauschen zu detektieren und zu eliminieren. Im Gegensatz zum Mittelwertfilter ist der Unschärfeeffekt beim Medianfilter ungleich geringer. Dies wird deutlich, wenn man Abb. 9.3 mit Abb. 8.2 der Mittelwertfilterung vergleicht. Das Medianfilter funktioniert in zwei Schritten:

a   b

Abbildung 9.3: Verrauschtes Bild und Ergebnisbild nach Medianfilterung mit einem strukturierenden Element der Größe 3×3

- Der Grauwert $g(x_0, y_0)$ an der Stelle (x_0, y_0) wird zusammen mit den Grauwerten seiner Umgebung der Größe nach sortiert.

- An die Stelle (x_0, y_0) des Ergebnisbildes wird der nach dem Sortiervorgang in der *Mitte* stehende Grauwert (der in der Statistik als *Median* bezeichnet wird) gesetzt (Abb. 9.1.1).

Bei einem quadratischen strukturierenden Element der Größe 3×3 steht der gesuchte Grauwert nach dem Sortiervorgang an Stelle 4. Man spricht bei einem 3×3-Medianfilter deshalb auch von einem *Rangordnungsfilter des Ranges 4*, bei einem 5×5-Medianfilter deshalb auch von einem *Rangordnungsfilter des Ranges 12* usw.

Die Auswirkung des Medianfilters zeigen die Abb. 9.5 und Abb. 9.6. Vergleicht man die Ergebnisse einer Mittelwertfilterung Abb. 8.3 mit der Medianfilterung Abb. 9.5, so ist das Medianfilter offensichtlich in der Lage, genau die Rauschpunkte zu erfassen und zu eliminieren. Erst wenn das Rauschen so groß wird, dass in einer gegebenen Umgebung mehr Pixel Rauschpunkte als Bildpunkte enthalten, muss auch das Medianfilter passen (Abb. 9.6).

Diese "Wunderwirkung"des Medianfilters kann man sich eindimensional veranschaulichen. In Abb. 9.7 werden verschiedene eindimensionale Grauwertfolgen gezeigt. (Original, links). Der Grauwert ist durch die Länge der Linien verdeutlicht. Es handelt sich dabei um

1. eine Stufe (z.B. eine Objektkante)
2. einen linearen Grauwertzuwachs (z.B. eine Struktur innerhalb eines Objekts)
3. einen einzelnen Impuls (z.B. einen Stör- oder Rauschpunkt)

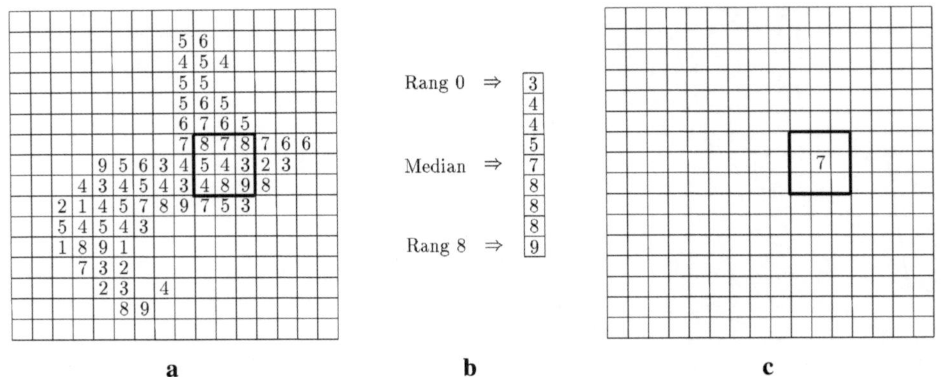

Abbildung 9.4: Arbeitsweise des Medianfilters
a) Bildpunkte unter einem strukturierenden Element, b) Grauwerte nach dem Sortiervorgang, c) Grauwert des Ergebnisbildpunktes

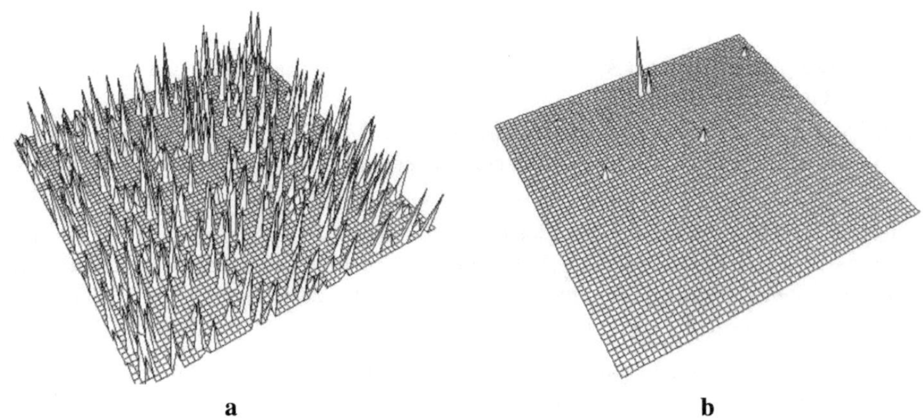

Abbildung 9.5: Rauschbild und Ergebnisbild nach Medianfilterung
Die Größe des strukturierenden Elementes beträgt 3×3

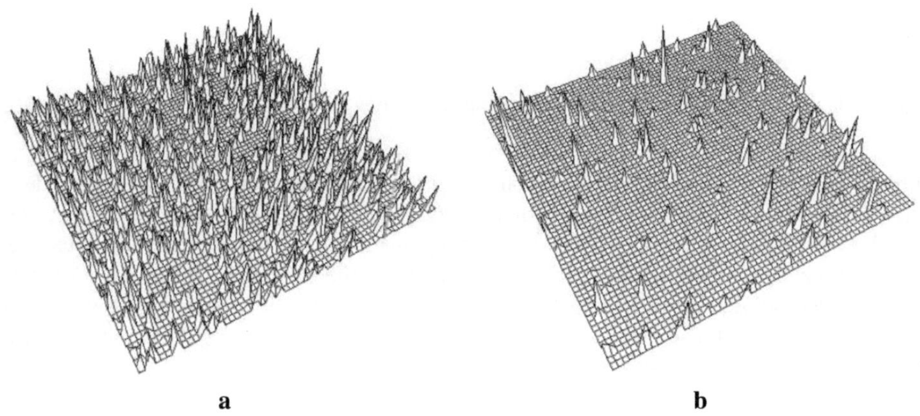

Abbildung 9.6: Bild mit starkem Rauschen und Ergebnisbild nach Medianfilterung
Die Größe des strukturierenden Elementes beträgt 3×3

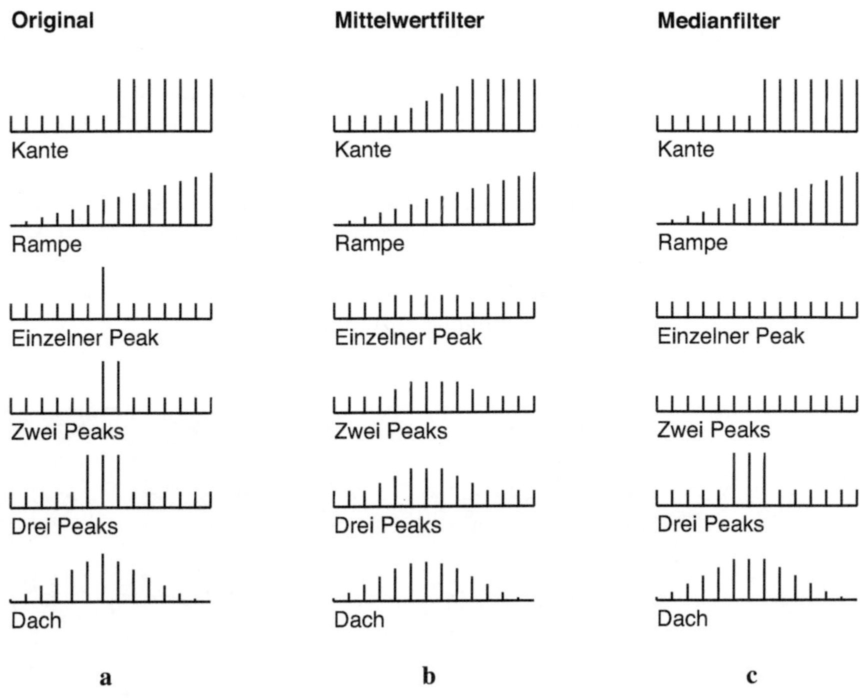

Abbildung 9.7: Eindimensionaler Vergleich von Mittelwert- und Medianfilter
Der Filterkern bzw. das strurierende Element hat die Größe 5×1. Die Länge der vertikalen Linien entspricht jeweils dem Grauwert. a) Original, b) Mittelwertfilter, c) Medianfilter

4. einen Doppelimpuls (z.B. einen Stör- oder Rauschpunkt)

5. einen Tripelimpuls (z.B. ein kleineres Objekt)

6. eine auf- und absteigende Grauwertänderung (z.B. eine Struktur innerhalb eines Objekts)

Die mittlere Spalte zeigt das Ergebnis nach einer *Mittelwert*filterung mit einem Filterkern der Größe 5×1 (siehe Abschnitt 8.1.1). Offensichtlich werden Objektstrukturen wie Kanten usw. verbreitert, einzelne Störimpulse heben den Wert der ganzen Umgebung mit an. Die rechte Spalte zeigt das Ergebnis nach einer *Median*filterung mit einem strukturierenden Element der Größe 5×1. Objektstrukturen werden bei der Medianfilterung nicht oder kaum angegriffen. Störimpulse verschwinden spurlos. Medianfilter sind also am besten geeignet zur Beseitigung von impulsförmigen Störungen. Zur Beseitigung von großflächigen Störungen eignen sie sich weniger. Medianfilter sind kaskadierbar, d.h. Bildelemente, die beim ersten Durchlauf nicht verändert wurden, bleiben auch in weiteren Durchläufen unverändert bestehen. Aus der günstigen Eigenschaft der Medianfilter, Kanten von Objekten unberührt zu lassen, ergeben sich viele Einsatzmöglichkeiten. Ein Nachteil von Medianfiltern ist jedoch die relativ hohe Rechenzeit, die für den Sortiervorgang in Anspruch genommen wird.

9.1.2 Erosion und Dilatation im Grauwertbild

Durch eine einfache Modifikation des Medianfilters kann man eine *Erosion* (Schrumpfung) und eine *Dilatation* (Ausdehnung) zusammenhängender Bereiche mit gleichen oder ähnlichen Grauwerten erreichen.

Legt man für die folgenden Ausführungen wieder das strukturierende Element der Größe 3×3 in Abb. 9.1 a) zugrunde, so wird bei einer Grauwert-Erosion oder -Dilatation nicht der Median der Grauwertmenge unter einem strukturierenden Element ausgewählt (Abb. 9.1.1), sondern ein niedrigerer bzw. höherer Grauwert, im Extremfall der niedrigste (Rang 0) bzw. der höchste (Rang 8). Dunkle und helle Flächen werden auf diese Weise vergrößert bzw. verkleinert.

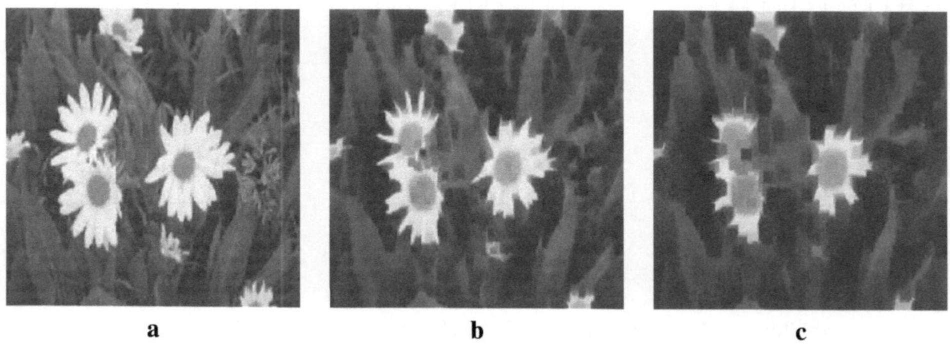

a   b   c

Abbildung 9.8: Grauwerterosion
Strukturierendes Element der Größe 3×3 und dem Rang 0. a) Original, b) zweimalige Erosion, c) viermalige Erosion

Sei $g(x, y)$ ein Grauwertbild, dessen Objekte höhere Grauwerte haben als der Hintergrund. Setzt man an die Stelle (x_0, y_0) des Ergebnisbildes einen niedrigeren Rang als der Median, so führt die Operation zu einer Kontraktion der Objekte (Erosion) und zu einer Expansion des Hintergrundes (Abb. 9.8). Diese ist um so stärker, je niedriger der eingesetzte Rang ist.

Setzt man jedoch an die Stelle (x_0, y_0) des Ergebnisbildes einen höheren Rang als der Median, so führt die Operation zu einer Expansion der Objekte (Dilatation) und zu einer Kontraktion des Hintergrundes (Abb. 9.9). Diese ist um so stärker, je höher der eingesetzte Rang ist.

a **b** **c**

Abbildung 9.9: Grauwertdilatation
Strukturierendes Element der Größe 3×3 und dem Rang 0. a) Original, b) zweimalige Dilatation, c) viermalige Dilatation

Beide Operationen kann man selbstverständlich mehrfach hintereinander ausführen. Ebenso können Erosion und Dilatation hintereinander ausgeführt werden und umgekehrt. Es ist jedoch zu beachten, dass das Ergebnis einer Erosion nicht durch eine Dilatation rückgängig gemacht werden kann. Erosion und Dilatation haben zwar gegensätzliche Effekte auf ein Bild, verhalten sich jedoch nicht wie eine Funktion und ihre Umkehrfunktion.

9.2   Morphologische Operationen im Binärbild

Im Grauwertbild ist die wichtigste morphologische Operation das Medianfilter, Erosion und Dilatation. Weit mächtiger sind morphologische Operationen jedoch im Binärbild. Zudem gibt es im Binärbild weitaus mehr morphologische Operationen, auch die strukturierenden Elemente, von denen einige in Abb. 9.1 gezeigt wurden, können weitere Eigenschaften erhalten.

Theoretisch könnten viele morphologischen Operationen im Binärbild auch für das Grauwertbild definiert werden, findet aber seltener Anwendung. Sollen beispielsweise bestimmte Formen im Grauwertbild detektiert werden, wird das Grauwertbild binarisiert, die entsprechende Operation im Binärbild durchgeführt und das Resulat mit dem Grauwertbild über eine AND-Operation (siehe Abschnitt 7.2) verknüpft. Das liefert die gesuchten Objekte und deren Grauwerte.

Für die folgenden Abschnitte enthalte ein Binärbild zwei Pixelwerte: 1 für die Objektpixel und 0 für die Hintergrundspixel. Aus drucktechnischen Gründen sind in den Bildern die Objekte schwarz und der Hintergrund weiß dargestellt, das ändert aber nichts an den Pixelwerten. Setzt man an die Stelle (x_0, y_0) des Ergebnisbildes den Grauwert des Ranges 0 wie in Abb. 9.10, so führt dies zwar zu der gewünschten Kontraktion der Objekte (Erosion), das Verfahren ist jedoch ineffektiv, da in den Fällen, in denen an der Stelle (x_0, y_0) des Eingangsbildes bereits eine 0 steht, diese nach einem aufwendigen Sortiervorgang an die Stelle (x_0, y_0) des Ergebnisbildes übernommen wird. Einfacher ist es, nur die

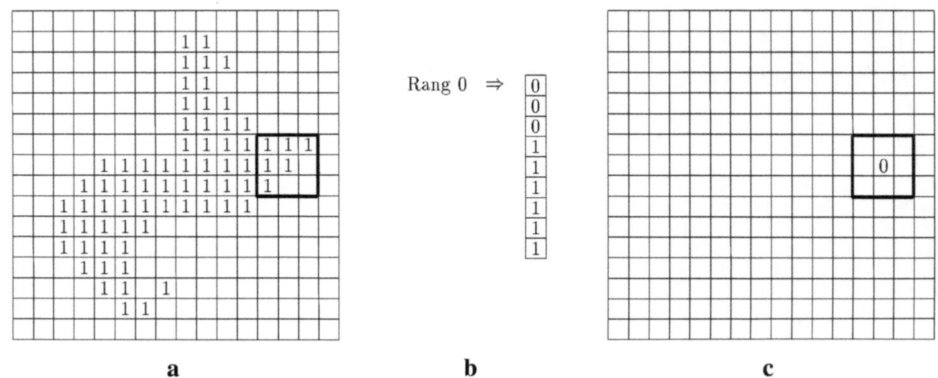

a   b   c

Abbildung 9.10: Erosion im Binärbild als Rangordnungsfilter.
a) Bildpunkte unter einem strukturierenden Element, b) Grauwerte nach dem Sortiervorgang, c) Grauwert des Ergebnisbildpunktes

gesetzten Pixel $(g(x, y) = 1)$ im Eingangsbild zu betrachten und nach einem Kriterium zu entscheiden, ob das jeweilige Pixel erhalten bleibt $(g'(x_0, y_0) = 1)$ oder ob es weggenommen $(g'(x_0, y_0) = 0)$ wird.

Ähnlich ineffektiv ist das Verfahren bei der Dilatation im Binärbild. Setzt man an die Stelle (x_0, y_0) des Ergebnisbildes den Grauwert des Ranges 8 wie in Abb. 9.11, so führt dies zwar zu der gewünschten Expansion der Objekte (Dilatation), aber die Berechnung als Rang ist aufwändiger als nötig. Einfacher ist es, nur die nicht gesetzten Pixel $(g(x, y) = 0)$ im Eingangsbild zu betrachten und nach einem Kriterium zu entscheiden, ob das jeweilige Pixel $g'(x_0, y_0) = 0$ bleibt oder ob es gesetzt $(g'(x_0, y_0) = 1)$ wird. In beiden Fällen kann auf die zeitaufwendige Sortierung der Grauwerte verzichtet werden und sie durch eine Zählung von gesetzten $(g(x, y) = 1)$ und nicht gesetzten $(g(x, y) = 0)$ Pixeln innerhalb des strukturierenden Elements ersetzen.

Mit diesen Kriterien kann auch, ähnlich wie mit dem Rang bei der Grauwerterosion bzw. -dilatation die Empfindlichkeit des Filters gesteuert werden.

Nicht alle morphologischen Operationen im Binärbild sind jedoch Rangordnungsfilter. Sollen beispielsweise die Ränder eines Objektes nicht gleichmäßig abgetragen werden sondern mit einer Vorzugsrichtung wie beispielsweise bei der Berechnung des Skeletts, so sind Rangordnungsfilter ungeeignet.

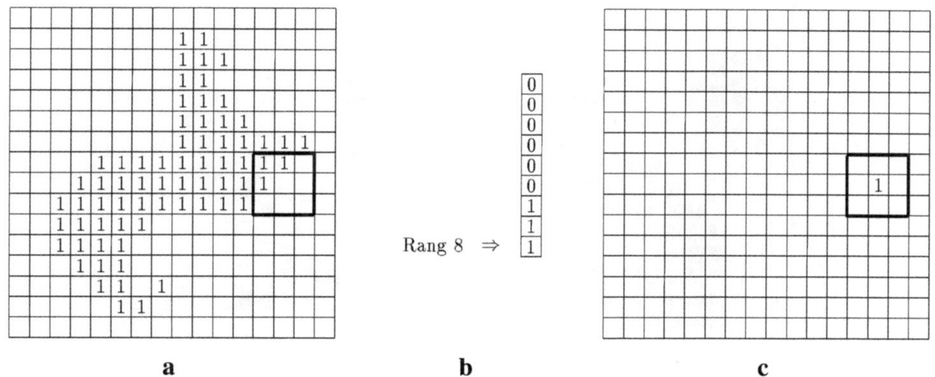

a   **b**   **c**

Abbildung 9.11: Dilatation im Binärbild als Rangordnungsfilter.
a) Bildpunkte unter einem strukturierenden Element, b) Grauwerte nach dem Sortiervorgang, c) Grauwert des Ergebnisbildpunktes

9.2.1 Erosion im Binärbild

Zunächst können Erosion und Dilatation im Binärbild ähnlich wie in genauso wie im Grauwertbild als Rangordnungsfilter realisiert werden. Wie bei den vorhergehenden Ausführungen wird durch das strukturierende Element eines Rangordnungsfilters eine beliebig definierte Nachbarschaft des Pixels (x,y) definiert.

Für die Erklärungen in diesem Abschnitt wird jedoch der Einfachheit halber wieder ein strukturierendes Element der Größe 3 × 3 mit dem Zentrum in der Mitte (Abb. 9.1 a)) zugrundegelegt.

- **Die Grundform der Erosion**

Definition 9.1
Der Erosionsoperator entfernt Randpixel von Objekten. Das hat zur Folge, dass die Objekte schrumpfen bzw. dass Löcher innerhalb der Objekte vergrößert werden.

Es existieren unterschiedliche Erosionsalgorithmen. Die *Grundform der Erosion* zeigt die auffallendsten Effekte, während andere Algorithmen (die *Erweiterungsformen*) bezüglich ihrer Sensibilität eingestellt werden können.

Sei die Nachbarschaft eines Bildpunktes durch das strukturierende Element festgelegt. k sei die Anzahl der Pixel des strukturierenden Elements und z die Anzahl der im Eingangsbild unter dem strukturierenden Element gesetzten ($g(x,y)=1$) Pixel. (x_0, y_0) bezeichne wie immer das unter dem Zentrum des strukturierenden Elements liegende Pixel. Dann wird folgender Prozess als *Grundform der Erosion im Binärbild* bezeichnet:

$$g'(x_0, y_0) = \begin{cases} 1 & \text{für } z = k \\ 0 & \text{für } z < k \end{cases} \tag{9.1}$$

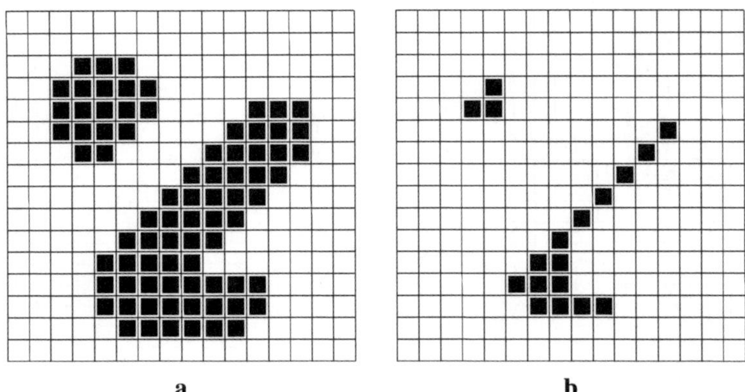

a   b

Abbildung 9.12: Grundform der Erosion
Das strukturierende Element hat die Größe 3×3, das Zentrum liegt in der Mitte. Die schwarzen Pixel haben den Wert 1, die weißen den Wert 0. a) Eingangsbild, b) Ergebnisbild.

Ein Zentrumspixel im Ergebnisbild $g'(x_0, y_0)$ wird gesetzt (d.h. $g'(x_0, y_0) = 1$), wenn das strukturierende Element im Eingangsbild $g(x, y)$ vollständig innerhalb des zu erodierenden Objekts liegt.

Bei dem in diesem Kapitel vorgegebenen strukturierenden Element der Größe 3×3 von Abb. 9.1a) besagt diese Vorschrift, dass alle Objektpixel entfernt werden, die nicht vollständig von anderen Objektpixeln umgeben sind. Es werden also alle Kantenpixel entfernt, Löcher innerhalb von Objekten werden vergrößert, Rauschpunkte auf dem Bildhintergrund und Linien der Dicke 1-2 Pixel verschwinden vollkommen.

Diese Vorschrift ist identisch mit dem in der Abb. 9.10 beschriebenen Rangordnungsfilter. Hier müssen jedoch keine Grauwerte sortiert werden. Abb. 9.12 zeigt ein Beispiel.

- **Die Erweiterungsform der Erosion**
  Bei dieser Form der Erosion kann die Empfindlichkeit über einen Parameter eingestellt werden. Wie in Abschnitt 9.1 beschrieben wurde, kann bei der Erosion im Grauwertbild die Erosionstärke einmal über die Größe des strukturierenden Elements und zum anderen über den gewählten Rang beeinflußt werden. Letzteres ist hier auch möglich. Dies nennt man die Erweiterungsform der Erosion.

Definition 9.2
Sei die Nachbarschaft eines Bildpunktes durch das strukturierende Element festgelegt. Sei k die Anzahl der Pixel des strukturierenden Elements und z die Anzahl der im Eingangsbild unter dem strukturierenden Element gesetzten ($g(x,y)=1$) Pixel. (x_0, y_0) bezeichne wie immer das unter dem Zentrum des strukturierenden Elements liegende Pixel, und sei $g(x_0, y_0) = 1$. Sei weiterhin $0 < m_e < k$ eine Zahl, die als Erodiergrenze bezeichnet wird, dann wird folgender Prozess als *Erweiterungsform der Erosion im Binärbild* bezeichnet:

$$g'(x_0, y_0) = \begin{cases} 0 & \text{für } z \leq m_e \\ g(x_0, y_0) & \text{sonst} \end{cases} \tag{9.2}$$

Ein Zentrumspixel $g'(x_0, y_0)$ im Ergebnisbild $g'(x,y)$ wird entfernt (d.h. $g'(x_0, y_0) = 0$), wenn die Anzahl der unter dem strukturierenden Element liegenden Pixel im Eingangsbild kleiner oder gleich der vorgegebenen Erodiergrenze m_e ist.

Offensichtlich entspricht bei dem hier zugrundeliegenden strukturierten Element Abb. 9.1 a) die Erodiergrenze $m_e = 8$ dem Rang 0 in Abb. 9.10 bzw. der in Abb. 9.12 beschriebenen Grundversion der Erosion.

Die Wahl einer niedrigeren Erodiergrenze ermöglicht nun verschiedene Erodierstärken. Dies wird aus (Abb. 9.13) ersichtlich.

Tab. 9.1 zeigt die Wirkung verschiedener Erodiergrenzen, bezogen auf das zugrundeliegende strukturierende Element Abb. 9.1 a).

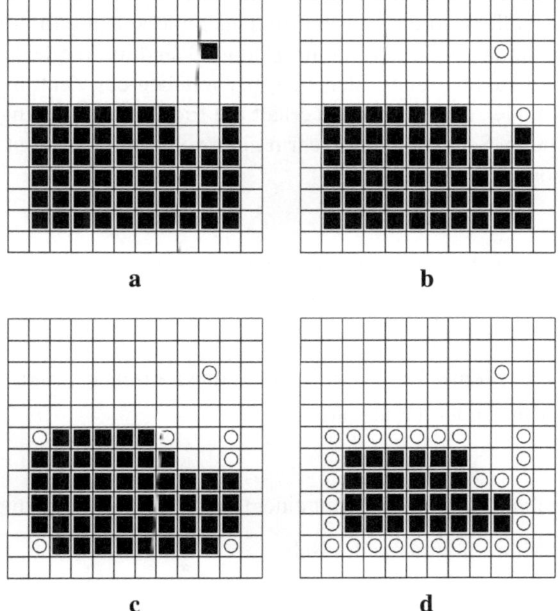

Abbildung 9.13: Beispiele zur Erosion in der erweiterten Form
Das strukturierende Element hat die Größe 3×3, das Zentrum liegt in der Mitte. Die schwarzen Pixel haben den Wert 1, die weißen den Wert 0. Die Kreise markieren die Stellen der erodierten Pixel. a) Eingangsbild, b) Erosionsgrenze $m_e=2$, c) Erosionsgrenze $m_e=4$, d) Erosionsgrenze $m_e=6$

Die Erosion kann sowohl in der Grund- als auch in der erweiterten Form mehrfach wiederholt werden, wobei zu betonen ist, dass es für die Filterung nicht gleichgültig ist, ob einmal stark (d. h. mit einem großen strukturierenden Element bzw. mit einer hohen Erodiergrenze m_e) oder mehrfach schwach (d. h. mit einem kleinen strukturierenden Element bzw. mit einer niedrigen Erodiergrenze m_e) erodiert wird.

Erodiergrenze m_e	Wirkung
1	Einzelne Rauschpunkte auf dem Hintergrund eliminieren
2	Endpunkte einer Linie von 1 Pixel Breite eliminieren
3	Linie von 1 Pixel Breite eliminieren
4,5	Ecken abrunden
6,7	Konvexe Randpunkte eliminieren
8	Konkave Randpunkte eliminieren

Tabelle 9.1: Die Wirkung verschiedener Erodiergrenzen m_e

Strukturierende Elemente, die ein Objekt von allen Seiten her gleichmäßig abtragen sollen, wählt man möglichst rund. Je größer ein strukturierendes Element ist, desto besser ist natürlich eine runde Form zu realisieren. Man sollte also die Erosion (und auch die Dilatation) möglichst auf Bilder mit hoher Auflösung anwenden, damit die Objekte im Bild groß sind im Vergleich zum strukturierenden Element. Verwendet man strukturierende Elemente, bei welchen das Zentrum $\times$ nicht in der Mitte liegt, oder die eine nichtrunde[1] Form haben, so erhält die Erosion eine Vorzugsrichtung. Abb. 9.14a zeigt mehrere Münzen, die im Segmentierungsschritt nicht vollständig getrennt wurden. Dies soll nun durch eine Erosion vollzogen werden.

Beispiel 9.1
Abb. 9.14b zeigt das Ergebnis einer Erosion mit einem runden strukturierenden Element, die runde Form der Münzen blieb erhalten.

Beispiel 9.2
Abb. 9.14c zeigt das Ergebnis einer Erosion mit einem quadratischen strukturierenden Element der Form ■ , die Form der Münzen wird rautenartig.

Beispiel 9.3
Abb. 9.14d zeigt das Ergebnis einer Erosion mit einem rautenförmigen strukturierenden Element der Form ◆ , die Form der Münzen wird quadratisch.

Beispiel 9.4
Abb. 9.14e zeigt das Ergebnis einer Erosion mit einem dreieckigen strukturierenden Element der Form ▲ , die Form der Münzen wird dreieckig, aber das Dreieck steht auf der Spitze.

Beispiel 9.5
Abb. 9.14f zeigt das Ergebnis einer Erosion mit einem horizontalen strukturierenden Element von 11 Pixel Länge und 1 Pixel Breite der Form ▬ . Das Ergebnis ist vertikal gestreckt. Es wird also nur in der horizontalen Richtung erodiert, die vertikale Richtung bleibt weitgehend erhalten. Die Linien, die

---

[1] dabei kann man die Begriffe "rund" und "nichtrund" relativ großzügig verwenden

sich von einem Objekt zum anderen ziehen, resultieren aus der Tatsache, dass sich einige der Münzen in Abb. 9.14a berührten. Dies zeigt eine wichtige Eigenschaft der Erosion: Objekte werden nicht zerrissen. Andererseits können überlappende Objekte mit der Erosion auch nicht getrennt werden.

Beispiel 9.6

Abb. 9.14g zeigt das Ergebnis einer Erosion mit einem diagonalen strukturierenden Element von 11 Pixel Länge und 1 Pixel Breite der Form ╱ . Das Ergebnis ist in der entgegengesetzten Diagonalen gestreckt. Es wird also hauptsächlich in lRichtung der Haauptdiagonalen erodiert

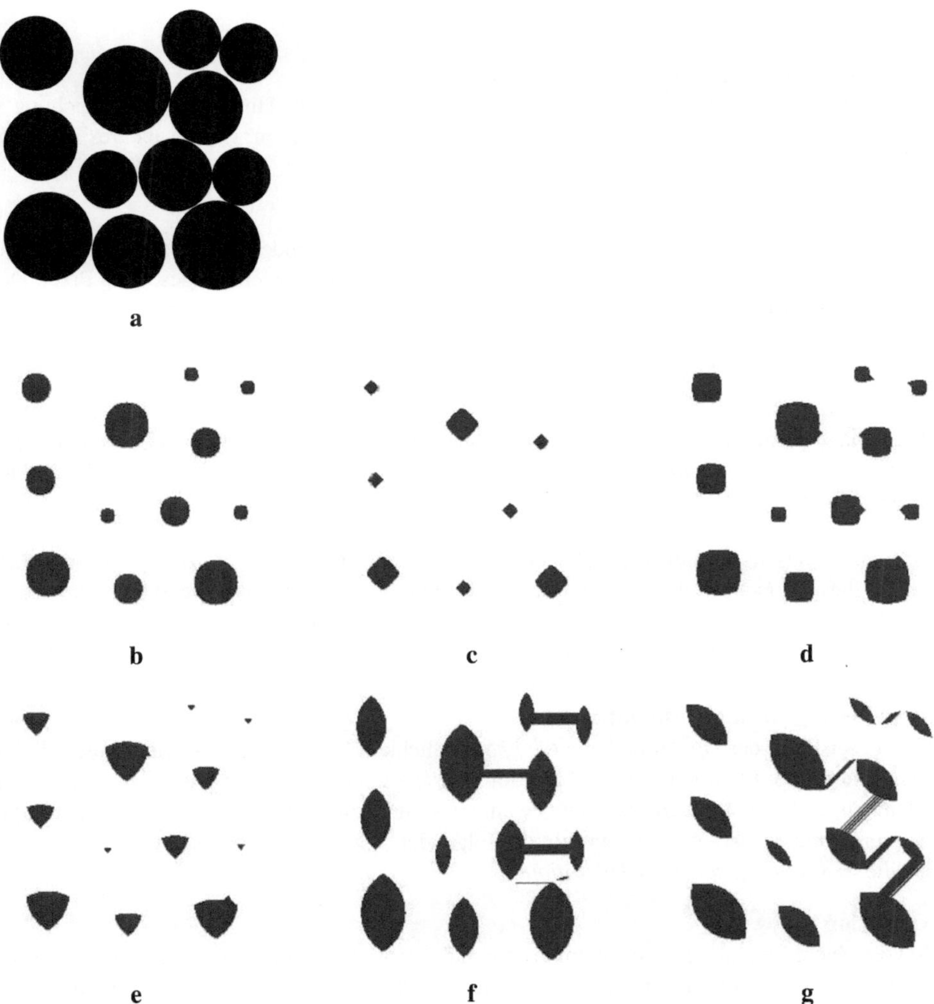

Abbildung 9.14: Beispiele zur Erosion mit strukturierten Elementen in verschiedener Form
Die Erosion (Grundversion) wurde jeweils viermal hintereinander durchgeführt. Die schwarzen Pixel haben den Wert 1, die weißen den Wert 0. a) zeigt das Originalbild, b)-g) die Ergebnisse der Erosion mit verschiedenen strukturierenden Elementen (Erklärungen im Text).

9.2.2 Dilatation im Binärbild

Wie die Erosion gibt es auch die Dilatation in einer Grundform und in einer Erweiterungsform. In den meisten Bildverarbeitungsprogrammen ist die Grundform implementiert.

Die Dilatation im Binärbild vergrößert vorhandene Objektstrukturen durch Hinzufügen neuer Pixel, füllt Lücken auf und glättet Ränder von Objekten.

Wie bei der Erosion, existieren auch bei der Dialatation unterschiedliche Algorithmen. Die *Grundform der Dilatation* zeigt die auffallendsten Effekte, während andere Algorithmen (die *Erweiterungsformen*) bezüglich ihrer Sensibilität eingestellt werden können

- **Grundform der Dilatation**
  Im Grunde ist die Dilatation nichts anderes als die Erosion des Hintergrundes. Gleichung 9.1 müßte also einfach für die Hintergrundpixel umformuliert werden. Nichts anderes ist die folgende Vorschrift:

Definition 9.3
Sei die Nachbarschaft eines Bildpunktes durch das strukturierende Element festgelegt. z sei die Anzahl der im Eingangsbild $g(x,y)$ unter dem strukturierenden Element gesetzten Pixel. Dann wird folgender Prozess als *Grundform der Dilatation im Binärbild* bezeichnet:

$$g'(x_0,y_0) = \begin{cases} 1 & \text{für } z > 0 \\ g(x_0,y_0) & \text{sonst} \end{cases} \tag{9.3}$$

Ein Zentrumspixel im Ergebnisbild $g'(x_0,y_0)$ wird gesetzt (d.h. $g'(x_0,y_0) = 1$), wenn das strukturierende Element im Eingangsbild $g(x,y)$ nicht vollständig außerhalb des zu dilatierenden Objekts liegt.

Bei dem in diesem Kapitel vorgegebenen strukturierenden Element der Größe 3×3 von Abb. 9.1a) besagt diese Vorschrift, dass an den Rand eines Objekts neue Pixel angelagert werden. Dadurch werden die Objekte vergrößert, Löcher innerhalb von Objekten werden verkleinert. Abb. 9.15 zeigt den Effekt der beschriebenen Erosion mit einem quadratischen Strukturelement der Größe 3×3.

- **Erweiterungsform der Dilatation**
  Bei dieser Form der Dilatation kann die Empfindlichkeit über einen Parameter eingestellt werden. Wie bei der Erosion kann die Dilatationsstärke einmal über die Größe des strukturierenden Elements und zum anderen über den gewählten Rang beeinflußt werden. Auch hier entfällt das Sortieren und der Algorithmus wird in der folgenden Vorschrift zusammengefasst: Man nennt sie die *Erweiterungsform der Dilatation*.

Definition 9.4
Sei die Nachbarschaft eines Bildpunktes durch das strukturierende Element festgelegt. k sei die Anzahl der Pixel des strukturierenden Elements und z die Anzahl der im Eingangsbild $g(x,y)$

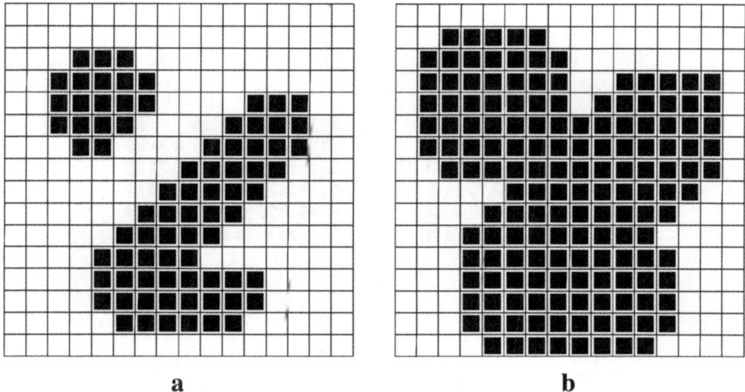

a   b

Abbildung 9.15: Grundform der Dilatation
Das strukturierende Element hat die Größe 3 × 3, das Zentrum liegt in der Mitte. Die schwarzen Pixel haben den Wert 1, die weißen den Wert 0. a) Eingangsbild, b) Ergebnisbild.

unter dem strukturierenden Element gesetzten Pixel. (x_0, y_0) bezeichne wie immer das unter dem Zentrum des strukturierenden Elements liegende Pixel, und sei $g(x_0, y_0) = 0$. Sei $m_d < k$ die Dilatiergrenze, so hat die *Erweiterungsform der Dilatation im Binärbild* folgende Gleichung:

$$g'(x_0, y_0) = \begin{cases} 1 & \text{für } z \geq m_d \\ g(x_0, y_0) & \text{sonst} \end{cases} \tag{9.4}$$

Ein Zentrumspixel $g'(x_0, y_0)$ im Ergebnisbild $g'(x, y)$ wird gesetzt (d.h. $g'(x_0, y_0) = 1$), wenn die Anzahl der unter dem strukturierenden Element liegenden Pixel im Eingangsbild größer oder gleich der vorgegebenen Dilatiergrenze m_d ist.

Dilatiergrenze m_d	Wirkung
1	Vollständigen Rand anfügen
2	Diagonale Linien von 1 Pixel Breite verbreitern
3	Horizontale Ränder anfügen
4,5	Konkave Randpunkte anfügen
6,7	Linien innerhalb von Objekten eliminieren
8	Störpunkte innerhalb von Objekten eliminieren

Tabelle 9.2: Die Wirkung verschiedener Dilatiergrenzen m_d

Wie bei der Erosion ermöglicht nun die Wahl verschiedener Dilatiergrenzen verschieden starke Dilatation (Abb. 9.16).

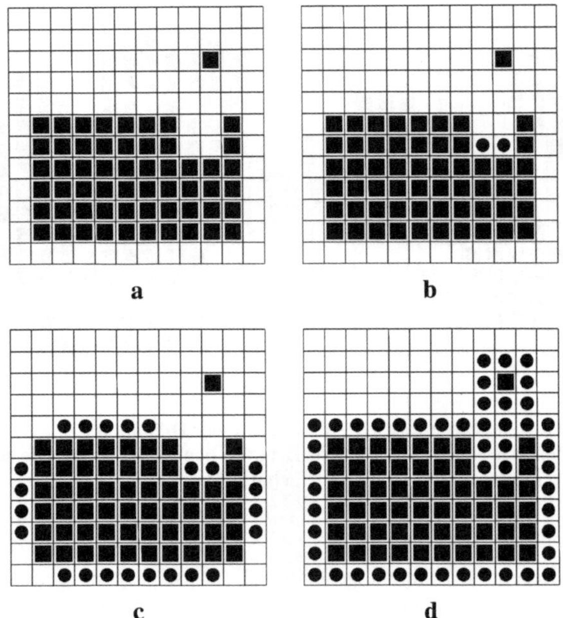

a   b

c   d

Abbildung 9.16: Beispiele zur Dilatation in der erweiterten Form
Das strukturierende Element hat die Größe 3×3, das Zentrum liegt in der Mitte. Die schwarzen Pixel haben den Wert 1, die weißen den Wert 0. Die Kreise markieren die neu hinzugekommenen Pixel. a) Eingangsbild, b) Dilatationsgrenze $m_d=5$, c) Dilatationsgrenze $m_d=3$, d) Dilatationsgrenze $m_d=1$

Tab. 9.2 zeigt die Wirkung verschiedener Dilatiergrenzen, bezogen auf das zugrundeliegende strukturierende Element in Abb. 9.1 a).

Die Dilatation kann, wie die Erosion, mehrfach wiederholt werden, wobei zu betonen ist, dass es für die Filterung nicht gleichgültig ist, ob einmal stark oder mehrfach schwach dilatiert wird.

Größere strukturierende Elemente werden in der Regel kreisförmig gewählt, da sie, wie bei der Erosion, die Form des zu dilatierenden Objektes weitgehend erhalten.

Verwendet man nichtsymmetrische strukturierende Elemente, so erhält die Dilatation eine Vorzugsrichtung. Abb. 9.17a zeigt ein Bild mit kleinen kreisförmigen Objekten.

Beispiel 9.7
Ein strukturierendes Element, das 11 Pixel breit und 1 Pixel hoch ist, dilatiert lediglich in horizontaler Richtung (Abb. 9.17b).

Beispiel 9.8
Legt man dasselbe strukturierende Element in die Richtung der Hauptdiagonalen, so wird lediglich in Richtung der Hauptdiagonalen dilatiert (Abb. 9.17c).

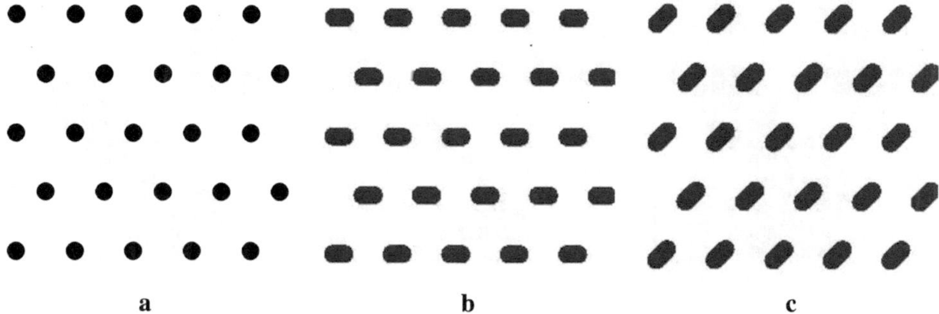

a   b   c

Abbildung 9.17: Beispiele zur Dilatation mit strukturierten Elementen in verschiedener Form
Die Dilatation (Grundversion) wurde jeweils zweimal hintereinander durchgeführt. Die schwarzen Pixel haben den Wert 1, die weißen den Wert 0. a) Punkte als Binärbild b) Horizontales strukturierendes Element der Länge 11 Pixel und der Breite 1 Pixel der Form ▬ c) Diagonales strukturierendes Element der Länge 11 Pixel und der Breite 1 Pixel der Form ╱

9.2.3 Ouverture und Fermeture

Die Operationen Erosion und Dilatation können kombiniert werden zu einer *Ouverture (Opening)*, wenn auf eine Erosion eine Dilatation folgt, bzw. zu einer *Fermeture (Closing)* wenn umgekehrt eine Erosion auf eine Dilatation folgt. Dabei wird jeweils dasselbe strukturierende Element benutzt.

Ouverture und Fermeture können sowohl mit den Grundformen von Erosion und Dilatation als auch mit den Erweiterungsformen gebildet werden. Wie bei der Erosion und der Dilatation selbst hängt das Resultat wiederum sehr stark vom strukturierenden Element ab. Im Gegensatz zu Erosion und Dilatation selbst, können Ouverture und Fermeture jeweils nur einmal durchgeführt werden, weitere Durchführungen verändern das Bild nicht mehr. Ouverture und Fermeture sind jedoch ebenfalls keine Umkehroperationen zueinander.

- **Ouverture**

  Die Ouverture (Opening) wird dazu verwendet, Ränder von Objekten zu glätten und Brücken (Artefakte) zwischen Objekten zu entfernen, die nach einer Segmentierung übrig geblieben sind. Sie ist ebenfalls sehr nützlich, um gezielt Objekte aus den Bildern zu entfernen. Das wird erreicht, indem das strukturierende Element der Form der Bildelemente, die erhalten bleiben sollen, angepaßt wird. Abb. 9.18 zeigt den Effekt der Ouverture in der Grundform mit dem quadratischen Strukturelement der Größe 3×3 von Abb. 9.1.

  Weitere Variationen der Ouverture sind möglich durch die Ausführung mehrerer Erosionen und anschließende gleiche Anzahl von Dilatationen.

  Die wohl verblüffendste Eigenschaft der Ouverture ist die, bestimmte Formen in einem Bild zu erkennen. Abb. 9.21a zeigt ein Bild mit Objekten unterschiedlicher Formen. Wählt man nun als strukturierendes Element eine der Formen, – für Abb. 9.21 wurde das strukturierende Element Abb. 9.1b Seite 163 gewählt – so bleibt diese Form im Bild erhalten, alle anderen verschwinden. Soll also eine bestimmte Form (beispielsweise alle Buchstaben **E**) in einem Bild detektiert werden, so erzeugt man ein strukturierendes Element, das diese Form besitzt.

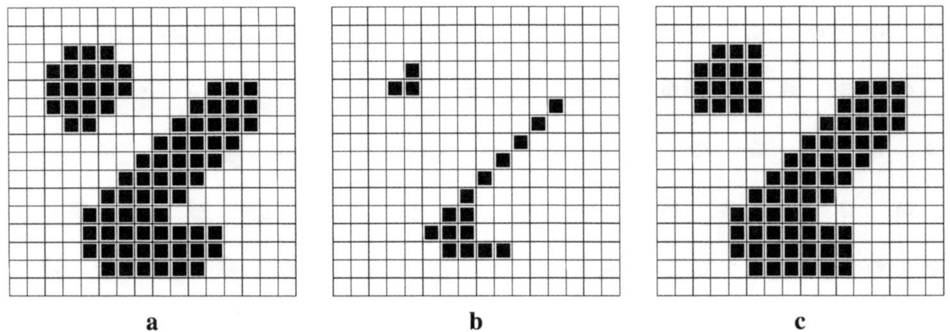

a   b   c

Abbildung 9.18: Ouverture als Folge von Erosion (Grundversion) und Dilatation (Grundversion)
Das strukturierende Element hat die Größe 3 × 3, das Zentrum liegt in der Mitte. Die schwarzen Pixel haben den Wert 1, die weißen den Wert 0. a) Eingangsbild, b) Ergebnis nach der Erosion, c) Ergebnis nach der darauffolgenden Dilatation

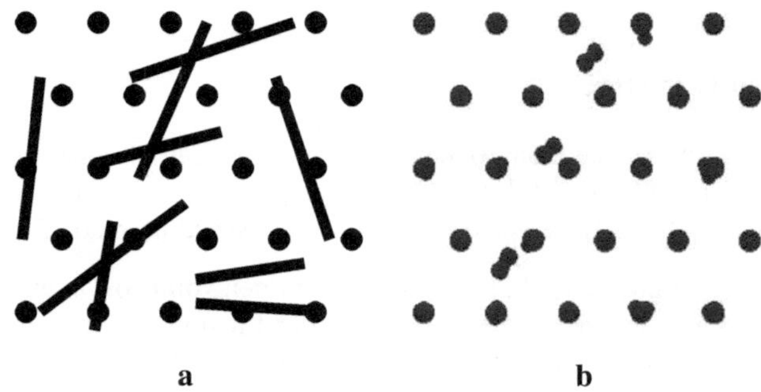

a   b

Abbildung 9.19: Ouverture als Folge von Erosion und Dilatation
Das runde strukturierenden Element hat einen Durchmesser von 11 Pixel (die Größe der Punkte). Die Balken werden entfernt. Die schwarzen Pixel haben den Wert 1, die weißen den Wert 0. Erosion und Dilatation in der Grundversiion. a) Eingangsbild, b) Ergebnisbild

Allerdings sind zwei Dinge zu beachten:

1. Nicht alle Objekte einer gewählten Art sind in einem Bild absolut identisch. Beispielsweise sind auf einer Druckseite durch Ungenauigkeiten und Digitalisierungsfehler nicht alle Buchstaben **E** pixelgenau gleich. Nach Def. 9.1 der Erosion muss aber das strukturierende Element tatsächlich von allen Objekten der gewählten Art (beispielsweise des Buchstabens **E**) vollständig überdeckt werden, sonst werden einige durch den Erosionsschritt eliminiert.

2. Es darf kein Objekt im Bild geben, welches das strukturierende Element ebenfalls überdeckt und nicht zu der gewählten Art gehört. Wählt man beispielsweise ein **I**-förmiges strukturierendes Element, so werden nach der Ouverture, wie beabsichtigt, die Buchstaben **I** übrig bleiben, aber auch alle anderen senkrechten Linien,wie die folgenden beiden Beispiele zeigen.

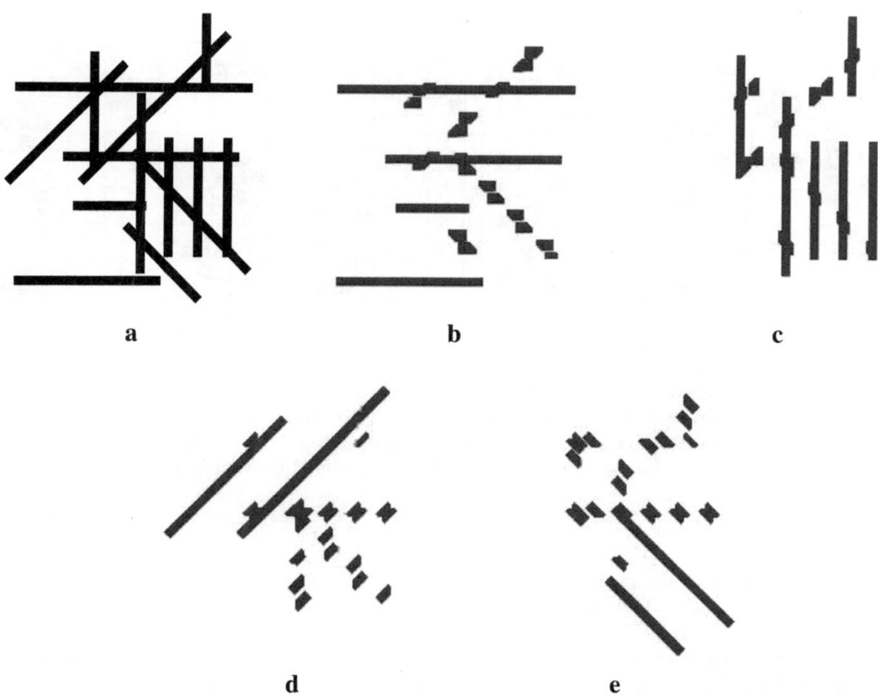

a   b   c

d   e

Abbildung 9.20 Ouverture als Folge von Erosion und Dilatation
Das strukturierende Element der Größe 11×3 hinterläßt nur die Balken, in der gleichen Richtung wie es selbst.
Die schwarzen Pixel haben den Wert 1, die weißen den Wert 0. Erosion und Dilatation in der Grundversiion.
a) Eingangsbild b) Das strukturierende Element liegt waagerecht c) Das strukturierende Element liegt senkrecht
d) Das strukturierende Element liegt entlang der Hauptdiagonalen e) Das strukturierende Element liegt entlang
der Nebendiagonalen

Beispiel 9.9

In einem Text (Abb. 9.22a) soll der Buchstabe **E** detektiert werden. Es wird also ein **E**-förmiges
strukturierendes Element gewählt (Abb. 9.22b) und alle Buchstaben **E** werden einwandfrei im
Text erkannt (Abb. 9.22c).

Beispiel 9.10

Im gleichen Text (Abb. 9.23a) soll der Buchstabe **I** detektiert werden. Ein I-förmiges strukturierendes Element (Abb. 9.23b) detektiert zwar den Buchstaben **I** jedoch auch alle senkrechten
Teile von anderen Buchstaben im Bild, die mindestens genauso lang und breit sind wie das
strukturierende Element (Abb. 9.23c).

Die Ouverture eignet sich deshalb nur bedingt zur Schrifterkennung, nämlich bei geeignet ein-
geschränkten Zeichensätzen.

- **Fermeture**
  Die Fermeture (Closing) schließt kleine Löcher innerhalb von Objekten, die bei der Segmentierung entstanden sind, ohne dass die Objekte stark verändert werden. Außerdem können damit

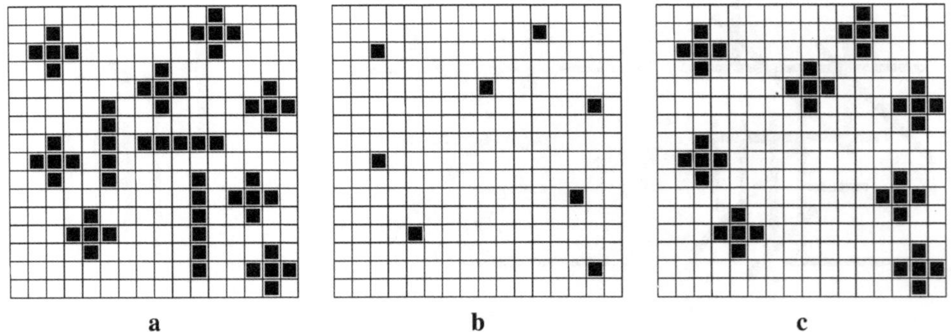

Abbildung 9.21: Extraktion einer Form durch die *Ouverture*.
Wählt man ein kreuzförmiges strukturierendes Element (Abb. 9.1b Seite 163), so bleiben alle kreuzförmigen
Objekte im Bild erhalten, alle anderen verschwinden. Es wurde die Grundform von Erosion und Dilatation ange-
wendet. a) Eingangsbild, b) Ergebnis der Erosion, c) Ergebnis der auf die Erosion folgenden Dilatation

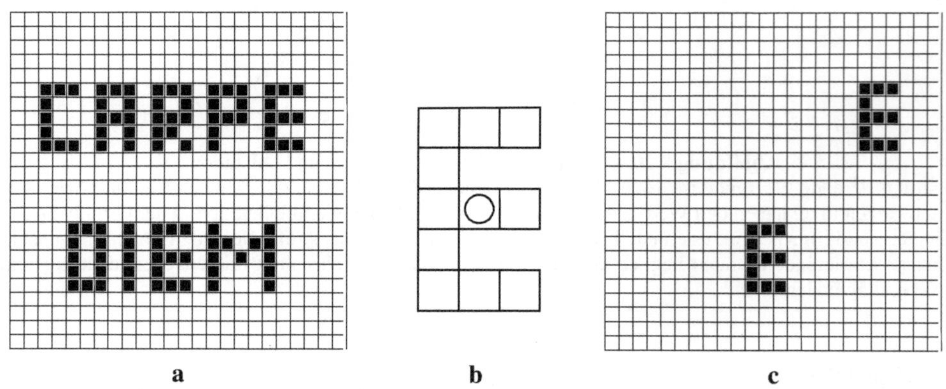

Abbildung 9.22: Extraktion des Buchstabens **E** aus einem Text durch die *Ouverture*.
Der Buchstaben **E** wird einwandfrei detektiert. Es wurde die Grundform von Erosion und Dilatation angewendet.
a) Eingangsbild, b) strukturierendes Element c) Ergebnis der Ouverture.

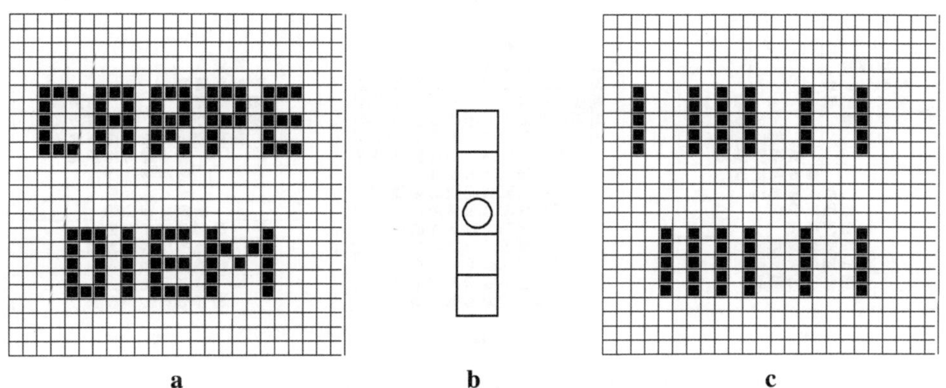

a   b   c

Abbildung 9.23: Extraktion des Buchstabens **I** aus einem Text durch die *Ouverture*.
Der Buchstaben **I** wird detektiert, aber weiterhin alle senkrechten Objekte, die mindestens die gleiche Länge und Breite haben wie das strukturierende Element. Es wurde die Grundform von Erosion und Dilatation angewendet. a) Eingangsbild, b) strukturierendes Element c) Ergebnis der Ouverture.

Objekte, die bei der Segmentierung unbeabsichtigt in mehrere Teile zerlegt wurden, wieder zusammengesetzt werden. Abb. 9.24 zeigt den Effekt der Fermeture in der Grundform mit dem quadratischen Strukturelement der Größe 3×3 von Abb. 9.1a). Abb. 9.25 zeigt ein Objekt mit großen und kleinen Löchern. Angenommen die großen Löcher seien erwünscht, die kleinen jedoch nicht, so können sie durch eine Fermeture geschlossen werden, wenn man ein geeignetes kreisförmiges strukturierendes Element benutzt, dessen Radius zwischen dem der kleinen und dem der großen Löcher liegt (Abb. 9.25). Abb. 9.26 zeigt ein Grauwertbild, welches nicht fehlerfrei segmentiert werden kann, da sich innerhalb des Objekts Grauwerte des Hintergrunds befinden. Nach der Segmentierung befinden sich innerhalb des Objekts Linien, die dem Hintergrund angehören. Sie werden durch eine Fermeture entfernt. Weitere Variationen der Fermeture sind möglich durch die Ausführung mehrerer Dilatationen und anschließende gleiche Anzahl von Erosionen.

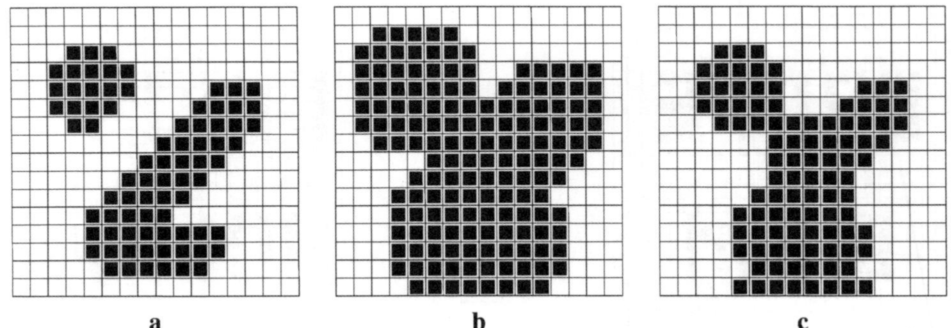

Abbildung 9.24: Fermeture als Folge von Dilatation und Erosion
Das strukturierende Element hat die Größe 3×3, das Zentrum liegt in der Mitte. Die schwarzen Pixel haben den Wert 1, die weißen den Wert 0. Erosion und Dilatation in der Grundversiion. a) Eingangsbild, b) Ergebnis nach der Dilatation, c) Ergebnis nach der darauffolgenden Erosion

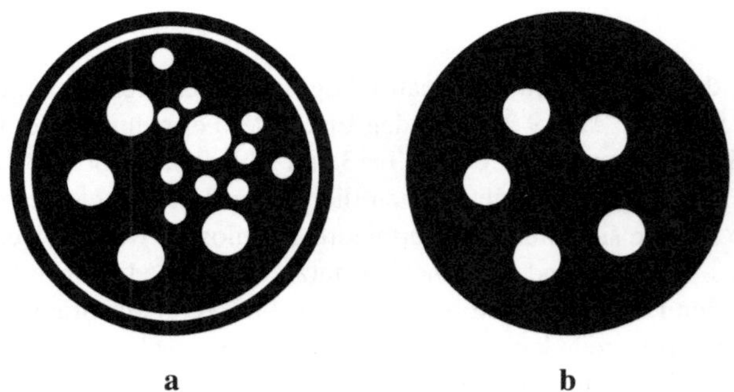

Abbildung 9.25: Binärbild eines Objekts mit großen und kleinen Löchern
Eine Fermeture (Folge von Erosion (Grundversion) und Dilatation (Grundversion)) mit einem kreisförmigen strukturierenden Element von 22 Pixeln Durchmesser schließt die kleinen Löcher. Außerdem wurde der Kreisring aufgefüllt. Die schwarzen Pixel haben den Wert 1, die weißen den Wert 0. a) Eingangsbild, b) Ergebnisbild.

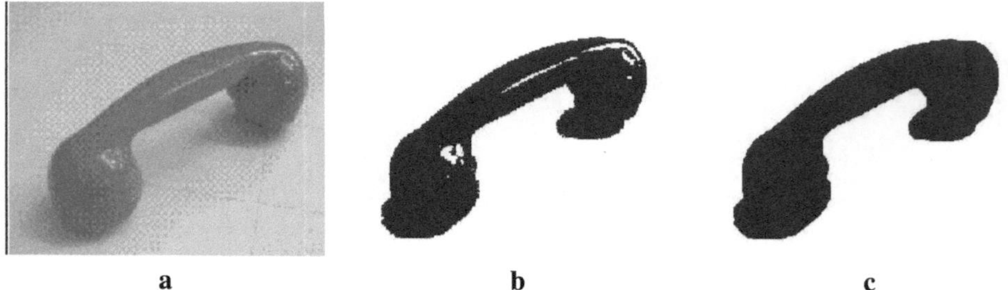

Abbildung 9.26: Beispiel einer fehlerhaften Segmentierung mit anschließender Fermeture
Die schwarzen Pixel haben den Wert 1, die weißen den Wert 0. Erosion und Dilatation in der Grundversion. a) Eingangsbild, b) Binärbild nach der Segmentierung, c) Bild nach der Fermeture

9.2.4 Die Mittelachsentransformation

Die Mittelachsentransformation ist ein Skelettierungsalgorithmus. Unter *Skelettieren* versteht man eine Vielzahl von Verfahren, welche die Objekte eines Bildes auf eine Dicke von ein bis zwei Pixel reduzieren, während deren Topologie erhalten bleibt. Diese ausgedünnte Form bezeichnet man als Skelett.

Idealerweise sollte ein Skelett die folgenden Eigenschafgten erfüllen:

- **Homotopie:**
  Die Topologie des Skeletts muss die gleiche sein wie die des Originalobjektes, d.h. die Verbindungen der einzelnen Objektteile muss erhalten bleiben. Extremitäten im Objekt müssen als solche auch im Skelett zu sehen sein. Löcher im Objekt müssen erhalten bleiben, und außerdem muss selbstverständlich verhindert werden, dass Objekte zerrissen werden.
- **Dicke:**
  Die Linien eines Skeletts sollten genau 1 Pixel dick sein.
- **Mittigkeit:**
  Das Skelett sollte in der Mitte des ursprünglichen Objekt verlaufen.
- **Rotationsinvarianz:**
  Das Skelett eines um einen Winken φ rotierten Objekts sollte identisch sein mit dem um den gleichen Winkel rotierten Skelett des ursprünglichen Objekts. Diese Forderung kann wegen der Diskretisierung digitaler Bilder natürlich nur näherungsweise erfüllt werden.
- **Rauschunempfindlichkeit:**
  Der Skelettierungsalgorithmus sollte weitgehend rauschunempfindlich sein. Dies ist allerdings die am schwersten zu erfüllende Forderung.
- **Geschwindigkeit:** Der Algorithmus sollte relativ schnell sein.

Skelettierungsalgorithmen sind keine Rangordnungsoperatoren, obwohl sie zum Teil strukturierende Elemente verwenden. Anwendung finden diese Verfahren immer dann, wenn Objekte durch ihre Topologie (d.h. durch Knoten und Abzweigungen) beschrieben werden können. Ist dies der Fall, so reicht es, statt dem Objekt sein Skelett zu interpretieren. Beispiele hierfür findet man in der Kartografie, wo Straßen, Flußläufe etc. aus Satellitenbildern extrahiert werden. Ebenso erkennt man Buchstaben (Abb. 9.27) und Ziffern ebenfalls in der Regel aus ihrem Skelett.

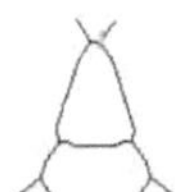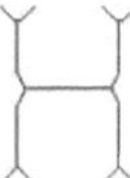

Abbildung 9.27: Beispiele zur Skelettierung von Buchstaben

Die *Mittelachsentransformation* (auch *Mediale Achsentransformation*) ist eine Methode, welche sicherstellt, dass das Skelett in der Mitte des Objekts liegt.

Wir setzen voraus, dass das Eingangsbild nur ein einziges Objekt enthält. Die Mittelachse eines Objekts ist die Menge aller inneren Objektpixel, für welche die beiden kürzesten Abstände zum Objektrand gleich sind. Dies sind, wie in Abb. 9.28 gezeigt, die Orte der Mittelpunkte aller vollständig im Objekt liegenden Kreise, die den Objektrand mindestens zwei Mal berühren. Um den Vorgang der

Abbildung 9.28: Objekt (schwarz) und sein Skelett (weiße, ausgezogene Linien)
Skelettierung nach dem Algorithmus der Mittelachsentransformation: Das Skelett ist der Ort der Mittelpunkte aller Kreise (weiße, gestrichelte Linien), die den Objektrand mindestens zweimal berühren

Mittelachsentransformation zu veranschaulichen, kann man sich das Objekt als einen großen Keks vorstellen. Setzt man an seinen Rand dicht bei dicht *kleine hungrige Krümelmonster*, die alle zum gleichen Zeitpunkt anfangen zu fressen, so werden die Gebisse der kleinen Freßtierchen an bestimmten Linien aufeinandertreffen. Diese Linien stellen das Skelett dar und werden im Englischen mit dem Term *quench lines* bezeichnet. [2]

Wie implementiert man nun *kleine hungrige Krümelmonster* als Programm? Bei der tatsächlichen Berechnung der Mittelachsen geht man in drei Schritten vor:

1. Für alle übrigen Objektpixel wird eine sog. *Distanztransformation* durchgeführt. Dabei wird für jedes Objektpixel der Wert 1 durch den Wert des kürzesten Abstands zum Objektrand ersetzt (Abb. 9.29a).

2. Die Kanten in diesem Bild sind die Skelettlinien. Ein Laplace-Filter (Abschnitt 8.3.3) extrahiert die Skelettlinien.

3. Eine anschließende Clipping-Operation (Abschnitt 6.1) zur Vergrößerung des Kontrastes macht die Kanten sichtbar (Abb. 9.29b).

Beispiel 9.11
Ein weiteres Beispiel zur Mittelachsentransformation zeigt Abb. 9.30

Für eine Skelettierung muss äußerst sorgfältig segmentiert werden. Abb. 9.31 zeigt ein Beispiel für

---

[2]Eine *quench line* ist im englischen Sprachgebrauch ein Graben, der eine Feuerstelle begrenzt, so dass sich das Feuer nicht ausbreiten kann.

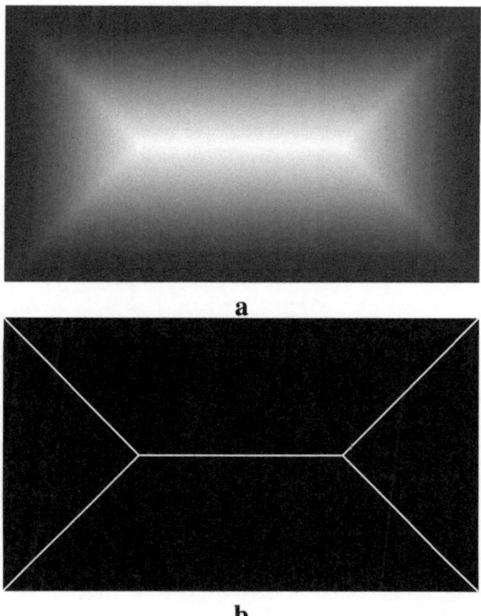

Abbildung 9.29: Distanztransformation und Skelett eines rechteckigen Objekts
Distanztransformation (a): Je heller der Grauwert, desto größer ist die minimale Distanz eines Bildpunktes vom Rand. Das Skelett (b) entsteht aus den Kanten der Distanztransformation.

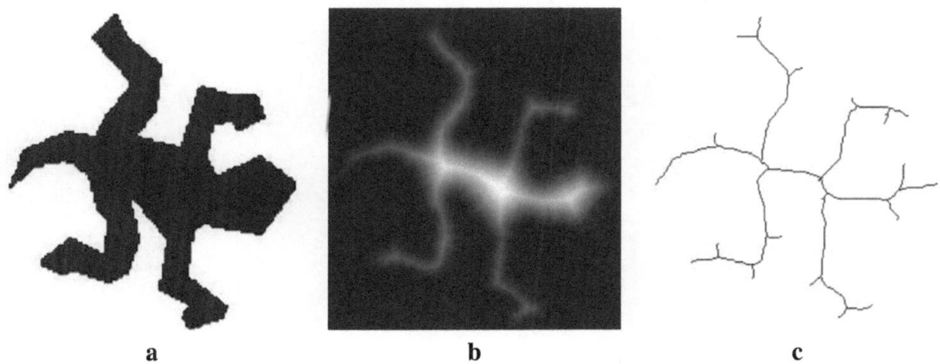

Abbildung 9.30: Beispiel zur Skelettierung durch die Mittelachsentransformation
a) Binärbild b) Distanztransformation c) Skelettiertes Bild

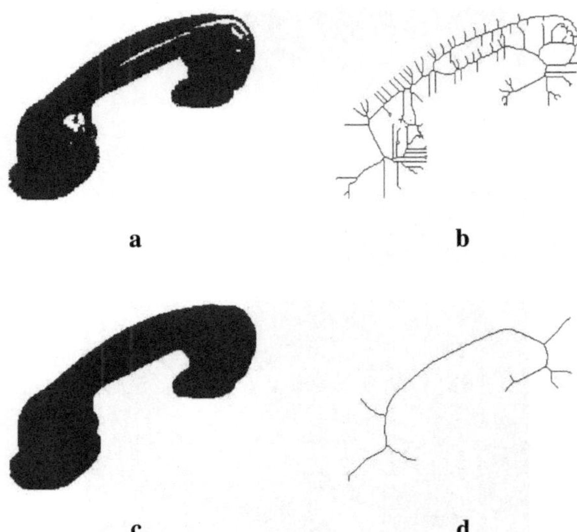

a   b

c   d

Abbildung 9.31: Das Resultat einer Skelettierung ist von der Güte der Segmentierung abhängig.
a), b) Skelettierung eines fehlerhaft segmentierten Objekts c), d) Skelettierung eines gut segmentierten Objekts

eine schlecht gewählte Grauwertschwelle und deren Folgen. Außerdem hat Rauschen großen Einfluss
auf das Ergebnis einer Skelettierung (Abb. 9.32). Es bleibt noch zu erwähnen, dass das ursprüngliche
Binärbild selbstverständlich aus seinem Skelett nicht mehr rekonstruiert werden kann.

Abb. 9.33 zeigt noch einige Beispiele, die über die Mittelachsentransformation skelettiert wurden.

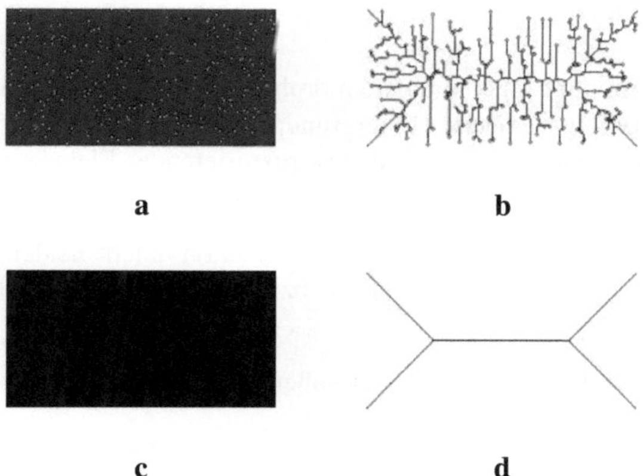

a   b

c   d

Abbildung 9.32: Rauschen mindert die Qualität der Skelettierung.
a), b) Skelettierung eines verrauschten Objekts, c), d) Skelettierung nach Eliminierung des Rauschens

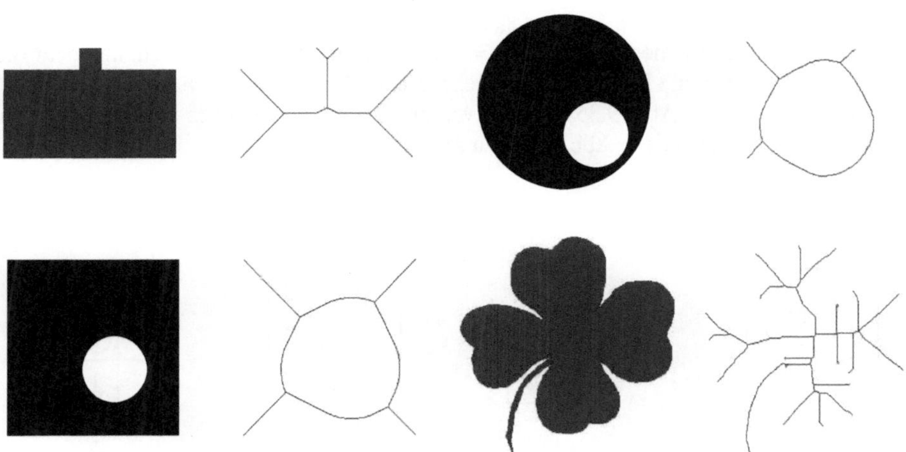

Abbildung 9.33: Weitere Skelettierungsbeispiele durch die MAT

9.2.5 Die Hit-and-Miss-Transformation

Die Hit-and-Miss Transformation ist eine binäre morphologische Operation, die zum Suchen von bestimmten Mustern von Vordergrund- und Hintergrundpixeln in einem Bild verwendet werden kann. Sie verwendet als Eingabe ein binäres Bild und ein strukturierendes Element und produziert als Ausgabe ein anderes binäres Ergebnisbild.

Das strukturierende Element der Hit-and-Miss Transformation unterscheidet sich von den stukturierenden Elementen in Abb. 9.1 - es enhält Werte 0 bzw. 1. Sie entsprechen Hintergrunds- (0) bzw. Objektpixel (1).

Die Hit-und-Miss Transformation wird folgendermaßen ausgeführt:

- Ein strukturierendes Element wird wie in Abb. 9.2 Seite 164 zu jedem Punkt des Bildes verschoben.
- Das strukturierende Element wird mit dem darunterliegenden Bildausschnitt verglichen.
- Stimmen die Nullen und die Einsen des strukturierenden Elements exakt mit den Nullen und Einsen des Bildausschnitts überein, so wird das unter dem Zentrum (Kreis) liegende Pixel im Ergebnisbild auf 1 gesetzt, andernfalls wird es auf 0 gesetzt.

Weitere Iterationen mit demselben strukturierenden Element verändern das Ergebnisbild nicht mehr. Wie bei allen morphologischen Operationen hängt das Ergebnis natürlich vom strukturierenden Element ab.

Beispiel 9.12
Die vier strukturierenden Elemente der Abb. 9.34 können dazu verwendet werden, in einem Bild die Stellen zu finden, in denen die Randpunkte konvexe, rechte Winkel bilden. Man wendet sie nacheinander auf das Eingangsbild Abb. 9.35a an und verknüpft die resultierenden vier Bilder durch eine OR-Operation. Das Ergebnis ist in Abb. 9.35b zu sehen.

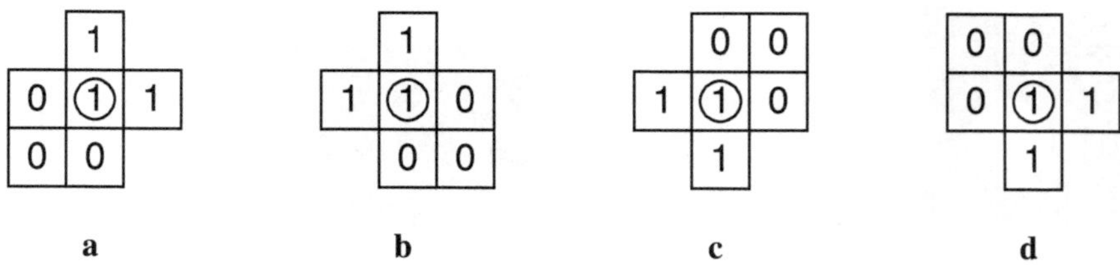

Abbildung 9.34: Vier strukturierende Elemente zur Detektion der Ecken in Bsp. 9.12

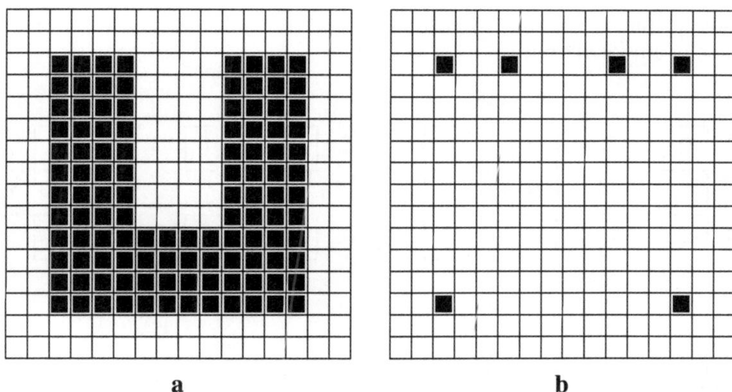

a   b

Abbildung 9.35: Hit-und-Misstransformation detektiert Eckpunkte.
Auf das Eingangsbild (a) wurde mit jedem der vier strukturierenden Elemente Abb. 9.34 eine Hit-and-Miss-Transformation durchgeführt, und die vier Ergebnisbilder wurden einer OR-Operation unterzogen. Dies detektiert die Eckpunkte aller konvexen rechten Winkel im Objekt.

9.2.6 Thinning

Thinning, sowie sein duales Gegenstück, *Thickening*, basieren auf der Hit-and-miss-Transformation (Abschnitt 9.2.5). Wie bei der Erosion werden auch hier iterativ Randpixel von Objekten abgetragen. Aber es wird auch versucht, Strukturen auf eine ein Pixel breite Linie zu reduzieren. Thinning-Algorithmen, und auch deren komplexere Nachfolger, iterieren solange über ein Bild, bis keine Veränderung mehr auftritt. Dieses Ergebnis wird als *stabiler Zustand* bezeichnet.

Eine einzelne Iteration ist praktisch die Negation der Hit-and-Miss-Transformation. Wie bei der Hit-und-Miss-Transformation enthält das strukturierende Element Werte 0 bzw. 1. Thinning wird wie folgt ausgeführt:

- Ein strukturierendes Element wird wie in Abb. 9.2 Seite 164 zu jedem Punkt des Bildes verschoben.
- Das strukturierende Element wird mit dem darunterliegenden Bildausschnitt verglichen.
- Stimmen die Nullen und die Einsen des strukturierenden Elements exakt mit den Nullen und Einsen des Bildausschnitts überein, so wird das unter dem Zentrum (Kreis) liegende Pixel im Ergebnisbild auf 0 gesetzt, andernfalls bleibt es unverändert.

Beispiel 9.13
Ein simpler Thinning-Algorithmus kann durch die strukturierenden Elemente in Abb. 9.36 realisiert werden. Für einen Durchgang werden die 8 strukturierenden Elemente nacheinander über das Bild geschoben. Ein Durchgang besteht also aus 8 verschiedenen Iterationen. Dadurch werden alle Pixel gelöscht, welche an einer der acht möglichen Aussenpositionen der Nachbarschaft eines Pixels liegen. Strukturen von einem Pixel Breite bleiben erhalten. Dies wird solange durchgeführt, bis der stabile Zustand erreicht ist.

Häufige Anwendung finden Thinning-Algorithmen nach einer Kantendetektion. Sie stellen sicher, dass die Kante genau ein Pixel breit ist.

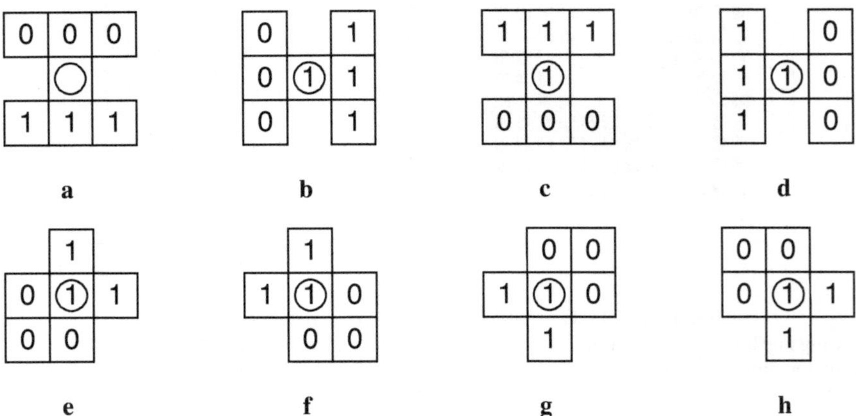

Abbildung 9.36: Strukturierende Elemente zu Bsp. 9.13

9.2.7 Thickening

Thickening ist eine morphologische Operation, die , ähnlich wie die Binär-Dilatation, zum Ausdehnen von Objekten in binären Bildern verwendet wird. Anwendungsgebiete sind z.B. das Bestimmen der approximativen konvexen Hülle einer Form. Im Unterschied zur Binär-Dilatation operiert jedoch das Thickening im Allgemeinen zielgerichteter, d.h., in Abhängigkeit des strukturierenden Elements, können Objekte "in eine bestimmte Richtung wachsen". In Einzelfällen kann die Thickenning-Operation jedoch auch das gleiche Ergebnis erzeugen wie eine Binär-Dilatation.

Der Thickening Algorithmus ist eine weitere Variation der Hit-und-Miss Transformation. Er verwendet ebenfalls ein strukturierendes Element. Wie bei der Hit-und-Miss-Transformation enthält das strukturierende Element Werte 0 bzw. 1. Thinning wird wie folgt ausgeführt:

- Ein strukturierendes Element wird wie in Abb. 9.2 Seite 164 zu jedem Punkt des Bildes verschoben.

- Das strukturierende Element wird mit dem darunterliegenden Bildausschnitt verglichen.

- Stimmen die Nullen und die Einsen des strukturierenden Elements exakt mit den Nullen und Einsen des Bildausschnitts überein, so wird das unter dem Zentrum (Kreis) liegende Pixel im Ergebnisbild auf 1 gesetzt, andernfalls bleibt es unverändert.

Es ist wichtig, dass das Zentrum des strukturierenden Elements immer eine Null enthält, da sonst die Operation keinen Effekt hat.

Das Ergebnisbild besteht also aus dem Eingabebild und den zusätzlichen Pixeln mit dem Wert 1, die durch die Hit-und-Miss Transformation gesetzt werden. Thickening ist der duale Operator zu Thinning, d.h., Thinning auf die Objekte auszuführen ist äquivalent zum Ausführen von Thickening auf den Hintergrund. Obwohl beim Thickening auch ein stabiler Zustand erreicht werden kann, wird in der Regel für das Thickenking eine maximale Anzahl von Durchläufen festgelegt.

Beispiel 9.14
Dieses Beispiel bestimmt eine *approximative konvexe Hülle* von Objekten in einem Binärbild.

Die konvexe Hülle um ein Objekt kann man sich vorstellen wie ein Gummiband, das um die Form eines Objekts gelegt wurde. Das Objekt wird vollständig von der konvexen Hülle eingeschlossen und die Form der Hülle ist nirgends konkav. Die konvexe Hülle in diesem Beispiel ist appoximativ insofern, als der Verlauf des "Gummibands" nur Winkel von Vielfachen von 45° enthält, während die konvexe Hülle nach der korrekten mathematischen Definition natürlich auch andere Winkel enthalten kann.

Die approximative konvexe Hülle um jedes Objekt in einem Binärbild kann mit den strukturierenden Elementen in Abb. 9.37 erzeugt werden. Für einen Durchgang werden die 8 strukturierenden Elemente nacheinander über das Bild geschoben. Die approximative konvexe Hülle um jedes Objekt ist erstellt, wenn sich nichts mehr im Bild ändert.

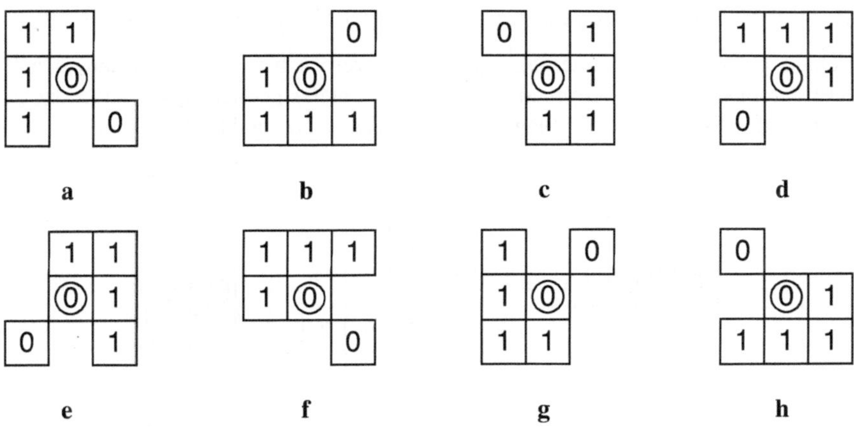

Abbildung 9.37: Strukturierende Elemente zu Bsp. 9.14

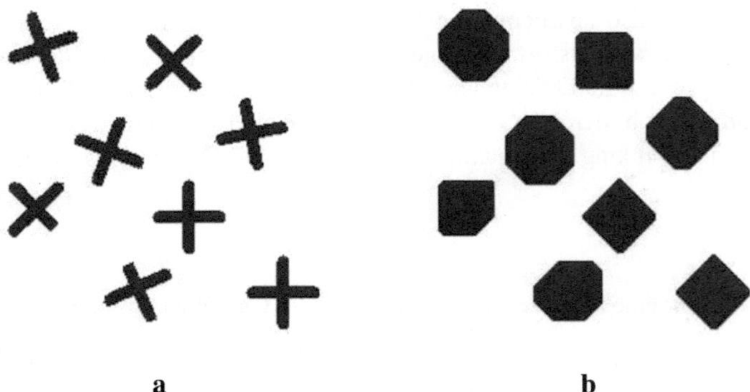

a   b

Abbildung 9.38: Berechnung der approximativen konvexen Hülle
Auf das Eingangsbild links (a) wird die Operation Thinning mit den strukturierenden Elementen Abb. 9.37 angewandt, bis der stabile Zustand erreicht ist. Das Ergebnisbild ist rechts (b) [8]

9.2.8 MB2

Ein Skelettierungsalgorithmus, der ziemlich alle genannten Forderungen erfüllt, wurde von den Autoren Antoine Manzanera und Thierry M.Bernard entwickelt[2] - sie gaben ihm den Namen MP2[3].

Er ist deswegen hier interessant, weil es sich um einen sog. *parallelen Skelettierungsalgorithmus* handelt, der für jedes Pixel die Bedingungen von drei strukturierenden Elementen abfragt.

Im Unterschied zu anderen Skelettierungsalgorithmen werden hier die strukturierenden Elemente nicht nach Erfahrungswerten für verschiedene Ergebnisse unterschiedlich ausgewählt, sondern es sind drei strukturierenden Elemente fest vorgegeben. Sie heißen α_1, α_2 und β (Abb. 9.39).

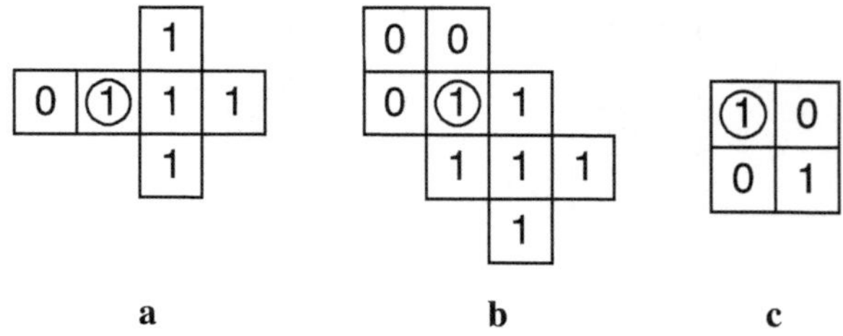

a   b   c

Abbildung 9.39: Strukturelemente der MB2-Skelettierung

Für einen Durchgang werden die drei strukturierenden Elemente in Abb. 9.39 unabhängig voneinander jeweils 3 Mal um 90° um das Zentrum rotiert. Für einen Durchgang gibt es also bis zu $4^4 = 64$

---

[3]Der Name setzt sich aus dem ersten Buchstaben der beiden Nachnamen der Autoren und der Versionsnummer zusammen

Iterationen (die Ausgangsposition mit eingerechnet), bevor ein Pixel entfernt wird. Im Einzelnen wird MB2 wie folgt ausgeführt:

- Die drei strukturierenden Elemente α_1, α_2 und β werden, wie mit einem strukturierendes Element in Abb. 9.2 Seite 164 demonstriert, zu jedem Punkt des Bildes verschoben.
- Das jeweilige strukturierende Element wird mit dem darunterliegenden Bildausschnitt verglichen.
- Ein unter dem Zentrum (Kreis) liegendes Pixel im Eingangsbild wird gelöscht, falls die Umgebungspixel mit den stukturierenden Elementen α_1 **und** α_2 übereinstimmen, **aber nicht** mit β. Ist dies nicht erfüllt, bleibt es unverändert.
- Danach werden die drei strukturierenden Elemente α_1, α_2 und β einzeln um 90° rotiert und die nächste Iteration beginnt. Wurde ein Pixel in einer Iteration entfernt, so ist der Durchgang beendet und die strukturierenden Elemente werden weitergeschoben. In einem Durchgang kann es also schlimmstenfalls $4^4 = 64$ Iterationen geben.

Dies wird solange fortgeführt, bis ein stabiler Zustand erreicht ist.

Dieser Algorithmus hinterlässt im stabilen Zustand auch zwei Pixel breite Strukturen, aber er zeichnet sich durch eine hohe Rauschresistenz aus und kann auf drei und mehr Dimensionen erweitert werden. [30][29]

9.2.9 Der Hilditch-Algorithmus

Der Hilditch-Algorithmus[14] verwendet ein quadratisches strukturierendes Element der Größe 3×3, mit dessen Hilfe verschiedene Bedingungen über die Umgebung eines Objektpixels abgefragt werden. Diese Bedingungen stellen sicher, dass die Topologie des skelettierten Objekts erhalten bleibt.

Abb. 9.40 zeigt das strukturierende Element, p_1 ist das Zentrum. Dieses wird wie in Abb. 9.2 Sei-

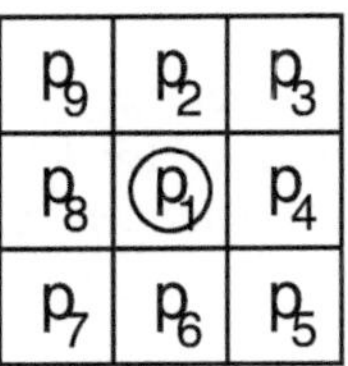

Abbildung 9.40: Das strukturierende Element des Hilditch-Algorithmus

te 164 zu jedem Punkt des Bildes verschoben. Wenn im folgenden von dem "Pixel p_k" die Rede ist, ist immer das Pixel im Eingangsbild gemeint, das unter der Position p_k des strukturierenden Elements liegt. In folgenden Bildbeispielen dieses Abschnitts wird ein Bildausschnitt gezeigt, der von dem strukturierenden Element Abb. 9.40 überlagert ist. Es wird außerdem angenommen, dass die Umgebung des gezeigten Bildausschnitts Nullen enthält.

Sei $B(p_1)$ die Anzahl der Objektpixel (also Wert=1) in $p2 - p9$, und sei $A(p_1)$ die Anzahl der 0,1– Übergänge in der periodischen Sequenz p_2, $p_3,p_4,p_5,p_6,p_7,p_8,p_9$ um p_1. Außerdem sei $A(p_k)$ die Anzahl der 0,1 Übergänge in der Umgebung des Pixels p_k. Der Hilditch-Algorithmus fragt also nicht nur die durch das strukturierende Element definierte Umgebung des Zentrums ab, sondern auch noch die Umgebung des strukturierenden Elements. Die Reihenfolge der Sequenz für $A(p_k)$ ist, analog wie die für $A(p_1)$, im Uhrzeigersinn.

Beispiel 9.15
Abb. 9.41 zeigt zwei Bildausschnitte mit verschiedenen $B(p1)$ und $A(p1)$

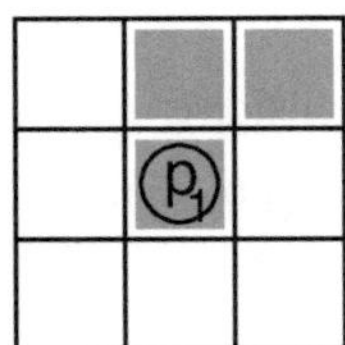 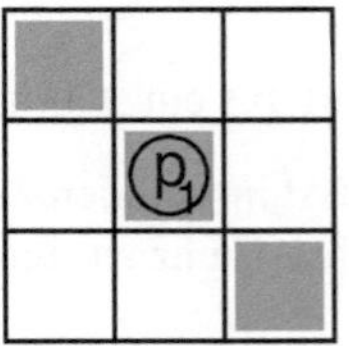

a   b

Abbildung 9.41 : Ausschnitt aus einem Binärbild mit Zentrum des strukturierenden Elements. Objektpixel (grau) haben den Wert 1, Hintergrundspixel (weiß) haben den Wert 0. a) $A(p_1) = 1$, $B(p_1) = 2$. b) $A(p_1) = 2$, $B(p_1) = 2$.

Ein Objektpixel unter dem Zentrum wird gelöscht, wenn die folgenden vier Bedingungen erfüllt sind:

1. $2 \leq B(p_1) \leq 6$
   Dies sind eigentlich zwei Bedingungen, nämlich

   - $2 \leq B(p_1)$ - bei dem Objektpixel unter dem Zentrum p_1 darf es sich nicht um ein Endpixel einer Linie oder um ein isoliertes Pixel handeln,
   - $B(p_1) \leq 6$ - bei dem Objektpixel unter dem Zentrum p_1 muss es sich um ein Randpixel handeln.

2. $A(p_1) = 1$
   Diese Bedingung stellt sicher, dass das Skelett nicht fragmentiert wird.
3. $[(p_2 = 0) \wedge (p_4 = 0) \wedge (p_8 = 0)] \vee (A(p_2) \neq 1)$
   Diese Bedingung stellt sicher, dass zwei Pixel breite vertikale Linien nicht gelöscht werden.
4. $[(p_2 = 0) \wedge (p_4 = 0) \wedge (p_6 = 0)] \vee (A(p_4) \neq 1)$
   Diese Bedingung stellt sicher, dass zwei Pixel breite horizontale Linien nicht gelöscht werden.

Die Iterationen werden solange fortgeführt, bis ein stabiler Zustand eingetreten ist.

Beispiel 9.16

Abb. 9.42 zeigt drei Beispiele, die Bedingung 1 nicht erfüllen.

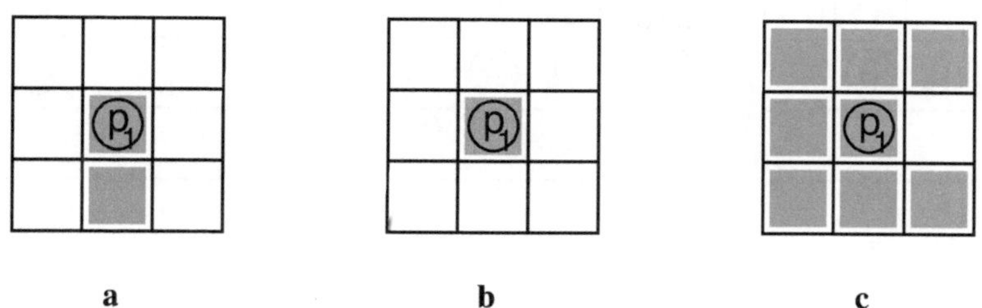

a   b   c

Abbildung 9.42 : Beispiele für Situationen, die Bedingung 1 nicht erfüllen.
a) $B(p_1) = 1$, p_1 ist Endpixel einer Linie, b) $B(p_1) = 0$, p_1 ist ein isolierter Objektpunkt, c) $B(p_1) = 7$, p_1 ist innerer Objektpunkt

In allen drei Abbildungen wird also das Pixel unter dem strukturierenden Element nicht gelöscht.

Beispiel 9.17

Abb. 9.43 zeigt drei Beispiele, die Bedingung 2 nicht erfüllen. Würde das Objektpixel unter dem Zentrum p_1 entfernt, so wäre die Verbindung zwischen den Objektteilen eliminiert. In allen drei Abbildungen wird also das Pixel unter dem strukturierenden Element nicht gelöscht.

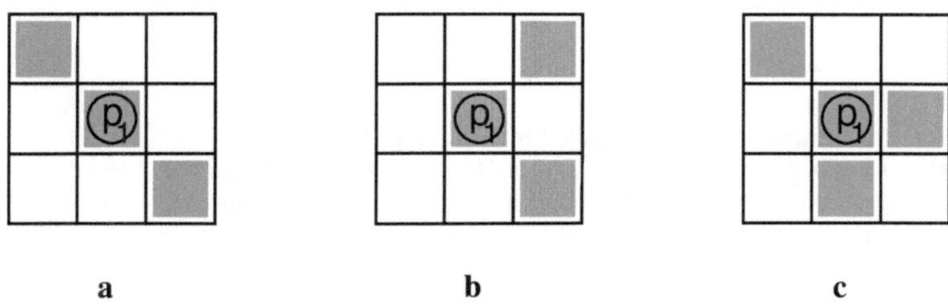

a   b   c

Abbildung 9.43 : Beispiele für Situationen, die Bedingung 2 nicht erfüllen.
a) $A(p_1) = 2$, b) $A(p_1) = 2$, c) $A(p_1) = 3$

Beispiel 9.18

Abb. 9.44 a erfüllt Bedingung 3, außerdem Bedingung 1, 2 und 4, das Pixel unter dem strukturierenden Element wird also gelöscht. Abb. 9.44 b erfüllt Bedingung 3, aber nicht Bedingung 2, das Pixel unter dem strukturierenden Element wird also nicht gelöscht. Abb. 9.44 c erfüllt Bedingung 3 nicht, das Pixel unter dem strukturierenden Element wird also nicht gelöscht.

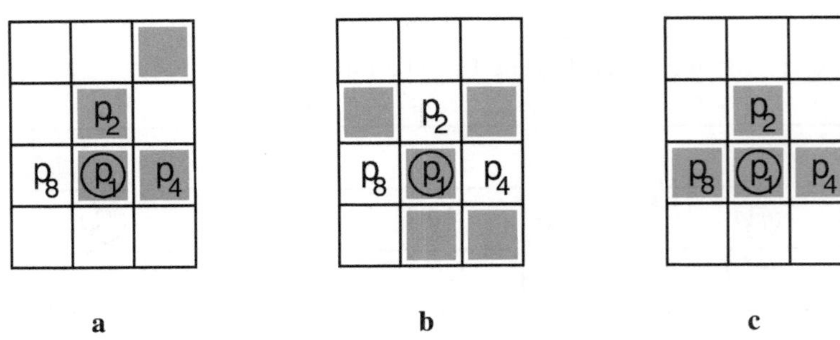

a   b   c

Abbildung 9.44 : Beispiele für Bedingung 3.

a) $[(p_2 = 0) \wedge (p_4 = 0) \wedge (p_8 = 0)] \vee (A(p_2) \neq 1) = 0 \vee 1$ Bedingung 3 ist erfüllt.

b) $[(p_2 = 0) \wedge (p_4 = 0) \wedge (p_8 = 0)] \vee (A(p_2) \neq 1) = 1 \vee 1$ Bedingung 3 ist erfüllt.

c) $[(p_2 = 0) \wedge (p_4 = 0) \wedge (p_8 = 0)] \vee (A(p_2) \neq 1) = 0 \vee 0$ Bedingung 3 ist nicht erfüllt.

Beispiel 9.19

Abb. 9.45 a erfüllt Bedingung 4, aber nicht Bedingung 1, das Pixel unter dem strukturierenden Element wird also nicht gelöscht. Abb. 9.45 b erfüllt Bedingung 4, aber nicht Bedingung 2, das Pixel unter dem strukturierenden Element wird also nicht gelöscht. Abb. 9.45 c erfüllt Bedingung 4, aber nicht Bedingung 2, das Pixel unter dem strukturierenden Element wird also nicht gelöscht.

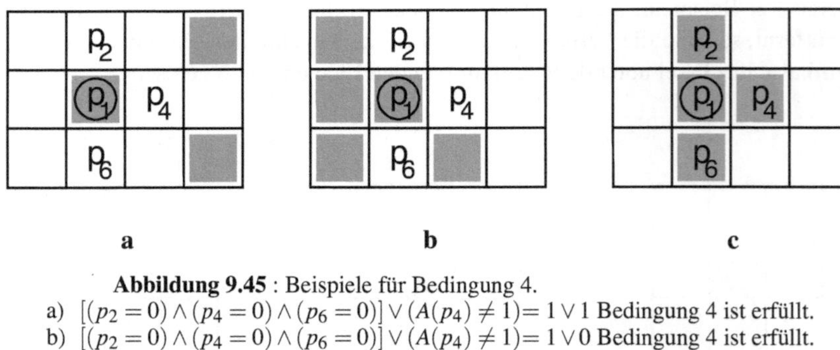

a   b   c

Abbildung 9.45 : Beispiele für Bedingung 4.

a) $[(p_2 = 0) \wedge (p_4 = 0) \wedge (p_6 = 0)] \vee (A(p_4) \neq 1) = 1 \vee 1$ Bedingung 4 ist erfüllt.

b) $[(p_2 = 0) \wedge (p_4 = 0) \wedge (p_6 = 0)] \vee (A(p_4) \neq 1) = 1 \vee 0$ Bedingung 4 ist erfüllt.

c) $[(p_2 = 0) \wedge (p_4 = 0) \wedge (p_6 = 0)] \vee (A(p_4) \neq 1) = 0 \vee 1$ Bedingung 4 ist erfüllt.

Allerdings stellte sich heraus, dass auch der Hilditch-Algorithmus Fehler produziert. Objekte der Größe 2×2 Pixel und diagonale Linien von 2 Pixeln Breite (Abb. 9.46) werden vom Hilditch-Altorithmus komplett eliminiert.

9.2.10 Der Algorithmus von Rosenfeld

Der Skelettieralgorithmus von Rosenfeld [39] existiert in zwei Varianten, einmal unter Verwendung des strukturierenden Elements Abb. 9.1a einmal unter Verwendung des strukturierenden Elements Abb. 9.1b. Darüber werden die folgenden Begriffe definiert:

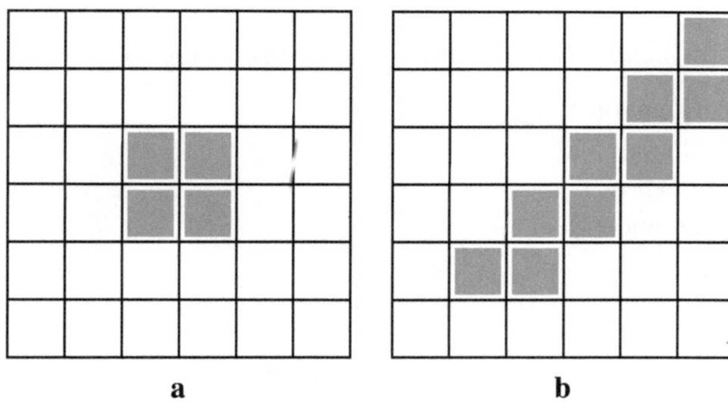

a   b

Abbildung 9.46: Bekannte Fehler im Hilditch-Algorithmus
Objekte der Größe 2×2 Pixel und diagonale Linien von 2 Pixeln Breite werden vom Hilditch-Altorithmus komplett eliminiert

Definition 9.5

- Die Umgebung eines Pixels unter dem Zentrum eines strukturierenden Elements ist

  - *4-connected*, die Nachbarschaft des unter dem Zentrum liegenden Pixels durch Abb. 9.1b definiert ist. Ein Objekt ist dann verbunden, wenn das Zentrumspixel und mindestens eines der Pixel unter dem strukturierenden Element Objektpixel sind.
  - *8-connected*, die Nachbarschaft des unter dem Zentrum liegenden Pixels durch Abb. 9.1a definiert ist. Ein Objekt ist dann verbunden, wenn das Zentrumspixel und mindestens eines der Pixel unter dem strukturierenden Element Objektpixel sind.

- Ein Pixel $g(x,y)$ unter dem Zentrum eines strukturierenden Elements ist

  - *4-endpoint*, falls genau eines der vier Nachbarpixel (Abb. 9.1b) Objektpixel ist.
  - *4-isolated*, falls keines der vier Nachbarpixel (Abb. 9.1b) Objektpixel ist.
  - *4-simple*, falls das Löschen dieses Pixels die *4-connectedness* der restlichen Objektpixel nicht ändert.
  - *8-endpoint*, falls genau eines der acht Nachbarpixel (Abb. 9.1a) Objektpixel ist.
  - *8-isolated*, falls keines der acht Nachbarpixel (Abb. 9.1a) Objektpixel ist.
  - *8-simple*, falls das Löschen dieses Pixels die *8-connectedness* der restlichen Objektpixel nicht ändert.
  - *north border*, falls das nördliche Pixel Hintergrundspixel ist .
  - *south border*, falls das südliche Pixel Hintergrundspixel ist.
  - *east border*, falls das östliche Pixel Hintergrundspixel ist.
  - *west border*, falls das westliche Pixel Hintergrundspixel ist.

Die folgenden vier Iterationen werden parallel im ganzen Bild[4] solange ausgeführt, bis ein stabiler Zustand erreicht ist.

---

[4]d.h. Iteration 1 im ganzen Bild, dann Iteration 2 im ganzen Bild usw.

Definition 9.6
Alle Objektpixel, die (*4-simple*) $\wedge$ (NOT *4-isolated*) $\wedge$ (NOT *4-endpoint*)

1. $\wedge$ (*north border*) (Iteration 1)
2. $\wedge$ (*south border*) (Iteration 2)
3. $\wedge$ (*east border*) (Iteration 3)
4. $\wedge$ (*west border*) (Iteration 4)

sind, werden gelöscht.

Die zweite Variante ist eine Erweiterung der hier beschriebenen. Sie verwendet das strukturierende Element Abb. 9.1a, und es muss nur jeweils die 8-Nachbarschaft (*8-simple, 8-isolated, 8-endpoint*) verwendet werden, und es gibt 8 Iterationen, weil jeweils noch die vier anderen Richtungen *north-east border*, *north-west border*, *south-east border* und *south-west border* hinzukommen.

9.2.11   Der Algorithmus von Stentiford

Der Stentiford Algorithmus ist mit dem Rosenfeld verwandt. Die Hauptunterschiede liegen in der Definition der Randpixel, welche als Kandidaten zur Entfernung in Frage kommen, und der Definition der *Connectivity*, d.h. der Regel, die ein Unterbrechen der Linien des Skeletons verhindern sollen.

Der Stentiford-Algorithmus[44] vermeidet die Bildung von Fortsätzen und ist weniger rauschempfindlich als die meisten anderen Verfahren. Er verwendet strukturierende Elemente, die ähnlich wie die für den Algorithmus MB2 Nullen und Einsen enthalten, und die mit dem Bildausschnitt verglichen werden. Außerdem benutzt dieses Verfahren eine sog. *Connectivity*-Zahl , die berechnet, wieviele Teile eines Objekts möglicherweise zusammenhängen.

Definition 9.7
Die Connectivity-Zahl eines Zentrumspixels hat die Gleichung:

$$C_n(p) = \sum_{k=1,3,5,7} (1-g_k) - (1-g_k) \cdot (1-g_{k+1}) \cdot (1-g_{k+2}) \tag{9.5}$$

mit:
$C_n(p)$: Connectivity-Zahl des Pixels p
g_k: Grauwert (0 für Hintergrundspixel bzw. 1 für Objektpixel) des k-ten Umgebungspixels

Dabei ist die Variable k zyklisch mit 8, d.h. $k = 7 + 2 = 1$ (Abb. 9.47).
Beispiel 9.20
Abb. 9.48 zeigt einige Beispiele zur Connectivity-Zahl.

0	0	0
0	(1)	0
0	0	0

a

1	0	1
1	(1)	1
1	1	1

b

1	0	1
1	(1)	1
1	0	1

c

1	0	1
0	(1)	0
0	1	0

d

1	0	1
0	(1)	0
1	0	1

e

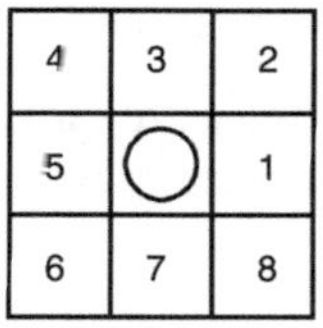

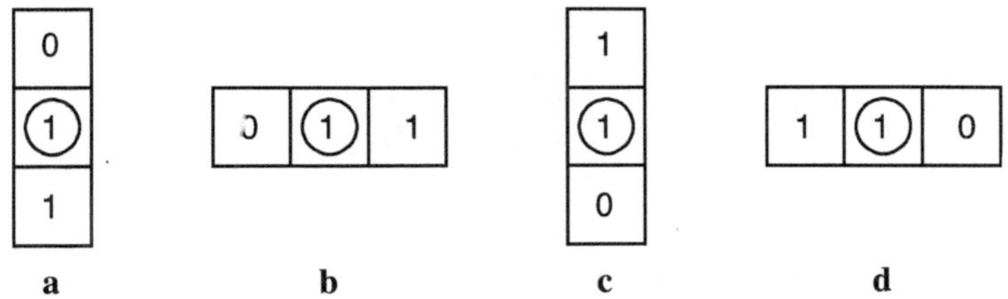

Abbildung 9.47: Zyklische Anordnung der Nachbarpixel für den Stentiford-Algorithmus

Abbildung 9.48 : Beispiele zur Connectivity-Zahl C_n
a) $C_n = 0$, b) $C_n = 1$, c) $C_n = 2$, d) $C_n = 3$, e) $C_n = 4$,

Definition 9.8
Ein Pixel ist ein Endpixel, falls in seiner Nachbarschaft keine weiteren Pixel liegen.

Definition 9.9
Die strukturierenden Elemente des Stentiford-Algorithmus zeigt Abb. 9.49 .

Abbildung 9.49 : Die vier strukturierenden Elemente des Stentiford-Algorithmus

Der Stentiford-Algorithmus findet in n Schritten statt. Dabei werden in den verschiedenen Iterationsschritten die strukturierenden Elemente a bis d über das Bild geschoben und die darunterliegenden Pixel mit denen des strukturierenden Elementes verglichen. Stimmen sie überein, liegt eine sog. *fit-Position* vor. Hier ist der Algorithmus.

- **Schritt 1:** Schiebe das strukturierende Element a über das Bild und suche die nächste *fit-Position*.
- **Schritt 2:** Liegt eine *fit-Position* vor, und ist das Zentrumspixel kein Endpixel, und beträgt die Connectivity-Zahl $C_n = 1$, wird das Zentrumspixel gelöscht.
- **Schritt 3:** Wiederhole Schritte 1 und 2 für das ganze Bild.
- **Schritt 4:** Wiederhole Schritte 1 bis 3 mit den anderen strukturierenden Elementen b bis d.

Der Algorithmus ist beendet, wenn ein stabiler Zustand eingetreten ist.

Um sicherzustellen, dass das Verfahren störungsfrei arbeitet, schlägt Stentiford zwei Vorverarbeitungsschritte vor, deren Beschreibung jedoch hier zu weit führen würde. Sie können in [44] nachgelesen werden.

9.2.12 Der Algorithmus von Zhang und Suen

Der Skelettierungsalgoritmus von Zhang und Suen[54] ist einer der besten Algorithmen. Er wird insbesondere OCR Programmen eingesetzt, produziert schöne Skelette und ist außerdem sehr schnell

Er verwendet ein quadratisches strukturierendes Element der Größe 3×3 (Abb. 9.50), mit dessen Hilfe verschiedene Bedingungen über die Umgebung eines Objektpixels abgefragt werden. Er verwendet die Connectivity-Zahl $C_n(p)$ (Gl. (9.5)) und die Anzahl der Nachbarpixel $B(p)$.

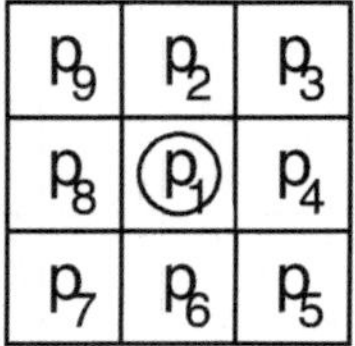

Abbildung 9.50: Das strukturierende Element des Zhang-Suen-Algorithmus

Er besteht aus zwei Subiterationen, die abwechselnd durchgeführt werden, bis ein stabiler Zustand eingetreten ist.

- Subiteration 1

    - $2 \leq B(p_1) \leq 6$
    - $C_n(p_1) = 1$
    - $(p_2 = 0) \wedge (p_4 = 0) \wedge (p_6 = 0)$
    - $(p_4 = 0) \wedge (p_6 = 0) \wedge (p_8 = 0)$

    Wenn alle Pixel des Bildes bearbeitet sind, beginnt
- Subiteration 2

    - $2 \leq B(p_1) \leq 6$
    - $C_n(p_1) = 1$
    - $(p_2 = 0) \wedge (p_4 = 0) \wedge (p_8 = 0)$
    - $(p_2 = 0) \wedge (p_6 = 0) \wedge (p_8 = 0)$

9.3 Zusammenfassung

Morphologische Operationen verändern, bis auf eine Ausnahme (das Medianfilter), die Form von Objekten im Bild. Die Nachbarn und der Bildpunkt selbst, die in die Operation mit einbezogen werden, werden durch das strukturierende Element festgelegt. In diesem Abschnitt wurden die morphologischen Operationen der Rangordnungsfilter sowie verschiedene Skelettierungs-, Verdünnungs- und Verdickungsalgorithmen erläutert. Offensichtlich kommt der Form des strukturierenden Elements eine entscheidende Bedeutung zu. Die gleiche Operation kann durch verschiedene strukturierende Elemente sehr unterschiedliche Funktionen erfüllen.

9.4 Aufgaben zu Abschnitt 9

Aufgabe 9.1

Erodieren Sie das Objekt im Eingangsbild Abb. 9.51a) mit dem vorgegebenen strukturierenden Element. Verwenden Sie die Grundform der Binär-Erosion und setzen Sie Ihre Ergebnisse in das Ausgangsbild Abb. 9.51b) (Pixel des Objekts sind schwarz, die des Hintergrunds weiß).

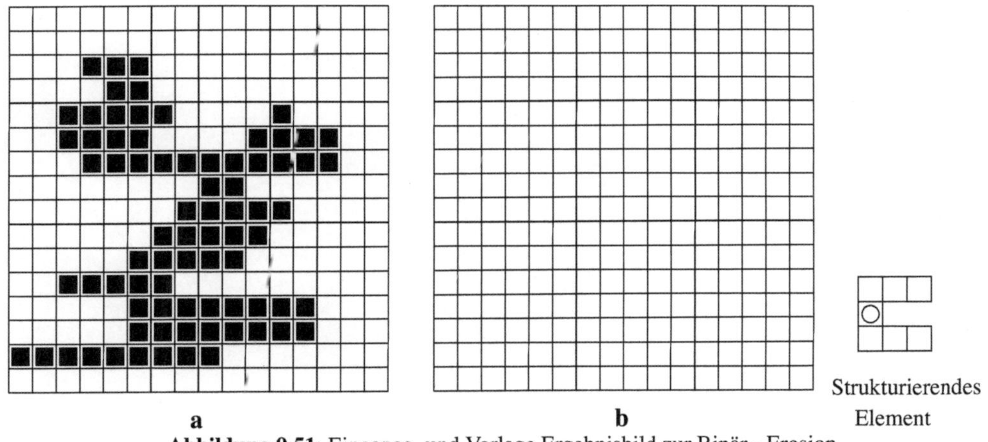

Abbildung 9.51: Eingangs- und Vorlage Ergebnisbild zur Binär - Erosion
a) Eingangsbild, b) Ergebnisbild

Aufgabe 9.2

Für alle Unteraufgaben in a) und b) verwenden wir ein kreisförmiges strukturierendes Element mit dem Radius $\frac{R}{8}$ und dem Zentrum in der Mitte sowie die **Grundform** der Erosion bzw. der Dilatation.

a) Erodieren Sie mit dem gegebenen strukturierenden Element

    – eine Kreisfläche mit Radius R
    – eine Quadratfläche mit der Seitenlänge R
    – die Fläche eines gleichseitigen Dreiecks mit der Seitenlänge R

b) Dilatieren Sie mit dem gegebenen strukturierenden Element

    – eine Kreisfläche mit Radius R
    – eine Quadratfläche mit der Seitenlänge R
    – die Fläche eines gleichseitigen Dreiecks mit der Seitenlänge R

Welche Radien bzw. Kantenlängen und welche Flächeninhalte haben die neu entstandenen Flächen? Zeichnen und bemaßen Sie sie jeweils möglichst genau.

Aufgabe 9.3

Zeichnen Sie das Skelett, das nach der Skelettierungsmethode *Mittelachsentransformation* (MAT) aus

a) einem Rechteck
b) einem Quadrat
c) einem Kreis
d) einem gleichseitigen Dreieck

entsteht.

10 Objekterkennung

Wir Menschen haben zur Erkennung von Situationen und bei der Deutung optischer Eindrücke eine phantastische Leistungsfähigkeit erreicht. Dazu verarbeiten wir nicht nur Informationen, die wir in diesem Moment aufnehmen, sondern auch Vorwissen, das wir aus früheren Erfahrungen in unserem Gedächtnis gespeichert haben. Die Kombination von Sinneseindruck und Erfahrung fällt allen Lebewesen leicht. Der Vorgang selbst ist jedoch bis heute nicht ganz verstanden. Forschungen auf dem Gebiet der psychologischen und medizinischen Gehirnforschung beschäftigen sich schon sehr lange mit der Verarbeitung speziell von visuellen Sinneseindrücken beim Menschen. Aber es gibt bis heute noch kein maschinelles System, welches auch nur annähernd die menschliche Leistungsfähigkeit und Flexibilität in Bezug auf die Verarbeitung visueller Sinneseindrücke erreicht.

Eine der elementarsten Aufgaben ist, ein Objekt so zu beschreiben, dass es von anderen Objekten eindeutig unterschieden werden kann - ein Problem, das ein Mensch mit Leichtigkeit tagtäglich bewältigt, ohne überhaupt darüber nachzudenken. Ein Programm kann jedoch nur Objektparameter in Form von Zahlen erkennen.

Mit anderen Worten, es benötigt eine Menge von n Parametern, die ein bestimmtes Objekt beschreiben und von anderen Objekten unterscheiden. Sie müssen beispielsweise in der Lage sein, einen Schraubenzieher von einer Schere zu unterscheiden. Die gemessenen Werte von n Parametern eines Objekts einer Klasse wird zu einem *Merkmalsvektor* oder *Parametervektor* zusammengefasst. Dieser ist ein Element eines n- dimensionalen Merkmalsraumes. Die Parametervektoren ähnlich oder gleich aussehender Objekte werden im Merkmalsraum nahe beieinander liegen, bzw. sich zu einem *Cluster* gruppieren. Sie gehören zu einer bestimmten *Merkmalsklasse*. Die Merkmalsvektoren von Objekten, die nicht zu dieser Klasse gehören, werden sich von diesem Cluster absetzen und eventuell einen eigenen Cluster bilden.

Für diesen Abschnitt sind Statistikkenntnisse hilfreich (siehe Abschnitt 5).

10.1 Merkmalsextraktion

Wenn wir uns jetzt also auf die Suche nach Parametern machen, die ein Objekt beschreiben sollen, so müssen diese bestimmte Bedingungen erfüllen. Beispielsweise sollte ein Bildverarbeitungsprogramm ein bestimmtes Werkzeug oder ein Bauteil wiedererkennen, auch wenn es gedreht oder verschoben worden ist. Andererseits wird die Bildverarbeitung umso aufwändiger und damit zeitintensiver, je mehr Bedingungen an die Parameter gestellt werden. Deshalb wird oft schon, wo dies möglich ist, bei der mechanischen Zuführung dafür gesorgt, dass die Objekte in einer bestimmten Orientierung vor die Kamera zu liegen kommen.

Idealerweise erfüllen Objektparameter die folgenden Bedingungen:

- Translationsinvarianz:
  Objektparameter bleiben bei Verschieben des Objekts konstant.
- Rotationsinvarianz:

Objektparameter bleiben bei Rotation des Objektes konstant.

- Größeninvarianz:
  Objektparameter bleiben bei Vergrößern oder Verkleinern des Objektes konstant, also zum Beispiel, wenn sich die Kamera auf das Objekt zu- oder von ihm wegbewegt.

- Spiegelinvarianz:
  Objektparameter bleiben bei Spiegelung um eine Symmetrieachse konstant, beispielsweise, wenn ein relativ flaches Objekt um eine waagerechte Achse rotiert wird

Nicht alle Parameter werden alle vier Eigenschaften aufweisen können. Außerdem werden selbst bei der Aufnahme identischer Objekte die Werte der gewählten Parameter einer gewissen Streuung unterliegen, da die Aufnahmebedingungen meist nicht vollkommen konstant gehalten werden können. Noch größer ist natürlich die Streuung bei der Aufnahme von ähnlichen Objekten, die aber zu einer Objektklasse gehören. Ein Parametervektor ist dann zur Beschreibung von Objekten geeignet, wenn er in der Lage ist, verschiedene Objektklassen eindeutig zu trennen.

10.1.1 Geometrische und topologische Merkmale

Wie unterscheidet sich ein Bleistift von einem Radiergummi im Aussehen? Wie unterscheiden wir visuell eine Brezel von einem Brötchen? Der Bleistift ist "länger" und "dünner" als der Radiergummi, eine Brezel hat "Löcher", ein Brötchen hat keine. Länge, Breite, Fläche usw. sind Beispiele für geometrische Eigenschaften, die Anzahl der Löcher, Zusammenhang zwischen Objektteilen usw. sind Beispiele für topologische Merkmale.

Es ist natürlich naheliegend, zuerst geometrische und topologische Eigenschaften in Betracht zu ziehen, denn auf diese Weise unterscheidet ja auch der Mensch zwischen verschiedenen Objekten. Auch wenn es relativ simple und naheliegende Merkmale sind, kann mit ihnen eine große Menge von Klassifikationsproblemen gelöst werden.

Fläche
  Die Fläche ist die Anzahl der Pixel eines Objektes.
  (Translations- und rotationsinvariant, nicht größeninvariant).

Masse
  Die Masse ist die Summe der Grauwerte eines Objektes im Grauwertbild.
  (Translations- und rotationsinvariant, nicht größeninvariant).

Umfang
  Der Umfang ist die Anzahl der Randpixel eines Objektes.
  (Translations- und rotationsinvariant, nicht größeninvariant).

Schwerpunkt
  Der Schwerpunkt

$$x_s = \frac{1}{\sum\limits_{x=0}^{N}\sum\limits_{y=0}^{M} g(x,y)} \sum\limits_{x=0}^{M}\sum\limits_{y=0}^{N} x \cdot g(x,y)$$

$$y_s = \frac{1}{\displaystyle\sum_{x=0}^{N}\sum_{y=0}^{M} g(x,y)} \sum_{x=0}^{M}\sum_{y=0}^{N} y \cdot g(x,y)$$

mit:

$M+1, N+1$: Länge und Breite des Bildes oder eines Bildbereiches (*Region of Interest*)
$g(x,y)$:   Grauwert an der Stelle(x,y)

kann über die Form im Binärbild oder über das Objekt im Grauwertbild berechnet werden.
(Größeninvariant, invariant bei Rotation um den Schwerpunkt, nicht translationsinvariant).

Beispiel 10.1

In der medizinischen Forschung wird ein Medikament oft zuerst an Zellkulturen getestet. Dazu werden in einer Petrischale Zellkulturen gezüchtet. An einer Stelle am Rand wird das entsprechende Medikament eingeschleust. Mit Hilfe des Schwerpunktes kann man bestimmen, ob die Zellen unbeeinflußt weiterwachsen, ob die Zellkultur sich während des Wachstums von dem Medikament wegbewegt oder darauf zu, oder an an welcher Stelle die Zellen absterben.

Länge

Die Länge ist ein geeigneter Parameter bei fadenähnlichen Objekten, beispielsweise bei DNA-Strängen.
(Translations- und rotationsinvariant, nicht größeninvariant).

Anzahl und Breite von Maxima und Minima im Zeilenprofil (siehe Abschnitt 5.2)

(Nicht translations- , rotations- oder größeninvariant).

Beispiel 10.2

Mit Hilfe dieser recht einfachen Parameter können verschiedene Werkzeuge, verschiedene Stanzteile aber auch Gabel, Messer und Löffel voneinander unterschieden werden.

Feret XY

Feret XY sind zwei Parameter: Feret X ist die horizontale Ausdehnung eines Objekts im Bild, Feret Y die vertikale Ausdehnung.
(Translationsinvariant, nicht rotations- oder größeninvariant).

Minimaler Umkreis, maximaler Inkreis, Mittlerer Kreis

Alle drei Kreise haben den Schwerpunkt als Mittelpunkt. Der minimale Umkreis ist der kleinste Kreis, der das Objekt vollständig enthält. Der maximale Inkreis ist der größte Kreis, der vollständig innerhalb des Objekts liegt. Der mittlere Kreis ist der Kreis, dessen Radius der Mittelwert der beiden anderen Kreise ist. Die Objektparameter sind jeweils die Radien oder die Kreisflächen.
(Translations- und rotationsinvariant, nicht größeninvariant).

Beispiel 10.3

Dieser Parametersatz ist in der Lage, runde Objekte von allen anderen zu unterscheiden, da diese die einzigen sind mit demselben maximalen Inkreis und miminalen Umkreis.

Kreis- oder Ellipsenanpassung

Dem Objekt wird ein Kreis bzw. eine Ellipse angepaßt, so dass die Summe aller Abweichungsquadrate ein Minimum ergibt. Das Verfahren ist ähnlich dem eines Polynomfits an Meßwerte in einer Dimension. Der Unterschied zu Umkreis, Inkreis und mittlerer Kreis ist, dass sich die Lage des Mittelpunktes so lange verändert, bis der optimale Kreis bzw. die optimale Ellipse gefunden ist. Objektparameter ist dann der Kreisradius bzw. die beiden Halbachsen der Ellipse. *(Translations- und rotationsinvariant, nicht größeninvariant).*

Anpassung eines Rotationsellipsoids

Das ist die dreidimensionale Variation der Ellipsenanpassung. Dem Objekt wird im Grauwertbild ein Rotationsellipsoid angepaßt, indem der Grauwert als die "Höhe" des Objektes in der dritten Dimension angesehen wird. Objektparameter sind der Mittelpunkt und die drei Halbachsen des Rotationsellipsoids. *(Translations- und rotationsinvariant, nicht größeninvariant).*

Anzahl der Löcher innerhalb eines Objekts

über diesen Parameter lassen sich bestimmte Stanzteile und Werkzeuge unterscheiden. *(Translations-, rotations- und größeninvariant).*

Die mittleren RGB-Werte eines Objekts

Wird ein Bild in Echtfarben aufgenommen, so charakteriesiert dieser dreidimensionale Merkmalsvektor die Objektfarbe. *(Translations-, rotations- und größeninvariant).*

Die beschriebenen Parameter haben die Eigenschaft, dass sie sehr anschaulich sind, da sie auf die Geometrie, die Topologie bzw. die Form der Objekte Bezug nehmen. Dies muss jedoch nicht notwendigerweise der Fall sein. Ein Programm benötigt zur Unterscheidung von Objekten lediglich eine Menge von Zahlen, durch die unterschiedliche Objekte unterschiedlichen Klassen zugeordnet werden. Die folgenden Parameter werden zunehmend abstrakter und verlieren für den menschlichen Betrachter ihren Bezug zur Geometrie der Objekte und scheinbar auch zum Objekt.

10.1.2   Formparameter

Die folgenden Merkmale klassifizieren Objekte über Parameter, die den Verlauf des Objektrandes beschreiben. Sie werden deshalb *Formparameter* genannt.

- **Die Randcodierung nach Freeman**

  Bei der Randcodierung wird der Rand eines Objektes in eine Zahlenfolge verschlüsselt. Man beginnt bei einem vorgegebenen Objektpixel und tastet sich mit dem Uhrzeigersinn am Objektrand entlang. Die jeweilige Richtung wird über die sog. *Freeman Codierung* (Abb. 10.1 a)) verschlüsselt. Beginnen wir mit dem Pixel A in Abb. 10.1 b), so ergibt sich folgende Randcodierung:

  $$C_{\text{rand}} = 07577700555444455667433322110001222222 \tag{10.1}$$

  Die Randcodierung beschreibt eine Objektform vollständig, falls das Objekt keine Löcher oder Zweige von einem Pixel Breite enthält. Sie ist zwar translationsinvariant aber nicht rotations-

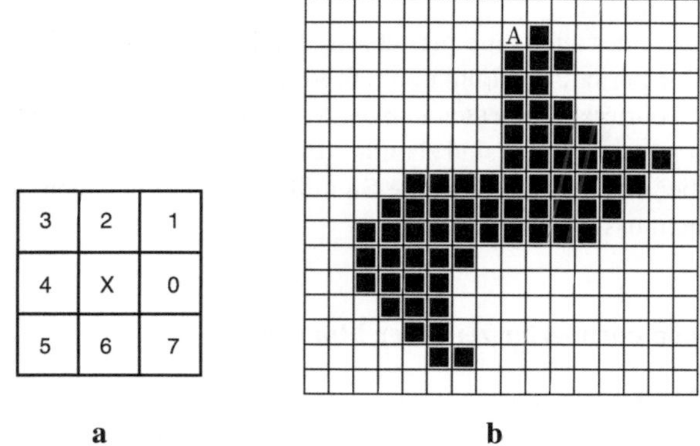

Abbildung 10.1: Die Randcodierung
a) Der Freeman-Richtungscode, b) Eingangsbild für eine Randcodierung

und größeninvariant. Die Randcodierung eines gespiegelten Objekts kann jedoch in die ursprüngliche Randcodierung zurückübersetzt werden.

- **Der Differenzialcode**
  Der Differenzialcode ist die Ableitung der (diskreten) Randcode-Funktion. Eine Ableitung zeigt in diesem Fall eine Richtungsänderung der Kanten an. Die Ableitung der Randcodierung nennt man *Differenzialcode*. Eine diskrete Funktion wird differenziert, indem zwei benachbarte Funktionswerte subtrahiert werden Hier muss nun zusätzlich beachtet werden, dass die Differenzenbildung innerhalb des Freeman Codes geschehen muss. Also ist beispielsweise

$$\Delta C_{\text{rand}} = 5 - 4 = 1,$$
$$\Delta C_{\text{rand}} = 2 - 4 = -2,$$
$$\text{aber auch } \Delta C_{\text{rand}} = 7 - 0 = -1$$
$$\text{und } \Delta C_{\text{rand}} = 0 - 7 = 1.$$

Die Ableitung von Gleichung 10.1 lautet also:

$$\Delta C_{\text{diff}} = 12(-2)00(-1)03001000(-1)0(-1)0(-1)31001010100(-1)(-1)00002 \qquad (10.2)$$

Gleichung 10.2 ist der Differenzialcode des Objekts in Abb. 10.1 b).

Der Differenzialcode ist translations- und (ziemlich) rotationsinvariant. Isoliert man den *Betrag* und den *relativen Abstand* der Maxima im Differenzialcode, so sind sie in der Lage, einfache Objekte zu beschreiben. In Abb. 10.1 b) wäre das z. B.

$$C_{\text{max}} = xxxxxxxx3xxxxxxxxxxx3xxxxxxxxxxxxxxxx$$

mit:
C_{max}: Maxima im Differentialcode

Der Betrag der Maxima ist 3 und der relative Abstand 12/38. Diese Parameter sind translations-, rotations- und größeninvariant.

- **Die Fourierdescriptoren**
  Ein Randcodeist immer auch eine periodische Funktion, da das Objekt beliebig oft umlaufen werden kann. Eine periodische Funktion läßt sich bekanntlich in eine Fourierreihe entwickeln, und die ersten k Fourierkoeffizienten a_i bzw. b_j ergeben die Objektparameter. Sie werden *Fourierdeskriptoren* genannt. Diese sind ebenfalls translations-, rotations- und größeninvariant. Wie oben gilt, dass bei der Klassifikation die Signifikanz jedes einzelnen Fourierdeskriptors nachgewiesen werden muss.

10.1.3   Kombinationen normierter zentraler Momente

Die statistischen Größen der *normierten zentralen Momente* μ_{ik} , die im Abschnitt 5.3.3 über statistische Interpretationen von Bildern hergeleitet wurden, bilden einen mächtigen Parametersatz zur Unterscheidung von Objekten. Neben ihren statistischen Aussagen sind sie in diesem Abschnitt Grundlage für einen Merkmalsvektor von sieben Parametern $\vec{\kappa} = (\kappa_1 ... \kappa_7)^T$, von denen κ_1 bis κ_6 translations-, rotations- und spiegelinvariant sind, während κ_7 zwar translations- und rotationsinvariant ist, aber unter Spiegelung sein Vorzeichen ändert [15][37] . Sie haben die folgenden Gleichungen:

$$\kappa_1 = \mu_{20} + \mu_{02}$$

$$\kappa_2 = \frac{1}{\kappa_1^2}\left[(\mu_{20} - \mu_{02})^2 + 4\mu_{11}^2\right]$$

$$\kappa_3 = \frac{1}{\kappa_1^{5/2}}\left[(\mu_{30} - 3\mu_{12})^2 + (3\mu_{21} + \mu_{03})^2\right]$$

$$\kappa_4 = \frac{1}{\kappa_1^{5/2}}\left[(\mu_{30} + \mu_{12})^2 + (\mu_{21} + \mu_{03})^2\right]$$

$$\kappa_5 = \frac{1}{\kappa_1^5}\left[(\mu_{30} - 3\mu_{12})(\mu_{30} + \mu_{12}) \cdot \left[(\mu_{30} + \mu_{12})^2 - 3(\mu_{21} + \mu_{03})^2\right] + \right.$$

$$\left. + (3\mu_{21} - \mu_{03})(\mu_{21} + \mu_{03}) \cdot \left[3(\mu_{30} + \mu_{12})^2 - (\mu_{21} + \mu_{03})^2\right]\right]$$

$$\kappa_6 = \frac{1}{\kappa_1^{7/2}}\left[(\mu_{20} - \mu_{02}) \cdot \left[(\mu_{30} + \mu_{12})^2 - (\mu_{21} + \mu_{03})^2\right] + \right.$$

$$\left. + 4\mu_{11}(\mu_{30} + \mu_{12})(\mu_{21} + \mu_{03})\right]$$

$$\kappa_7 = \frac{1}{\kappa_1^5}\left[(3\mu_{21} - \mu_{03})(\mu_{30} + \mu_{12}) \cdot \left[(\mu_{30} + \mu_{12})^2 - 3(\mu_{21} + \mu_{03})^2\right] + \right.$$

$$\left. + (3\mu_{12} - \mu_{30})(\mu_{21} + \mu_{03}) \cdot \left[3(\mu_{30} + \mu_{12})^2 - (\mu_{21} + \mu_{03})^2\right]\right] \tag{10.3}$$

mit:

$\kappa_1 ... \kappa_7$: Momenten-Invarianten

A $\kappa_1 = 2.59069 \cdot 10^6$ $\kappa_2 = 0.02263$ $\kappa_3 = 0.30967$ $\kappa_4 = 0.01108$ $\kappa_5 = -0.00063$ $\kappa_6 = 0.00163$ $\kappa_7 = -0.00016$	**E** $\kappa_1 = 2.37675 \cdot 10^6$ $\kappa_2 = 0.04408$ $\kappa_3 = 0.00331$ $\kappa_4 = 0.00804$ $\kappa_5 = -0.00004$ $\kappa_6 = 0.00167$ $\kappa_7 = -0.00001$
D $\kappa_1 = 3.80397 \cdot 10^6$ $\kappa_2 = 0.01960$ $\kappa_3 = 0.01496$ $\kappa_4 = 0.00007$ $\kappa_5 = 6.55126 \cdot 10^{-8}$ $\kappa_6 = 9.22497 \cdot 10^{-6}$ $\kappa_7 = -2.21391 \cdot 10^{-9}$	**O** $\kappa_1 = 3.62246 \cdot 10^6$ $\kappa_2 = 0.03207$ $\kappa_3 = 7.29527 \cdot 10^{-6}$ $\kappa_4 = 4.20792 \cdot 10^{-6}$ $\kappa_5 = 0.0$ $\kappa_6 = 4.92419 \cdot 10^{-7}$ $\kappa_7 = 0.0$
L $\kappa_1 = 1.27699 \cdot 10^6$ $\kappa_2 = 0.33736$ $\kappa_3 = 0.29581$ $\kappa_4 = 0.02717$ $\kappa_5 = -0.00218$ $\kappa_6 = 0.01578$ $\kappa_7 = -0.00109$	**T** $\kappa_1 = 1.44916 \cdot 10^6$ $\kappa_2 = 0.09942$ $\kappa_3 = 0.47709$ $\kappa_4 = 0.00715$ $\kappa_5 = 0.00042$ $\kappa_6 = 0.00225$ $\kappa_7 = 0.0$
I $\kappa_1 = 627900.0$ $\kappa_2 = 0.69018$ $\kappa_3 = 0.0$ $\kappa_4 = 0.0$ $\kappa_5 = 0.0$ $\kappa_6 = 0.0$ $\kappa_7 = 0.0$	$\kappa_1 = 157742.3$ $\kappa_2 = 0.0$ $\kappa_3 = 0.0$ $\kappa_4 = 0.0$ $\kappa_5 = 0.0$ $\kappa_6 = 0.0$ $\kappa_7 = 0.0$

Abbildung 10.2: Die Parameter κ_i für einige Objekte

K $\kappa_1 = 2.41174 \cdot 10^6$ $\kappa_2 = 0.00396$ $\kappa_3 = 0.01511$ $\kappa_4 = 0.01025$ $\kappa_5 = -0.00008$ $\kappa_6 = -0.00019$ $\kappa_7 = -0.00010$	**K** $\kappa_1 = 2.40871 \cdot 10^6$ $\kappa_2 = 0.00386$ $\kappa_3 = 0.01484$ $\kappa_4 = 0.01014$ $\kappa_5 = -0.00008$ $\kappa_6 = -0.00020$ $\kappa_7 = -0.00009$
K $\kappa_1 = 2.41174 \cdot 10^6$ $\kappa_2 = 0.00396$ $\kappa_3 = 0.01511$ $\kappa_4 = 0.01025$ $\kappa_5 = -0.00008$ $\kappa_6 = -0.00019$ $\kappa_7 = -0.00010$	**K** $\kappa_1 = 2.42078 \cdot 10^6$ $\kappa_2 = 0.00389$ $\kappa_3 = 0.01515$ $\kappa_4 = 0.01029$ $\kappa_5 = -0.00009$ $\kappa_6 = -0.00019$ $\kappa_7 = -0.00010$

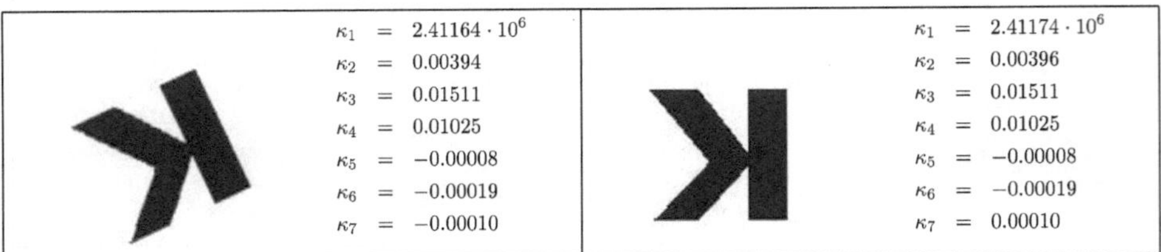

Abbildung 10.3: Die Parameter κ_i unter Translation und Rotation

Damit ergeben sich sieben Objektmerkmale, die größen-, translations- rotations- und bis auf κ_7 spiegelinvariant sind, und durch die dieses charakterisiert wird.

Diese Parameter sind nun anschaulich überhaupt nicht mehr nachvollziehbar. Während man beispielsweise bei dem Parameter "Fläche" jederzeit abschätzen kann, wie groß in etwa die Fläche eines Objektes ist, kann man unmöglich eine Schätzung für den Parameter κ_6 abgeben. Trotzdem sind diese Größen für bestimmte Objektgruppen ein mächtiges Unterscheidungsmerkmal. In Abb. 10.2 ist für einige Buchstaben der Merkmalsvektor $\vec{\kappa} = (\kappa_1 ... \kappa_7)^T$ berechnet. Offensichtlich lassen sich Buchstaben also über die Kombination zentraler Momente unterscheiden. Abb. 10.3 zeigt, dass die Komponenten $\kappa_1 ... \kappa_6$ der Merkmalsvektoren invariant sind unter Translation und Rotation. Nur κ_7 ändert bei einer Spiegelung sein Vorzeichen.

10.2   Klassifikation von Objekten

Sind nun eine Menge von Objektparametern gefunden, von denen man glaubt, sie charakterisieren eine bestimmte Objektklasse, so werden sie im sog. *Merkmalsvektor $\vec{x}$* zusammengefasst. Dieser hat soviele Komponenten wie Merkmale vorhanden sind, und jeder Repräsentant einer bestimmten Klasse bekommt bei der Parameterextraktion für jede Komponente einen bestimmten Wert zugewiesen. n Merkmale spannen einen n-dimensionalen Vektorraum auf, den sog. *Merkmalsraum.*

Beispiel 10.4
Die Parameter Breite und Länge von Chromosomen erzeugen einen zweidimensionalen Merkmalsraum.

Beispiel 10.5
Die R,- G- und B- Komponenten aller Pixel des Echtfarbbildes eines grünen Blattes bilden einen dreidimensionalen Merkmalsraum.

Die Gesamtheit aller Vektoren in einem Merkmalsraum bilden die *Stichprobe*. Die zu ähnlichen Objekten gehörenden Merkmalsvektoren werden sich zu mehr oder weniger konzentrierten Wolken im Merkmalsraum, sog. *Clustern*, gruppieren. Abb. 10.4 zeigt einen zweidimensionalen Merkmalsraum mit drei Klassen. Eine Klassifikationsaufgabe besteht nun darin, jedes unbekannte neue Objekt einem Cluster und somit einer Objektklasse zuzuordnen. Die Zurdnungsvorschrift nennt man *Klassifikator*.

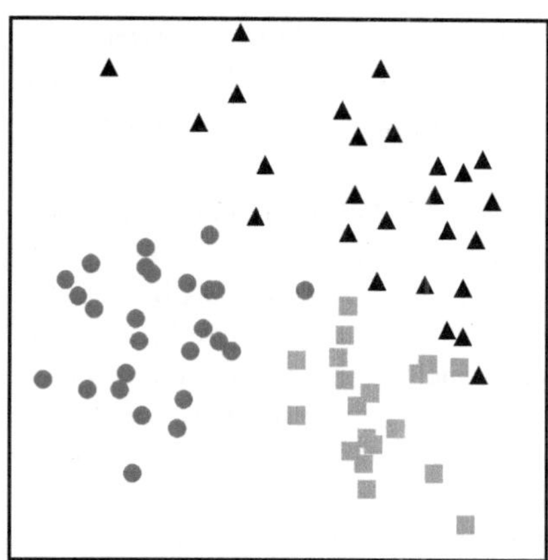

Abbildung 10.4: Ein zweidimensionaler Merkmalsraum mit drei Objektklassen

Ist für die zu klassifizierenden Objektarten der Ort und die Ausdehnung ihrer Cluster im Merkmalsraum bekannt (beispielsweise aus Konstruktionsdaten), so kann direkt mit der Klassifikation der neuen Objekte begonnen werden. Meist sind jedoch die Cluster nicht bekannt, sondern man hat eine Anzahl von Prototypen jeder Objektklasse und der eigentlichen Klassifikation wird eine sog. Einlernphase vorangestellt.

- In der *Einlernphase* werden anhand des bekannten Testsatzes die Cluster gebildet und gegebenenfalls mathematisch beschrieben. Letzteres hängt vom gewählten Klassifikator ab.
- In der *Klassifikationsphase* wird für ein unbekanntes Objekt durch Vergleich seines Merkmalsvektors mit den dem System bekannten Clustern eine Klassifikation durchgeführt.

10.2.1 Die Einlernphase

Das Einlernen ("Teach-in")[1] kann auf grundsätzlich zwei verschiedene Arten geschehen, je nachdem, ob es einen Parametersatz gibt, von dem man annimmt, dass er die Stichprobe klassifizieren kann. Dann wählt man das überwachte Lernen. Handelt es sich aber um Objekte, wie beispielsweise Chromosomen, bei denen ad hoc keine Parameter zu finden sind, welche die Klassen unterscheiden, müssen sich diese durch unüberwachtes Lernen selbst herauskristallisieren.

- **Überwachtes Lernen**
  Gehen die n Merkmale wie Form, Farbe usw. schon aus der Objektart oder der Problemstellung hervor, so sind die Objektklassen annähernd bekannt. Durch eine Klassifikation mit einer ausreichend großen Stichprobe von Testobjekten bilden sich die Cluster im n-dimensionalen

---

[1]Man findet in studentischen Arbeiten immer wieder den witzigen Begriff *"eingeteacht"* als Partizip für *to teach in* - ich verwende lieber den Begriff " einlernen"

Merkmalsraum heraus, welche die Musterklassen repräsentieren. Sie stellen die eine mehr oder weniger gute Annäherung an die gewünschten Objektklassen dar. Der Testlauf dient dann dazu, die Clustergrenzen festzulegen. Dies nennt man überwachtes Lernen.

- **Unüberwachtes Lernen**
  Sind weder die Parameter noch die Anzahl möglicher Klassen vorher bekannt, so kann auch keine Ermittlung von Clustern mit Hilfe von Stichproben durchgeführt werden. Man benötigt in diesem Fall ein Verfahren, das nicht nur für die Clusterbildung sorgt, sondern auch die Anzahl der sich im Merkmalsraum durch Gruppierung herausbildenden Cluster bestimmt. Glaubt man beispielsweise, verschiedenen Chromosomen durch bestimmte Kombinationen normierter zentraler Momente unterscheiden zu können, so werden von einem Testsatz eine Anzahl dieser Parametern berechnet und das Resultat wird auf Clusterbildung untersucht. Im besten Falle werden sich dann bezüglich einiger Merkmale verschiedene Cluster herausbilden. Diese können als Unterscheidungsmerkmale herangezogen werden. Alle anderen müssen aufgegeben werden. Dies nennt man unüberwachtes Lernen.

Ob nun die Clusterbildung durch überwachtes oder unüberwachtes erfolgt - die Wichtigkeit der Einlernphase kann nicht genug betont werden. Fehler, welche auftreten können (ohne Anspruch auf Vollständigkeit), sind:

- Ein Bereich des Merkmalsraumes, der eigentlich zur Beschreibung der zu erkennenden Objekte mit erfasst werden müßte, wurde durch die Stichproben nicht abgedeckt. Die Stichprobe war zu klein, und man merkt erst in der Klassifikationsphase, dass sehr viele Objekte nicht klassifiziert werden können.

- Ein Parameter hat für alle Objekte der Stichprobe nahezu gleiche Werte. Dann beschreibt dieser Parameter kein relevantes Unterscheidungsmerkmal.

- Die Parameter sind nicht unabhängig voneinander. Dann kann man einen Parameter durch andere des Parametersatzes ausdrücken. Beispielsweise sind die Parameter x_1 Breite, x_2. Höhe und x_3 Fläche voneinander abhängig. Einer dieser Parameter ist also überflüssig.

- Die Objektklassen überlappen. Ob Objekte, die in der Schnittmenge einer oder mehrerer Klassen liegen, klassifiziert werden können, hängt vom gewählten Klassifikator ab.

10.2.2   Die Klassifikationsphase

Nach Abschluß der Einlernphase wird die Klassifikationsphase gestartet. Dabei wird der Merkmalsvektor von neuen, noch nicht klassifizierten Objekten berechnet. Dieser muss nun eindeutig einem Cluster zugeordnet werden, und das Problem besteht darin, die adäquaten Cluster zu finden und die Klassenzuordnungen korrekt vorzunehmen. Dies ist die Aufgabe des *Klassifikators*, ein Algorithmus, der genau dies leistet. Es gibt sehr viele unterschiedliche Klassifikatoren, was natürlich damit zusammenhängt, das die Objektklassifikation eines der schwierigsten Probleme in der Bildverarbeitung ist. Die wichtigsten Klassifikatoren seien hier vorgestellt.

Ausgangsbasis für die Klassifikation von Objekten mit m Parametern ist also eine Menge von $n+1$ unterschiedlichen Klassen $\{C_0 \ldots C_n\}$. Dabei ist C_0 die sog. *Rückweisungsklasse*. Diese wird vom Klassifikator gewählt, falls keine eindeutige Klassifikation vorgenommen werden kann. Befinden sich am Ende einer Klassifikation Objekte in der Rückweisungsklasse, werden sie entweder manuell einer Klasse zugewiesen oder es muss ein neuer Parametersatz für sie gefunden werden.

- **Der Parallelepiped-Klassifikator**
  Jeder Cluster einer Stichprobe wird von einem Rechteck (bei zweidimensionalem Merkmalsraum) umgeben, bzw. von einem Quader (bei dreidimensionalem Merkmalsraum) bzw. einem Hyperquader (bei n-dimensionalem Merkmalsraum) umgeben. Fällt der Merkmalsvektor des neuen Objekt in einen dieser (Hyper-)Quader, so wird das neue Objekt dieser Klasse zugeordnet. Dies ist ein sehr schnelles Klassifikationsverfahren, da für jede Komponente des neuen Merkmalsvektors lediglich eine "größer-kleiner"-Abfrage notwendig ist. Allerdings liefert der Parallelepiped-Klassifikator nur selten zufriedenstellende Ergebnisse, da sich die Parameterwerte einer Trainingsstichprobe meist symmetrisch um die jeweiligen Klassenzentren gruppieren. Nur wenn die Cluster im Merkmalsraum weit genug auseinander liegen kann dieser Klassifikator angewandt werden.

- **Der Nearest-Neighbour-Klassifikator**
  Der Nearest-Neighbour-Klassifikator beruht auf der Ermittlung des nächsten Vektors in einer Stichprobe. Die Klassifikation eines neuen Objekts erfolgt dadurch, dass der Merkmalsvektor in der Stichprobe gefunden wird, der den kleinsten Abstand[2] zum Merkmalsvektor des neuen Objektes hat. Dessen Klassenzugehörigkeit bestimmt die Klasse des neuen Objektes (Abb. 10.5a).

- **Der k-Nearest-Neighbour-Klassifikator**
  Der k-Nearest-Neighbour-Klassifikator ist eine Erweiterung des Nearest-Neighbour-Klassifikators. Statt den kleinsten Abstand des neuen Objekts zu einem Merkmalsvektor der Stichprobe zu bestimmen, werden die k kleinsten Abstände zu einer Menge von k Vektoren der Stichprobe ermittelt. Gehören die k Vektoren verschiedenen Klassen an, wird das neue Objekt der Klasse zugeordnet, die die meisten Vektoren in der Menge hat (Abb. 10.5b).

- **Der Minimum-Distanz-Klassifikator**
  Für jeden Cluster aus dem Merkmalsraum wird der Mittelpunkt (bei manchen Implementierungen auch der Schwerpunkt) berechnet. Für die Klassifikation eines neuen Objekts wird der Mittelpunktsvektor (Schwerpunktsvektor) mit dem minimalen Abstand zum Merkmalsvektor des neuen Objektes gefunden. Dessen Klassenzugehörigkeit bestimmt die Klasse des neuen Objekts.

- **Der Maximum-Likelihood-Klassifikator**
  Dieser Klassifikator ist einer der mächtigsten Klassifikationsalgorithmen. Er ist allerdings etwas komplizierter und soll deshalb zunächst an einem Beispiel erklärt werden.

Beispiel 10.6

Beschränken wir uns zunächst auf ein sehr einfaches Klassifikationsproblem - eine Obstsortieranlage für Äpfel. Nehmen wir an, wir interessierten uns nur für einen Paramenter, nämlich den Durchmesser x der Äpfel. Nehmen wir weiterhin an, es gäbe nur zwei Sorten Äpfel, kleinere und größere, und die beiden Verteilungsfunktionen (also die eindimensionalen Cluster), die durch Messung an einer Stichprobe von insgesamt 900 Äpfeln gefunden wurden, hätten die Form in Abb. 10.6. Als drittes nehmen wir an, es gäbe etwa doppelt so viele große wie kleine

---

[2] Als Abstandsmaß wird in allen Algorithmen hier der Euklidische Abstand verwendet.

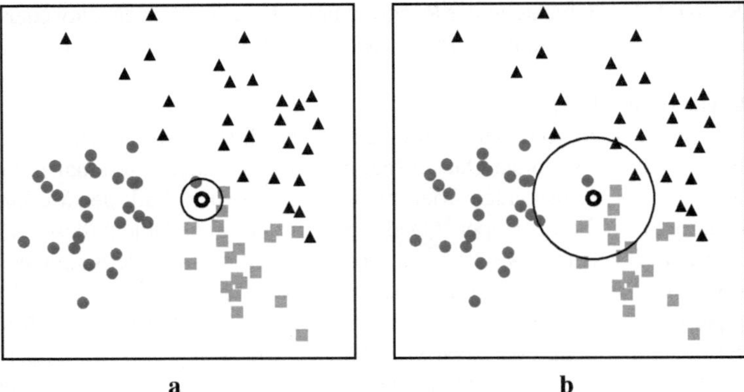

a   b

Abbildung 10.5: Nearest-Neighbour- und k-Nearest-Neighbour Klassifikation mit k=9
Ein zweidimensionaler Merkmalsraum mit drei Objektklassen (Kreise, Dreiecke, Quadrate). a) Nearest-Neighbour- Klassifikation: Das neue Objekt **o** wird der Klasse der Kreise zugeordntet. b) k-Nearest-Neighbour-Klassifikation: Das neue Objekt **o** wird der Klasse der Quadrate zugeordntet.

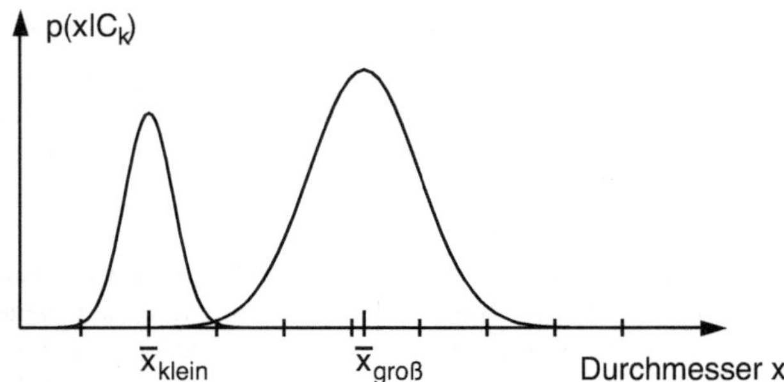

Abbildung 10.6: Die bedingten Wahrscheinlichkeiten der kleinen und großen Äpfel zu Bsp. 10.6
Der Funktionswert $p(x|C_k)$ ist die Anzahl der Äpfel mit dem Durchmesser x dividiert durch die Gesamtzahl der Äpfel. $p(x|C_{klein})$ wird auf der linken, $p(x|C_{groß})$ wird auf der rechten Kurve abgelesen (1 Teilstrich entspr. 2 cm)

Äpfel. Wir setzen also die sog. *apriori Wahrscheinlichkeiten* auf

$$P(C_{\text{klein}}) = \frac{1}{3}$$
$$P(C_{\text{groß}}) = \frac{2}{3}$$

mit:

C_k: k-te Objektklasse

$P(C_k)$: apriori-Wahrscheinlichkeit, dass ein Merkmalsvektor zur Klasse C_k gehört

Sei nun $p(x|C_{\text{groß}})$ die sog. *bedingte Wahrscheinlichkeit*, dass unter den großen Äpfeln der Durchmesser x vorkommt und analog $p(x|C_{\text{klein}})$ die bedingte Wahrscheinlichkeit, dass unter den kleinen Äpfeln der Durchmesser x vorkommt. Konkret wird $p(x|C_{\text{klein}})$ berechnet, indem in Abb. 10.6 der Funktionswert für den gemessenen Durchmesser x an der linken Kurve abgelesen wird, und analog $p(x|C_{\text{groß}})$ an der rechten Kurve. Beispielsweise ist $p(7\text{cm}|C_{\text{klein}})$ eine eher kleine bedingte Wahrscheinlichkeit, und $p(7\text{cm}|C_{\text{groß}})$ schon eher eine große bedingte Wahrscheinlichkeit.

Vor der Messung eines neuen Apfels kennen wir nur die apriori Wahrscheinlichkeiten. Nach der Messung kennen wir die sog. *aposteriori Wahrscheinlichkeit* $P(C_{\text{klein}}|x)$

bzw. $P(C_{\text{groß}}|x)$, denn nach dem Satz von Bayes (siehe z.B. [52]) können wir die apriori- und die bedingte Wahrscheinlichkeit verknüpfen:

$$P(C_{\text{klein}}|x) = \frac{p(x|C_{\text{klein}}) \cdot P(C_{\text{klein}})}{p(x|C_{\text{klein}}) \cdot P(C_{\text{klein}}) + p(x|C_{\text{groß}}) \cdot P(C_{\text{groß}})}$$
$$P(C_{\text{groß}}|x) = \frac{p(x|C_{\text{groß}}) \cdot P(C_{\text{groß}})}{p(x|C_{\text{klein}}) \cdot P(C_{\text{klein}}) + p(x|C_{\text{groß}}) \cdot P(C_{\text{groß}})}$$

Der Nenner ist lediglich ein Normierungsfaktor, der dafür sorgt, dass $P(C_{\text{klein}}|x)$

bzw. $P(C_{\text{groß}}|x)$ nicht größer werden als 1, und der Zähler besagt, dass die Wahrscheinlichkeit, dass ein Objekt zur Klasse C_k gehört, abhängt vom Produkt aus apriori- und bedingter Wahrscheinlichkeit.

Gesetzt den Fall, wir haben an unserem neuen Apfel nun einen Durchmesser von $x = 7\text{cm}$ bemessen. Gehört er in die Klasse $C_{\text{groß}}$ oder in die Klasse C_{klein}? Falls

$$P(C_{\text{klein}}|x) > P(C_{\text{groß}}|x)$$

ist es ein kleiner Apfel, und falls

$$P(C_{\text{groß}}|x) > P(C_{\text{klein}}|x)$$

ist es ein großer Apfel. Bei Gleichheit kann nicht entschieden werden - er landet in der Rückweisungsklasse C_0.

Für den allgemeinen Fall mit n statt zwei Klassen und m statt einem Parameter müssen wir nur die Gleichungen aus dem Beispiel verallgemeinern.

Definition 10.1

Seien $P(C_k)$ $(1 \leq k \leq n)$ die apriori Wahrscheinlichkeiten für n Objektklassen. Sei $\vec{x} = \begin{pmatrix} x_1 \\ \vdots \\ x_m \end{pmatrix}$

ein Merkmalsvektor des m-dimensionalen Merkmalsraums. Sei außerdem

$$p(\vec{x}|C_q) = \prod_{i=1}^{m} p(x_i|C_q) \tag{10.4}$$

die bedingte Wahrscheinlichkeit, dass ein Objekt der Klasse C_q den Merkmalsvektor $\vec{x}$ besitzt. Dann ist

$$P(C_q|\vec{x}) = \frac{p(\vec{x}|C_q) \cdot P(C_q)}{\sum_{k=1}^{n} p(\vec{x}|C_k) \cdot P(C_k)} \tag{10.5}$$

die aposteriori Wahrscheinlichkeit, dass das Objekt mit dem gemessenen Parametervektor $\vec{x}$ in die Objektklasse C_q gehört. Die Entscheidung, ob es tatsächlich in die Objektklasse C_q verwiesen wird, bringt Gl. (10.6). Falls

$$P(C_q|\vec{x}) = \max(P(C_k|\vec{x}) \qquad (k = 1 \ldots n) \tag{10.6}$$

wird es in die Klasse C_q einsortiert.

Ein unbekanntes Objekt mit dem gemessenen Parametervektor $\vec{x}$ wird also in die Klasse einsortiert, für die es die höchste aposteriori Wahrscheinlichkeit besitzt. Den Klassifikator in Gl. (10.6) nennt man *Maximum-Likelihood-Klassifikator*.

- **Der Bayes-Klassifikator**

  Der Bayes-Klassifikator beruht auf der aposteriori Wahrscheinlichkeit Gl. (10.5), definiert aber weiterhin eine sog. *Kostenmatrix* I_{ij}, welche die Kosten für eine Falschklassifizierung festlegt. An der Stelle (i, j) dieser Matrix steht ein wert für den "Verlust", der entsteht, wenn man ein Objekt, das zur Klasse C_i gehört, fälschlicherweise der Klasse C_j zuordnet. Das *bedingte Risiko* $R(C_j|\vec{x})$ wird definiert:

Definition 10.2

$$R(C_i|\vec{x}) = \sum_{j=1}^{n} I_{ij} \cdot P(C_j|\vec{x}) \tag{10.7}$$

Die *Bayes'sche Entscheidungsregel* Gl. (10.7) besagt, dass jedes Objekt der Klasse zugeordnet werden muss, die das kleinste bedingte Risiko erzeugt.

10.3   Zusammenfassung

Im Gegensatz zum menschlichen visuellen System, das Objekte sowohl qualitativ als auch quantitativ beschreiben kann, ist einem Bildverarbeitungssystem nur die quantitative Komponente möglich. Alle

Objekte, die also von einem Bildverarbeitungssystem erkannt werden sollen, müssen ihre Eigenschaften in Zahlen ausdrücken. m gemessene Eigenschaften eines Objekts werden in einem Merkmalsvektor $\vec{x}$ zusammengefasst, und das Problem der Klassifikation besteht zum einen darin, die Parameter und die Teststichprobe so geeignet auszuwählen, dass eine repräsentative Klasseneinteilung möglich ist, zum anderen, den Klassifikator zu bestimmen oder zu entwickeln, der alle zukünftigen Objekte mit hoher Wahrscheinlichkeit richtig klassifiziert.

10.4 Aufgaben zu Abschnitt 10

Aufgabe 10.1

Die Firma *Robots GmbH* möchte einen fahrbaren Staubsauger für Privathaushalte als Roboter konstruieren, der nicht nur Staub saugt, sondern zudem seinen Akku selbständig aufladen kann. Dazu muss er in der Lage sein, in einem beliebigen Raum eine Steckdose anzufahren und sein Netzkabel einzustecken.

Der Roboter enthält eine Kamera, es können aber zusätzlich beliebige andere Sensoren oder Vorrichtungen eingebaut werden. Sie können davon ausgehen, dass keine der Steckdosen mehr als 50 cm vom Boden entfernt ist und dass in jedem Raum, in welchem sich der Roboter befinden kann, mindestens eine Steckdose vorhanden ist.

Finden Sie eine Lösung, die es dem Roboter ermöglicht, bei einem bestimmten Akkustand von einer beliebigen Stelle in einem Raum aus die nächste Steckdose zu erreichen und seinen Akku aufzuladen.

Hinweis: Zu dieser Aufgabe gibt es nicht "die Lösung". Je überzeugender Ihr Lösungsvorschlag und je genauer Ihre Beschreibung ist, desto besser! Eine pure Aufzählung, was der Roboter alles können muss, wird nicht gewertet. Die Umsetzung ist interessant!

Aufgabe 10.2

Ein Unternehmen, welches Fluggesellschaften mit Bordverpflegung versorgt, hat bei einem Ingenieurbüro die Konzeption einer Anlage in Auftrag gegeben, welche das Besteck (Messer, Gabel, Löffel, Kaffeelöffel aus Metall, kein Aluminium), das gewaschen aus der Spülmaschine kommt, automatisch in seine Fächer sortiert. Das Ingenieurbüro möchte für dieses Problem Methoden der Bildverarbeitung einsetzen.

a) Entwerfen Sie ein Grobkonzept der Anlage (Beleuchtung, Trennung und Transport des Bestecks, Positionierung der Kamera(s), Sortiervorrichtung etc.). Denken Sie auch über eventuell auftretende Probleme und eine mögliche Lösung nach.

b) Wie könnte ein Bildverarbeitungssystem die verschiedenen Besteckteile unterscheiden?

Hinweis: Zu dieser Aufgabe gibt es nicht "die Lösung". Je überzeugender Ihr Lösungsvorschlag und je genauer Ihre Beschreibung ist, desto besser! Eine pure Aufzählung der Arbeitsschritte wird nicht gewertet. Die Umsetzung ist interessant!

Aufgabe 10.3

Nadelgeprägte Zeichen werden oft für die Kennzeichnung von Metallteilen benutzt, da sie sehr robust sind. Anders als Tintenstrahldruck können sie nur sehr schwer entfernt werden und überstehen nachfolgende Verarbeitungsschritte und die harte Umgebung metallverarbeitender Betriebe problemlos. Unglücklicherweise sind sie für Bildverarbeitungssysteme nicht leicht zu erkennen, da sie oftmals in einzelne Punkte anstelle durchgehender Linien zerfallen.

Abbildung 10.7: Nadelgeprägte Zeichen

a) Beschreiben Sie die Ausgangssituation: Welche Probleme hat dieses Bild?

b) Welche Vorverarbeitung würden Sie bei diesem Bild vornehmen?

c) Welche Methoden würden sie verwenden, um die eingeprägten Ziffern zu erkennen?

Aufgabe 10.4

In Abb. 10.8 sind vier Gegenstände abgebildet. Welche geometrischen Parameter kann man einsetzen,

Abbildung 10.8: Binärbild von Gegenständen

um diese Gegenstände zu unterscheiden? Da die Gegenstände verschoben und gedreht werden dürfen, sollen die Parameter rotations- und translationsinvariant sein.

Aufgabe 10.5

Gegeben sei die Randcodierung: 0 7 0 0 7 1 0 7 7 7 6 6 6 6 4 4 4 4 2 3 4 3 4 4 3 4 2 1 2

a) Erstellen Sie in Abb. 10.9b) das zugehörige binäre Objekt unter Verwendung des Freeman Codes Abb. 10.9a). Anfangspunkt sei Pixel A

b) Erstellen Sie den zum Randcode gehörigen Differenzialcode:

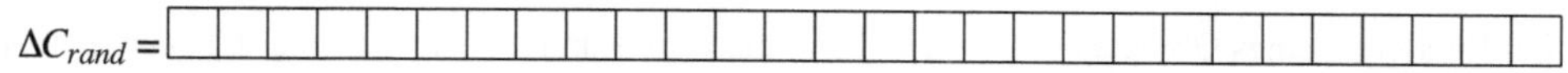

$$\Delta C_{rand} =$$

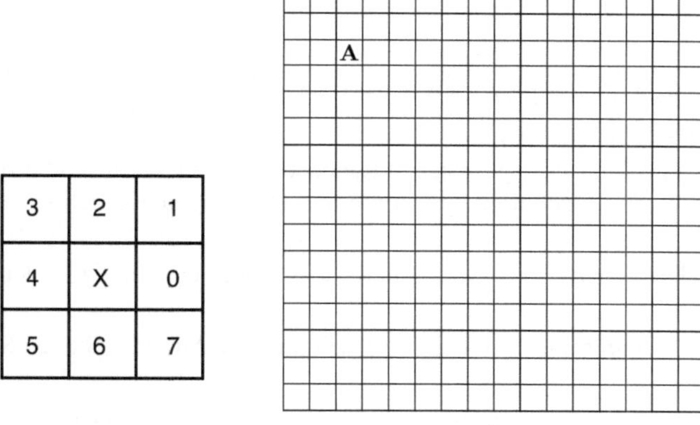

a   **b**

Abbildung 10.9: a) Freeman Code. b) Binärbild, das den gegebenen Richtungscode produziert

Hinweis: Für den Differentalcode in Aufgabenteil b) können Sie entweder die Richtung **im** Uhrzeigersinn **negativ** und die Richtung **gegen** den Uhrzeigersinn **positiv** zählen oder umgekehrt - solange Sie innerhalb des Aufgabenteils b) konsistent bleiben, werden beide Möglichkeiten als korrekt gerechnet.

Aufgabe 10.6

Eine Firma für Kunststoff- und Dichtungstechnik erhält einen Auftrag zur Herstellung von Präzisions-Dichtungsringen. Die Qualitätsanforderungen verlangen, dass jeder produzierte Dichtungsring von einem Bildverarbeitungssystem inspiziert wird, was gewährleisten soll, dass der innere und der äußere Rand eines jeden Ringes exakt kreisförmig ist. Die Dichtungsringe werden in verschiedenen Größen zwischen etwa 5 mm und 20 mm Durchmesser produziert.

Aufgrund der Produktionsmethode kann man davon ausgehen, dass sich die Ringe in der Inspektionsphase nicht berühren oder übereinanderliegen. Allerdings können mehrere Ringe verschiedener Größe in einem Bild liegen.

Weiterhin kann man davon ausgehen, dass die Auflösung der Kamera groß genug ist, so dass Digitalisierungsfehler keine Rolle spielen.

a) Welche Beleuchtung würden Sie wählen?

b) Beschreiben Sie die Bild(vor)verarbeitungsschritte, die notwendig sind, um jeden einzelnen Dichtungsring auf seine Kreisförmigkeit hin zu untersuchen. Durch welche(n) Parameter würden Sie "Kreisförmigkeit" bzw. Abweichungen davon beschreiben?

Aufgabe 10.7

Ist der Randcode eines Objektes bekannt, so kann man den Randcode des an einer horizontalen Achse gespiegelten Objekts berechnen, indem man den Freeman Code an seiner horizontalen Achse durch die Mitte $\times$ spiegelt, so dass

0	1	2	3	4	5	6	7
↓	↓	↓	↓	↓	↓	↓	↓
0	7	6	5	4	3	2	1

a) Finden Sie das zum Randcode 0 0 0 0 7 7 6 6 5 5 5 3 3 5 5 2 2 1 1 2 4 4 2 1 gehörende Objekt. Es reicht, die Kontur des Objekts zu markieren.

b) Wie lautet der an einer horizontalen Achse gespiegelte Randcode des Objekts aus a) Setzen Sie den gespiegelten Randcode in das zugehörige Objekt um und überzeugen Sie sich so von der Richtigkeit des Verfahrens.

c) Wie lautet die Abbildungsgleichung $r' = f(r)$ vom Randcode in den an einer horizontalen Achse gespiegelten Randcode?

d) Spiegen Sie den Freeman Code an seiner vertikalen Achse durch die Mitte $\times$. Stellen Sie die entsprechende Tabelle auf.

e) Wie lautet die Abbildungsgleichung $r' = f(r)$ vom Randcode in den an einer vertikalen Achse gespiegelten Randcode?

f) Spiegen Sie den Freeman Code an einer der beiden diagonalen Achsen durch die Mitte $\times$. Stellen Sie die entsprechende Tabelle auf.

g) Wie lautet die Abbildungsgleichung $r' = f(r)$ vom Randcode in den an der unter f) gewählten diagonalen Achse gespiegelten Randcode?

h) Spiegen Sie den Freeman Code der anderen diagonalen Achse durch die Mitte $\times$. Stellen Sie die entsprechende Tabelle auf.

i) Wie lautet die Abbildungsgleichung $r' = f(r)$ vom Randcode in den an der unter h) gewählten diagonalen Achse gespiegelten Randcode?

Anhang

A Ergänzungen zu Abschnitt 2

A.1   Augenmodelle

Das Auge ist ein ziemlich kompliziertes optischen System mit fünf verschiedenen Brechungsindices n: jeweils einen für Luft, Hornhaut, Kammerwasser, Linse und Glaskörper. Für optische Berechnungen arbeitet man aus diesem Grund mit verschiedenen Augenmodellen.

- **Das schematische Auge**
  wird durch sechs Kardinalpunkte (Abb. A.1) charakterisiert und beschreibt das auf "Unendlich" eingestellte Auge. Zur Erklärung der Kardinalpunkte müßten wir tiefer in die geometrische Optik einsteigen, als es in diesem Modul möglich ist. In Abb. A.1 und Tab. A.1 sind die für das schematische Auge geltenden Werte zusammengestellt.

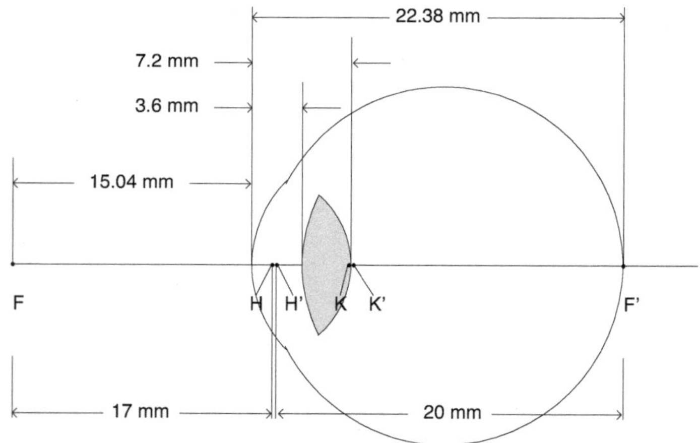

Abbildung A.1: Optische Daten des schematischen Augenmodells
Die sechs Kardinalpunkte sind der vordere und der hintere Brennpunkt F und F', der vordere und der hintere Hauptpunkt H und H' und der vordere und der hintere Knotenpunkt K und K'.

Obwohl sich die Einzelwerte der Brechungsindices, Abstände und Radien durchaus von den Werten eines biologischen Auges unterscheiden können, beschreiben sie insgesamt jedoch ziemlich genau das optische Verhalten eines gesunden menschlichen Auges.

- **Das reduzierte Auge**
  ergibt sich aus einer weiteren Vereinfachung. Tatsächlich ist der Abstand der beiden Knotenpunkte K und K' bzw. der beiden Hauptebenen H und H' mit etwa 0.42 mm so klein, dass man

Optische Eigenschaften	
Radius der Hornhautvorderfläche	7.8 mm
Radius der vorderen Linsenfläche	10 mm
Radius der hinteren Linsenfläche	-6 mm
Vordere Brennweite des Auges f	17 mm
Hintere Brennweite des Auges f'	20 mm
Abstand der beiden Hauptebenen H und H' bzw. Abstand der beiden Knotenpunkte K und K'	0.42 mm
Abstand des vorderen Knotenpunktes K von der vorderen Hauptebene H	5.03 mm

Tabelle A.1: Optische Daten des schematischen Augenmodells
Die vordere Brennweite f wird von der vorderen Hauptebene H aus gemessen, die hintere Brennweite f' von der hinteren Hauptebene H'. Die vordere und hintere Linsenfläche sind in entgegengesetzer Richtung gekrümmt. Der Radius hat deshalb entgegengesetztes Vorzeichen.

sie ohne größeren Fehler durch einen einzigen Knotenpunkt und eine einzige Hauptebene ersetzen kann. J.B. Listing zeigte 1845, dass man das optische Verhalten des Auges durch ein Modell mit einer einzigen brechenden Fläche beschreiben kann, die bei einer Brechzahl des dahinter befindlichen Mediums von 1.34 einen Krümmungsradius von 5.03 mm besitzt. Die Hauptebene liegt auf dem Scheitel der brechenden Fläche und der Knotenpunkt bildet ihren Mittelpunkt. In Abb. A.2 und Tab. A.2 sind die für das reduzierte Auge geltenden Werte zusammengestellt.

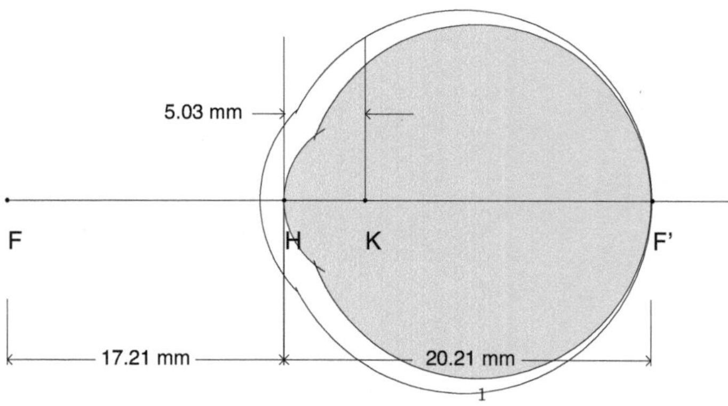

Abbildung A.2: Optische Daten des reduzierten Augenmodells
Der Durchmesser des reduzierten Augenmodells ist kleiner als der des schematischen Augenmodells. Dieses ist zum Vergleich im Umriss nocheinmal dargestellt.

Optische Eigenschaften	
Brechzahl des Mediums	1.34
Radius der vorderen brechenden Fläche bzw. Abstand des Knotenpunktes K von der Hauptebene H	5.03 mm
Vordere Brennweite des Auges f	17.21 mm
Hintere Brennweite des Auges f'	20.21 mm

Tabelle A.2: Optische Daten des reduzierten Augenmodells

Dieses Modell nimmt an, dass das Auge aus einer einzigen brechenden Oberfläche besteht. Das dahinterliegende Medium hat den Brechnungsindex n = 1.34.

B Ergänzungen zu Abschnitt 3

B.1   Kamera-Chipformate

CCD- und CMOS-Chips werden in verschiedenen Aufnahmeformaten angeboten Abb. B.1 zeigt die
klassischen Chipformate. Sie haben alle das Seitenverhältnis 4:3. Inzwischen ist jedoch eine Vielzahl

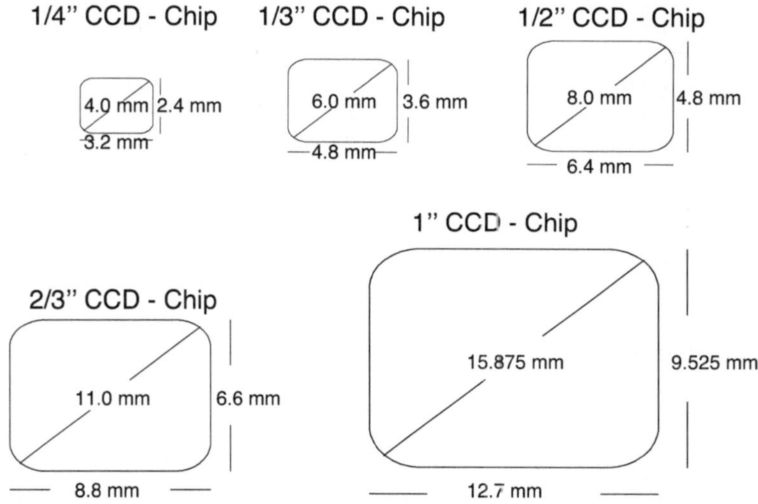

Abbildung B.1: Chipgrößen von CCD-Kameras
Die Größen sind in der amerikanischen Schreibweise (inch) angegeben. (1 inch = 1 Zoll = 2.54 cm)

neuer Chipentwicklungen entstanden und damit eine Vielzahl neuer Formate, auch solche mit anderen
Seitenverhältnissen. Tab. B.1 zeigt einige davon, ohne Anspruch auf Vollständigkeit.

Die Bezeichnung der Chipgrößen wurde von den Röhrenkameras übernommen. Typische Außen-
durchmesser dieser Röhren sind 1 Zoll, 2/3 Zoll und 1/2 Zoll. Eine Aufnahmeröhre mit 1 Zoll Au-
ßendurchmesser (25.4 mm) hatte ein rechteckiges, aktives Fenster mit einer Diagonalen von 16 mm.
Dieses Format hat man für die CCD-Sensoren beibehalten. 1 Zoll-Chips werden heutzutage allerdings
nur noch selten eingesetzt, 1/2 Zoll und 1/3 Zoll-Chips dagegen finden immer mehr Anwendung, vor
allem im Bereich der Überwachung, bei Miniaturkameras und bei Home-Videokameras. In der Messtechnik ist dagegen der 2/3 Zoll-Chip immer noch dominierend und wird es auch noch in absehbarer
Zeit bleiben.

Die Pixelgröße liegt zwischen 4 μm $\times$ 4 μm und 16 μm $\times$ 16 μm, die Anzahl der Bildelemente
zwischen 500 $\times$ 500 bei überwachungskameras bis 5000 $\times$ 5000 bei Kameras für anspruchsvolle
Messtechnikaufgaben.

Chipformat	Seiten-verhältnis	Sensorgröße [mm]		
		Diagonale	Breite	Höhe
35 mm Film	3:2	43.300	36.000	24.000
4/3"	4:3	22.500	18.000	13.500
1"	4:3	16.000	12.800	9.600
2/3"	4:3	11.000	8.800	6.600
1/1.7"	4:3	9.500	7.600	5.700
1/1.8"	4:3	8.933	7.176	5.319
1/2"	4:3	8.000	6.400	4.800
1/2.5"	4:3	7.182	5.760	4.290
1/2.7"	4:3	6.721	5.371	4.035
1/3"	4:3	6.000	4.800	3.600
1/3.2"	4:3	5.680	4.536	3.416
1/3.6"	4:3	5.000	4.000	3.000
1/4"	4:3	4.000	3.200	2.400
1.8" (APS-C)	3:2	28.400	23.700	15.700

Tabelle B.1: Liste gängiger CCD- und CMOS-Chipformate
Die Tabelle umfasst Chipformate von Kameras sowohl aus dem professionellen als auch dem Consumerbereich.
Zum Format APS-C siehe [51]

B.2 Die Videonorm

Echtzeitsysteme sind in der Regel an die Fernsehnormen angelehnt, das heißt, sowohl die Bildaufnahme als auch die Umwandlung in ein Videosignal muss internationalen Standards genügen. In Europa ist dies die von der CCIR (*Comité Consultatif International des Radiocommunications*) festgelegte Norm, in den Vereinigten Staaten der durch die EIA (*Electronics Industries Association*) definierte RS-170 Standard. Auf CCIR basieren die Farbstandarts PAL (*Phase Alternation Line*) und SECAM (*Sequentiel Couleur á Memoire*), während die Farberweiterung von RS-170 NTSC (*National Television System Committee*) ist. Die Grundlagen sämtlicher Videostandards gehen zurück auf von Röhrenkameras und -monitoren gesetzte Randbedingungen und wirken daher im Zeitalter von CCD-Chips und Flachbildschirmen ein wenig eigenartig.

Um ausgangsseitig auf dem Monitor eine flimmerfreie Bildwiedergabe zu erhalten, arbeiten beide Normen nach dem *Interlace- Verfahren* (Zeilensprungverfahren) (Abb. B.2). Dies bedeutet, dass ein Videovollbild (ein *Frame*) in zwei Halbbilder (zwei *Fields*) aufgeteilt und zeilenversetzt ausgegeben wird. Der Strahl beginnt in der linken oberen Ecke. Nach dem Erreichen des ersten Zeilenendes (dies dauert 52 μs bei CCIR) läuft der dunkelgetastete Strahl zurück an den Beginn der dritten Zeile (Dauer des Strahlrücklaufs: 12 μs bei CCIR). Während des Strahlrücklaufs wird der Horizontal Synchronisations-Impuls (*H-Sync*) dem Videosignal hinzugefügt, der den Beginn der nächsten Zeile einleitet. Die Zeit vor und nach dem H-Sync-Signal wird als Referenz für die Farbe Schwarz benutzt und heißt deshalb *Schwarzschulter*. Auf diese Weise scannt der Strahl das erste Halbbild mit allen ungeraden Zeilen. Dann wird dem Signal der Vertikal-Synchronisations-Impuls (*V- Sync*) hinzugefügt, der den Beginn des nächsten Halbbildes anzeigt. V-Sync ist ein komplexeres Signal, das 50 Videozeilen benötigt. Anschließend wird auf die gleiche Weise das zweite Halbbild mit allen geraden Zeilen abgescannt. Ein kompletter Scan mit zwei Halbbildern besteht aus 625 Zeilen und dauert 40 ms. Da

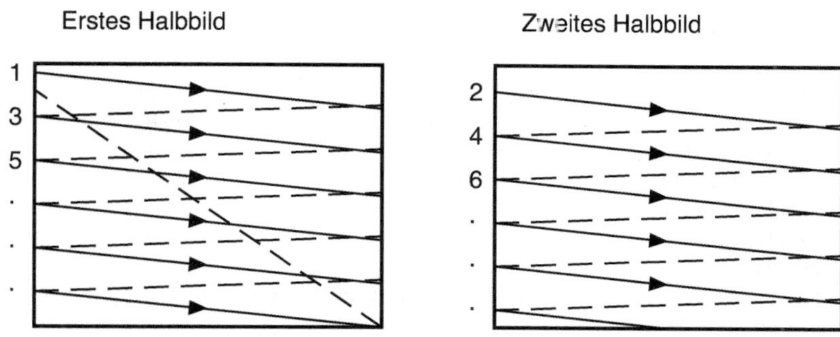

Abbildung B.2: Die beiden Halbbilder beim Interlace-Verfahren

jedoch für den Rücklauf des Elektronenstrahls im Monitor *(Bildwechsel)* einige Zeilen verwendet werden, sind in der CCIR-Norm von den 625 Zeilen nur 575 (pro *Frame*) bzw. von den 312,5 Zeilen nur 287.5 (pro *Field*) sichtbar. In beiden Fernsehnormen beträgt das Seitenverhältnis eines Bildes Breite:Höhe = 4:3. Also haben wir 767 Pixel pro Zeile. Diese Pixelzahl wird in 52 μs gescannt und führt deshalb zu einer Pixelfrequenz von 14.75 MHz. Tab. B.2 zeigt die einzelnen Größen und Werte der beiden Fernsehnormen CCIR und EIA in der übersicht.

Für unsere visuelle Wahrnehmung ist ein Pixel allerdings wenig relevant. Die Fernsehauflösung misst man daher traditionell anders: Die höchste Anforderung an die horizontale Auflösung einer CCIR-Kamera stellt ein Muster von 383.5 schwarz-weißen Linienpaaren dar, da dann zwei benachbarte Pixel einer Zeile jeweils die niedrigsten und die höchsten Grauwerte darstellen müssen. 383.5 Perioden in 52 μs ergibt eine Frequenz von 7.375 MHz, die maximale Bandbreite einer Videokomponente. Allerdings erlaubt die CCIR-Norm eine niedrigere Videobandbreite (Kanalbreite) von 5 MHz. Somit ist die Zahl der *vertikalen* Linien, die eine Kamera erfassen kann, ein Qualitätsmaß für die Auflösung. Dieser Parameter ist als *TV-Linien* oder *Linien* bekannt, zählt allerdings die einzelnen Linien und nicht die Linienpaare.

Eine Normung im Bereich der Videoelektronik hat den Vorteil, dass Bauteile wie CCD-Chips von den unterschiedlichsten Herstellern in Geräten integriert werden können. Die Normung ist mit ein Grund für die weite Verbreitung von CCD-Kameras in der Unterhaltungsindustrie bis hinein in den privaten Bereich. Dadurch wurden die Bauteile für weite Kreise von Interessenten erschwinglich.

Andererseits hat eine solche Normung auch eine begrenzende Wirkung. Das durch die Videonorm vorgeschriebene Interlace- Verfahren sorgt beispielsweise zwar für ein flimmerfreies Bild, es gibt jedoch Anwendungsgebiete, für die es sich nachteilig auswirkt. Wird ein schnell bewegtes Objekt von einer Norm-Videokamera aufgenommen, so hat es sich in den 20 ms, die benötigt werden, um das erste Halbbild aufzubauen, schon ein sichtbares Stück weiterbewegt, so dass der Anfang jeder Zeile des zweiten Halbbildes um dieses Stück verschoben ist. Dies ist bekannt unter dem Namen *Kammeffekt*.

Ein weiterer Nachteil der Videonorm ist die kurze Integrationszeit. Sie beträgt für ein lichtempfindliches Element maximal 20 ms. Das reicht bei ungünstigen Lichtverhältnissen oft nicht aus, um Bilder von passabler Qualität zu erzeugen, auch wenn alle Verstärkungsmöglichkeiten ausgeschöpft werden.

	CCIR	RS-170
Bildaufbau	Interlace	Interlace
Farbsystem	PAL/SECAM	NTSC
Halbbilder pro Sekunde	50	60
Zeit für ein Halbbild	20 ms	16.6 ms
Zeit für einen Bildaufbau	40 ms	33.3 ms
Zeilenzahl gesamt	625	525
Zeilendauer	$40\ \mathrm{ms}/625 = 64\ \mu s$	$33.3\ \mathrm{ms}/525 = 63.5\ \mu s$
Zeilenfrequenz	$1/64\ \mu s = 15.625\ \mathrm{kHz}$	$1/63.5\ \mu s = 15.750\ \mathrm{kHz}$
Bildinformation pro Zeile	$52\ \mu s$	$52.7\ \mu s$
Austastimpulsdauer	$12\ \mu s$	$10.8\ \mu s$
Bildwechsel	$3.25\ \mathrm{ms} \equiv 50$ Zeilen	$2.54\ \mathrm{ms} \equiv 40$ Zeilen
sichtbare Zeilenzahl	575	485
Bildformat (Breite:Höhe)	4:3	4:3
Pixel pro Zeile	$575{\cdot}4/3 = 767$	$485{\cdot}4/3 = 647$
Pixeldauer	$52\ \mu s/767 = 67.8\ \mathrm{ns}$	$52.7\ \mu s/674 = 78.2\ \mathrm{ns}$
Pixelfrequenz	$1/67.8\ \mathrm{ns} = 14.75\ \mathrm{MHz}$	$1/78.2\ \mathrm{ns} = 12.8\ \mathrm{MHz}$
Linienpaare	$767/2 = 383.5$	$647/2 = 323.5$
Horizontale Auflösung	$14.75\ \mathrm{MHz}/2 = 7.375\ \mathrm{MHz}$	$12.8\ \mathrm{MHz}/2 = 6.15\ \mathrm{MHz}$
(max. Videofrequenz)		
Kanalbreite	5 MHz	4.2 MHz

Tabelle B.2: Die Videonormen CCIR und EIA im Überblick

In diesem Fall wird eine Kamera mit Langzeitintegration benötigt, die nicht der Videonorm unterliegt.

Für Anwendungen, bei denen sich die Videonorm nachteilig auswirkt, gibt es normfreie Kameraentwicklungen. Ein anderes Beispiel sind *Progressive Scan*-Kameras , die das durch den Videostandard vorgeschriebene Interlace-Verfahren abgelegt haben und die Zeilen nacheinander einlesen. Progressive Scan Sensoren sind neuere Sensortypen, bei denen die volle Bildauflösung der Grafikkarte genutzt wird.

Geräte, die nicht dem Videostandard genügen, sind meist teurer, da sie nicht auf Bauteile aus Massenproduktionen zurückgreifen können.

B.3   Die HDTV-Norm

Die ursprüngliche Idee für das Format HDTV (*High Definition Television*) kam aus den Breitleinwandfilmen. In den frühen 1980er Jahren entwickelten Sony und NHK (*Nippon Hoso Kyota*) für die Filmindustrie ein HDTV-Aufnahmesystem (genannt *NHK Hi-vision*), mit dem eine Szene aufgenommen und sofort danach abgespielt und editiert werden konnte. Dies eliminierte die vielen Verzögerungen, die bei der normalen Filmproduktion auftreten. Mit dem neuen Medium waren außerdem eine Reihe von Spezialeffekten möglich, die in der traditonellen Filmproduktion unmöglich waren.

Zudem merkte man, dass Breitleinwandfilme das Publikum mehr beeindruckten, da die Zuschauer das Gefühl hatten, "mitten in der Filmszene" zu sitzen. Bald zeigte sich auch Interesse, für den Fernsehbildschirm ein ähnliches Format zu entwickeln. Die Motivationen waren weniger die Verbesserung der Auflösung, sondern vor allem

- die Vermittelung eines natürlichen Seherlebnisses durch Nutzung des gesamten menschlichen Gesichtsfeldes
- Keine sichtbaren Störungen bedingt durch technischen Standard (wie beispielsweise den Kammeffekt beim Interlace-Verfahren der alten Videonorm)
- Qualitativ hochwertige Bilder.

Nun standen die Entwickler von HDTV etwa dem gleichen Problem gegenüber wie bei der Einführung des Farbfernsehens 1954. Es gibt weltweit etwa 600 Millionen Fernseher, und es entstand die Frage, ob HDTV zum alten Standard *kompatibel* sein sollte, ob er ihn *ergänzen* sollte oder ob er *simultan gesendet* werden sollte. Die Hauptprobleme waren im wesentlichen,

- die hohe Datenrate von über 40 Mbit/s, was einen hohen Bandbreitenbedarf nach sich zieht bzw. ausgereifte Kompressionstechniken notwendig macht
- Das Bildschirmformat ist ein anderes, d.h. die alten Bildschirme können nicht mehr verwendet werden, wenn man HDTV optimal sehen will. Die neuen Bildschirme sind größer und teurer
- Der neue Standard ist nicht kompatibel zum PAL -System. Dies ist wahrscheinlich der größte Hinderungsgrund für die Einführung von HDTV in Europa.
- Studioeinrichtungen müssen komplett neu angeschafft werden, desgleichen die Peripheriegeräte beim Endverbraucher wie Videorecorder, Bildschirme etc.
- Die Bildqualität bei der Produktion muss verbessert werden.
- Anders als in Japan gibt es in Europa auch ein Marketing- Problem: Die Zuschauer müssen davon überzeugt werden, dass HDTV sehenswert ist.

Entsprechend schwierig war die Einführung. Sie lief in Japan, den USA und in Europa auf ganz verschiedene Arten ab.

- Japan geht voran:
  - 1964 Die Grundlagenforschung und Entwicklung von HDTV beginnt
  - 1979 Erste HDTV-übertragung
  - 1981 HDTV wird offiziell vorgestellt, was zu einem "HDTV-Schock" in USA und Europa führte
  - 1989 Reguläre HDTV-Ausstrahlung in MUSE (analog), der japanischen Videonorm für HDTV, beginnen
  - 1997 Ankündigung des Umstiegs auf digitales HDTV

  In der Forschung, Entwicklung und Produktion von Kameras, Recordern, Fernsehern, übertragungsystemen, Komprimierungsverfahren etc. für HDTV hat Japan vor den USA und Europa einen großen Vorsprung. Außerdem konnten bisher viele Erfahrungen gesammelt werden. Japan ist das einzige Land der Welt, in dem täglich mehr als 9 Stunden HDTV gesendet werden.

- In den USA wird gestritten:

- 1977 Gründung einer "study group" über HDTV (SMPTE)
- 1983 Gründung des "Advanced Television Systems Committee" (ATSC)
- 1986 entscheiden sich die USA, das japanische System zu unterstützen
- 1989 wird diese Unterstützung wieder aufgegeben
- 1990 Vorstellung des digitalen HDTV-Systems "DigiCipher"
- 1995 Einigung der "Grand Alliance" auf einen gemeinsamen HDTV-Standard
- 1997 Offizieller HDTV Sendebeginn über terrestrische Frequenzen mit OFDM und 8-VSB

Die Einführung von HDTV in den USA wurde erheblich dadurch erschwert, dass es zu viele verschiedene Vorschläge für ein System gab und man sich erst auf "das beste System" einigen musste.

- Europa schläft:

  - 1986 Beginn der Entwicklung von HD-MAC (analog) als übertragungsnorm für HDTV
  - 1988 Vorstellung von HD-MAC Prototypen
  - 1991 HD-MAC wird fallengelassen, European Launching Group (ELG) wird ins Leben gerufen, um die Entwicklung eines digitalen europäischen Standards voranzutreiben
  - 1993 Aus der ELG entsteht die Digital Video Broadcasting Group (DVB). Es werden Normen für die digitale Fernsehübertragung geplant, die auf MPEG2 aufbauen
  - 1994 Normen für Satelliten- und Kabelübertragung stehen fest
  - 1996 Norm für die terrestrische übertragung fertiggestellt

Nach dem Fallenlassen von HD-MAC war HDTV in Europa kein aktuelles Thema mehr. Vielmehr wurde an einem gemeinsamen Standard für die digitale TV-übertragung gearbeitet, der digitales HDTV auf MPEG2-Basis beinhaltet. Eine reguläre übertragung von HDTV-Programmen ist aber in naher Zukunft nicht zu erwarten. Anstatt der Ausstrahlung von einem HDTV-Programm werden mehrere Programme in PAL-ähnlicher Qualität favorisiert.

Einsatzbereiche des HDTV-Formats in Europa sind hauptsächlich die Bereiche Medizin, Militär, Design, Grafik, Druck, Werbung, Kunst und Film. Auch das Fernsehen soll irgendwann dieses Format übernehmen, aber man schätzt, dass nicht mehr als 20% aller Sendungen in diesem Format gesendet werden.

Für die industrielle Bildverarbeitung kam diese Entwicklung zu spät. Für Bereiche, in denen eine Videonorm-Kamera nicht eingesetzt werden kann, gibt es Spezialentwicklungen, die für industrielle Verhältnisse, zu annehmbaren Preisen angeboten werden.

B.4   Gängige Kameraobjektive

Bei gängigen Objektiven werden Linsensysteme (Abb. B.3) zur Abbildung benutzt.

- Das Tessar-Objektiv, das Doppelobjektiv vom Gauß - Typ, das Cooke- Triplett und das Petzval-Objektiv werden meist als *Normalobjektive* (f = 50 mm) ausgelegt.

	HDTV Japan	HDTV USA	HDTV Europa
Bildaufbau	Interlace	Progressive Scan	Progressive Scan
Zeilenzahl	1125	1050	1250
Sichtbare Zeilenzahl	1080	960	1000
Seitenverhältnis	16:9	16:9	16:9
Optimaler Abstand des Betrachters	3.3·Bildhöhe	2.5·Bildhöhe	2.4·Bildhöhe
Vertikaler Blickwinkel bei optimalem Abstand des Betrachters	17°	23°	23°
Horizontaler Blickwinkel bei optimalem Abstand des Betrachters	30°	41°	41°

Tabelle B.3: Die HDTV-Normen von Japan, den USA und Europa im Überblick

- Weitwinkelobjektive (f = 6 mm bis f = 40 mm), z. B. das Aviogon- oder Orthogometer-Objektiv, haben kleinere Brennweiten aber einen großen Bildfeldwinkel.
- Teleobjektive, z. B. das Magnar-Objektiv, haben hingegen große Brennweiten und geringe Bildfeldwinkel
- Zoomobjektive mit veränderlicher Brennweite stellen an die Auslegung des Linsensystems natürlich die größten Anforderungen.

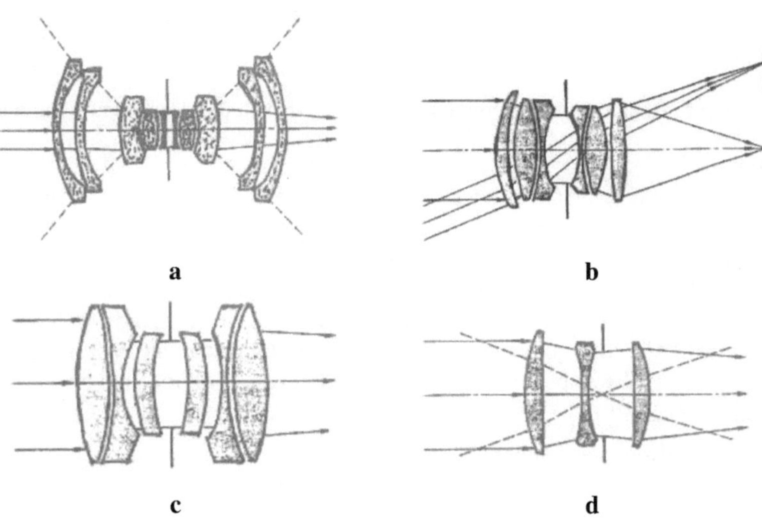

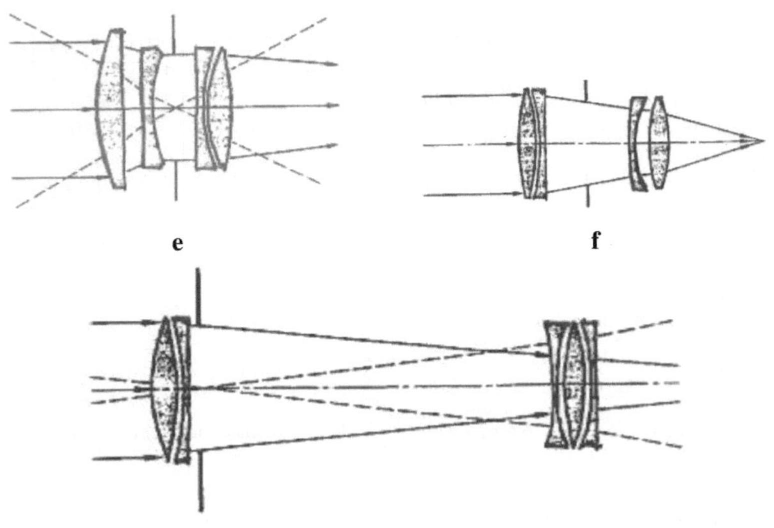

Abbildung B.3: Objektive

a) Wild Aviogon-Objektiv	b) Doppelobjektiv des Gauß-Typs (Biotar)
c) Zeiss Orthogometer-Objektiv	d) Cooke-(Taylor -) Triplet
e) Tessar-Objektiv	f) Petzval-Objektiv
g) Magnar-Teleobjektiv	

B.5 Zubehör

Neben Objektiven gibt es natürlich verschiedene Zubehör-Artikel, die die Bildaufnahme erleichtern.

- **Nahlinsen**

  Nahlinsen oder Makrovorsatzlinsen werden auf der kameraabgewandten Seite des Objektivs wie ein Filter aufgeschraubt. Sie haben dieselbe Wirkung wie der Einsatz von Zwischenringen, nämlich die Verringerung des Objektabstandes g. Sie werden bei Zoomobjektiven eingesetzt, wo wegen der Größe des Objektivs Zwischenringe unpraktisch sind. Abb. B.4 erläutert das Prinzip. Bei einem Objektiv ohne Nahlinse fokussiert ein im Unendlichen befindlicher Lichtpunkt im Brennpunkt (Abb. B.4 a). Schrauben wir vor dieses Objektiv eine Nahlinse, so müssen wir das Objekt in deren Brennpunkt verlegen, um die Fokussierung im Brennpunkt des Objektivs zu erhalten (Abb. B.4 b).

  In der Regel wird sich das Objekt aber nicht gerade im Brennpunkt der Nahlinse befinden. Es muss also eine Gegenstandsweite auf der Entfernungsskala des Objektivs eingestellt werden. Wegen der vorgesetzten Nahlinse sind nun die Bezeichnungen auf der Entfernungsskala des Objektivs nicht mehr gültig. Es muss vielmehr eine neue Entfernungseinstellung g vorgenommen werden, die sich unter der Annahme, dass der Abstand von Objektiv- und Nahlinse sehr

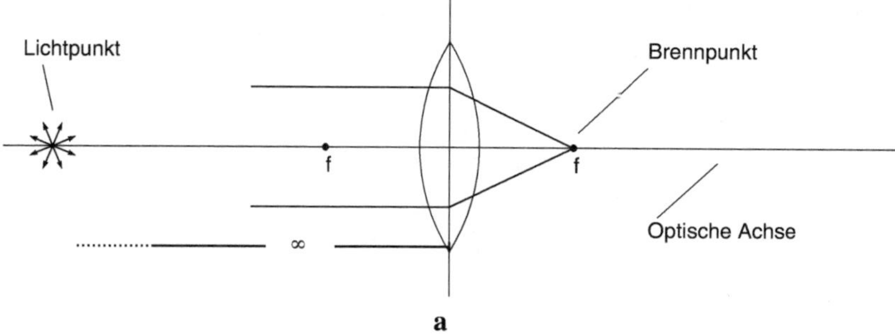

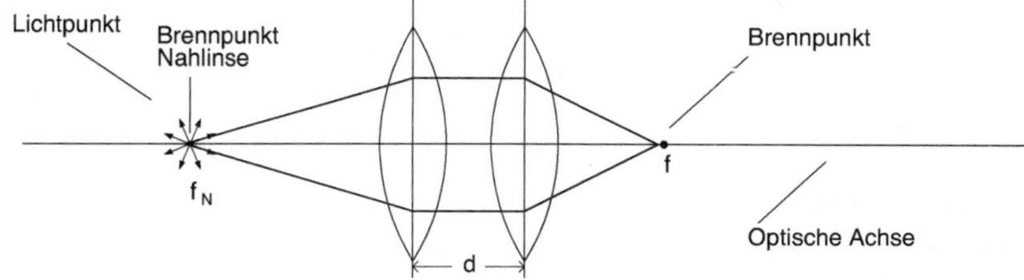

Abbildung B.4: Wirkung einer Nahlinse
a)   ohne Nahlinse: parallele Strahlen werden im Brennpunkt f gebündelt
b)   Strahlen aus dem Brennpunkt der Nahlinse f_N werden im Brennpunkt f gebündelt

klein ist gegenüber dem Objektabstand (Abb. 3.33), näherungsweise folgendermaßen berechnen läßt: Es gilt:

$$\frac{1}{f_{neu}} = \frac{1}{f} + \frac{1}{f_N} \tag{B.1}$$

$$\frac{1}{f} = \frac{1}{b} + \frac{1}{g-d} \qquad \text{für } d \ll g \tag{B.2}$$

mit:

f: Brennweite der Objektivlinse

f_N: Brennweite der Nahlinse

f_{neu}:   gemeinsame Brennweite von Objektiv und Nahlinse

b: Bildweite der Linse(Abstand zwischen Objektivlinse und CCD-Chip)

g: am Objektiv eingestellte Gegenstandsweite

d: Abstand zwischen Objektiv- und Nahlinse,$d \ll g$

$g - d \approx g$: Abstand zwischen Nahlinse und Objekt

Bekanntlich addiert sich die Brechkraft von mehreren Linsen, und die letzte Gleichung ist die Linsengleichung 3.6. Das System aus Objektiv- und Nahlinse folgt, nach wie vor unter der

Annahme sehr dünner Linsen, ebenfalls der Linsengleichung. Man erhält also

$$\frac{1}{g'} + \frac{1}{b} = \frac{1}{f_{\text{neu}}}$$
$$= \frac{1}{f} + \frac{1}{f_N}$$
$$= \frac{1}{b} + \frac{1}{g-d} + \frac{1}{f_N}$$
$$\frac{1}{g-d} = \frac{1}{g'} - \frac{1}{f_N}$$
$$g - d = f_N \cdot \frac{g'}{f_N - g'}$$
$$= \frac{g'}{1 - g'D_N}$$
$$\rightarrow g \approx \frac{g'}{1 - g'D_N} \text{ für } d << g \tag{B.3}$$

mit:

g': wirkliche Gegenstandsweite

D_N: Dioptrienzahl der Nahlinse, $D_N = 1/f_N$

g: am Objektiv eingestellte Gegenstandsweite

Wird beispielsweise eine Nahlinse von 3 Dioptrien eingesetzt, und ist das aufzunehmende Objekt 30 cm entfernt, so muss am Objektiv die Entfernungseinstellung 3 m vorgenommen werden.

- **Zwischenringe**

Abbildung B.5: Zwischenringe verschiedener Größen

Wie weiter oben schon erwähnt wurde, kann die minimale Objektdistanz mit Hilfe von Zwischenringen (Abb. B.5) verkleinert werden. Sie werden einfach zwischen Objektiv und Kamera geschraubt, um den Abstand zwischen Linse und Chip zu vergrößern. Konsequenterweise ist es dann aber nicht mehr möglich, weit entfernte Objeke zu fokussieren. Je dicker die Zwischenringe sind (die dann eher Röhren ähneln und *Verlängerungstubus* heißen) desto kleiner werden minimale und maximale Objektdistanz.

- **Polarisationsfilter**
  Polarisationsfilter sind auch dem Hobbyfotographen bekannt als nützlichen Zubehör, wenn es darum geht, Spiegelungen und Reflexe im Bild zu verhindern. Lichtstrahlen, die von einer bestimmten spiegelnden Fläche reflektiert werden, sind weitgehend in eine bestimmte Richtung polarisiert, d.h. die Wellen des reflektierten Lichstrahls schwingen in einer bestimmten Schwingungsebene. Ein Polarisationsfilter, das wie die Nahlinse auf der kameraabgewandten Seite auf das Objektiv geschraubt wird, kann so gedreht werden, dass genau diese Schwingungsrichtung des Lichts im Filter absorbiert wird, also erst gar nicht auf den CCD-Chip gelangt.

Natürlich gibt es noch eine Menge Zubehör, mit dem man Bilder künstlerisch aufwerten kann, wie Farb- und Effektfilter. Sie übersteigen jedoch den Rahmen unseres Themas und sollen deshalb hier nicht behandelt werden.

Literaturverzeichnis

[1] F. Attneave. *Multistability in Perception*. In: R. Held (Hrsg.), *Image, Object and Illusion, Readings from Scientific American*, 90–99, San Francisco, 1974. W. H. Freeman and Company. ISBN 0-7167-0505-2. Scientific American December 1971.

[2] T. M. Bernard, A. Manzanera. *Improved Low Complexity Fully Parallel Thinning Algorithm*. In: *Proc. Int. Conf. on Image Analysis and Processing*, 215–220, Venice, Italy, Sept. 1999. IEEE Computer Society.

[3] R. Berry. *Choosing and Using a CCD Camera: A Practical Guide to Getting Maximum Performance from Your CCD Camera*. Willmann-Bell, November 1992. ISBN 0943396395.

[4] W. Bludau et al. *Temperature Dependence of the Band Gap in Silicon*. *J. Appl. Phys.*, 45(4): 1846–1848, 1974.

[5] M. Born, E. Wolf. *Principles of Optics : Electromagnetic Theory of Propagation, Interference and Diffraction of Light*. Cambridge University Press, 1999. ISBN 0521642221.

[6] K. Castleman. *Digital Image Processing*. Prentice Hall, Upper Saddle River NJ 07458, 1996. ISBN 0-13-212365-7.

[7] F. Crick. *Was die Seele wirklich ist. Die naturwissenschaftliche Erforschung des Bewußtseins*. Rowohlt, 1997. ISBN : 3499602571.

[8] R. Fisher et al., *HIPR2 Image Processing Learning Resources*, 2004. URL http:// homepages.inf.ed.ac.uk/rbf/HIPR2/hipr_top.htm.

[9] E. R. Fossum. *CMOS Image Sensors: Electronic Camera-On-A-Chip*. *IEEE Transactions on Electronic Devices*, 44(10):1689–1698, October 1997.

[10] Foveon, *X3-Technology*, 2006. URL http://www.foveon.com.

[11] R. L. Gregory. *Visual Illusions*. In: R. Held (Hrsg.), *Image, Object and Illusion, Readings from Scientific American*, 48–58, San Francisco, 1974. W. H. Freeman and Company. ISBN 0-7167-0505-2. Scientific American November 1968.

[12] L. D. Harmon. *The Recognition of Faces*. In: R. Held (Hrsg.), *Image, Object and Illusion, Readings from Scientific American*, 101–112, San Francisco, 1974. W. H. Freeman and Company. ISBN 0-7167-0505-2. Scientific American November 1973.

[13] E. Hecht. *Optik*. Oldenbourg, Wien, 2005. ISBN 3486273590.

[14] E. C. Hilditch. *Linear Skeletons from Square Cupboards*, Vol. 4, 403–420. University Press Edinburgh, 1969.

[15] M. K. Hu. *Visual Pattern Recognition by Moment Invariants.* *IRE Trans. Info. Theory*, IT-8: 179–187, 1962.

[16] D. H. Hubel. *Auge und Gehirn.* Spektrum Akademischer Verlag, Heidelberg, 1989.

[17] R. Hull (Hrsg.). *Properties of Crystalline Silicon.* Institution of Engineering and Technology, R. Hull (Hrsg.), 1999. ISBN 0-85296-933-3.

[18] R. G. Humphreys et al. *Indirect Exciton Fine Structure in GaP and the Effect of Uniaxial Stress.* *Phys. Rev. B.*, 18(10):5590–5605, 1978.

[19] J. Huppertz. *2-D CMOS Bildsensorik mit integrierter Signalverarbeitung.* PhD thesis, Gerhard-Mercator-Universität - Gesamthochschule Duisburg, 2000.

[20] D. Jansen. *Optoelektronik.* Vieweg Verlag, 1993. ISBN 3-528-04714-3.

[21] H. Keller, M. Boehm. *TFA (Thin Film on ASIC) Image Sensors.* In: R. J. Ahlers (Hrsg.), 6. *Symposium Bildverarbeitung 99*, 41–49. Technische Akademie Esslingen, Technische Akademie Esslingen, November 1999. ISBN 3-924813-43-4.

[22] J. Kepler. *Astronomiae Pars Optica.* C. H. Beck Verlag, Mchn., 1939. ISBN 3-406-01641-3.

[23] J. Lienhard. *3D-Scanner, Entwicklung eines Verfahrens zur dreidimensionalen Objekterfassung.* Master's thesis, Fachhochschule Offenburg, 1995.

[24] J. L. Locher. *The Work of M. C. Escher.* Harry N. Abrams, Inc., New York, 1974.

[25] N. Logothetis. *Das Sehen - ein Fenster zum Bewußtsein.* Spektrum der Wissenschaft, (1):37–43, Januar 2000.

[26] F. Lukes, E. Schmidt. *Indium arsenide (InAs), higher band-band transitions.* In: *Proc. 6th Int. Conf. Physics of Semicond. Exeter, 1962,*, number 45, 389, London, 1962. The Institute of Physics and the Physical Society.

[27] R. F. Lyon, P. M. Hubel, *Eyeing the Camera: into the Next Century*, 2006. URL www.foveon.com.

[28] G. G. Macfarlane et al. *Fine Structure in the Absorption-Edge Spectrum of Ge.* *Phys. Rev.*, 108 (6):1377–1383, December 1957.

[29] A. Manzanera. *A Unified Mathematical Framework for a Compact and Fully Parallel N-D Skeletonisation Procedure.* In: *Proc. SPIE Vision Geometry VIII*, Vol. 3811, 1999.

[30] A. Manzanera et al. *Medial Faces from a Concise 3D Thinning Algorithm.* In: *Proc. ICCV*, 1999.

[31] D. Marr. *Vision : A Computational Investigation into the Human Representation and Processing of Visual Information.* W. H. Freeman and Company, San Francisco, September 1983. ISBN 0716715678.

[32] A. Moini, *Vision chips or seeing silicon*, 1997. URL http://www.eleceng.adelaide.edu.au/Groups/GAAS/Bugeye/visionchips/.

[33] U. Neisser. *The Process of Vision.* In: R. Held (Hrsg.), *Image, Object and Illusion, Readings from Scientific American*, 4–11, San Francisco, 1974. W. H. Freeman and Company. ISBN 0-7167-0505-2. Scientific American September 1968.

[34] H. R. Philipp, E. A. Taft. *Optical Constants of Silicon in the Region 1 to 10 ev. Physical Review*, 120:37–38, October 1960.

[35] S. Pinker. *Wie das Denken im Kopf entsteht.* Kindler Verlag GmbH, 1998. ISBN 3463403412.

[36] H. Preier. *Recent Advances in Lead-Chalcogenide Diode Lasers. Appl. Phys.*, 20:189–206, 1979.

[37] T. H. Reiss. *The Revised Fundamental Theorem of Moment Invariants. IEEE Trans. Pattern Anal. Mach. Intell.*, 13(8):830–834, 1991.

[38] K.-J. Rosenbruch, K. Rosenhauer. *Some Remarks About the Measurement and Calculation of Optical Transfer Functions.* In: L. R. Baker (Hrsg.), *Selected Papers on Optical Transfer Function: Measurement*, number 21, 208–218. SPIE, 1992.

[39] A. Rosenfeld. *A Characterization of Parallel Thinning Algorithms. Information and Control*, 29 (3):286–291, 1975.

[40] T. Sakamoto et al. *Software pixel interpolation for digital still cameras suitable for a 32-bit MCU. IEEE Trans. Consumer Electronics*, 44(4), November 1998.

[41] R. B. Schoolar, J. R. Dixon. *Optical Constants of Lead Sulfide in the Fundamental Absorption Edge Region. Phys. Rev.*, 137:667–670, January 1965.

[42] D. D. Sell et al. *Concentration Dependence of the Refractive Index for N - and P -Type GaAs Between 1.2 and 1.8 EV. J. Appl. Phys.*, 45(6):2650–2657, June 1974.

[43] V. V. Sobolev et al. *Direct Precision Method for Detection of Excitons in II-VI and III-V Crystals at Room and Liquid Nitrogen Temperatures. Sov. Phys. Semicond.*, (12):646, 1978.

[44] F. W. Stentiford, R. G. Mortimer. *Some New Heuristics for Thinning Binary Handprinted Characters for OCR. IEEE Trans. on Systems, Man, and Cybernetics*, SMC(13):81–84, 1983.

[45] S. Tameze. *Vision, Brain and Consciousness.* Seminararbeit, 2006.

[46] Wikipedia, *Besselsche Differentialgleichung — Wikipedia, Die freie Enzyklopädie*, 2006. URL `http://de.wikipedia.org/w/index.php?title=Besselsche_Differentialgleichung&oldid=20767417`.

[47] Wikipedia, *Beugungsscheibchen — Wikipedia, Die freie Enzyklopädie*, 2006. URL `http://de.wikipedia.org/w/index.php?title=Beugungsscheibchen&oldid=20489069`.

[48] Wikipedia, *Chemical vapor deposition — Wikipedia, The Free Encyclopedia*, 2006. URL `http://en.wikipedia.org/w/index.php?title=Chemical_vapor_deposition&oldid=76566960`.

[49] Wikipedia, *Plasma Enhanced Chemical Vapour Deposition — Wikipedia, Die freie Enzyklopädie*, 2006. URL `http://de.wikipedia.org/w/index.php?title=Plasma_Enhanced_Chemical_Vapour_Deposition&oldid=15343032`.

[50] Wikipedia, *Sha — Wikipedia, The Free Encyclopedia*, 2006. URL `http://en.wikipedia.org/w/index.php?title=Sha&oldid=70352141`.

[51] Wikipedia, *APS-C — Wikipedia, Die freie Enzyklopädie*, 2007. URL http://en.wikipedia.org/w/index.php?title=Bayes927.

[52] Wikipedia, *Bayes' theorem — Wikipedia, The Free Encyclopedia*, 2007. URL http://en.wikipedia.org/w/index.php?title=Bayes927.

[53] A. Zajonc. *Die gemeinsame Geschichte von Licht und Bewußtsein*. Rowphlt, 1997. ISBN 3499603810.

[54] T. Y. Zhang, C. Y. Suen. *A Fast Parallel Algorithm for Thinning Digital Patterns*. Commun. ACM, 27(3):236–239, 1984.

[55] DBS. *Digitale Bildverarbeitung*. Firmenkatalog, DBS Digitale Bildverarbeitung und Systementwicklung GmbH, Kohlhökerstr. 61, 28203 Bremen, Tel. 0421-33591-0, 1999. Katalog bei http://www.dbs.de/ in English.

[56] PCO, *Know How*, 1999. URL `http://www.pco.de/`.

Index

zentrale Momente, 112, 210
Zhang, 202
Ziliarmuskel, 11
Zwischenring, 236